MARCHA CRIANÇA

INTEGRADO

3º ano

CB142255

Maria Teresa Marsico

Professora graduada em Letras pela Universidade Federal do Rio de Janeiro (UFRJ) e em Pedagogia pela Sociedade Unificada de Ensino Superior Augusto Motta. Atuou por mais de trinta anos como professora de Educação Infantil e Ensino Fundamental das redes municipal e particular de ensino no município do Rio de Janeiro.

Armando Coelho de Carvalho Neto

Atua desde 1981 com alunos da rede oficial de ensino e professores das redes oficial e particular do Rio de Janeiro. Desenvolve pesquisas e estudos sobre metodologias e teorias modernas do aprendizado. É autor de obras didáticas para Ensino Fundamental e Educação Infantil desde 1993.

Maria Elisabete Martins Antunes

Professora graduada em Letras pela Universidade Federal do Rio de Janeiro (UFRJ). Atuou durante trinta anos como professora titular em turmas do 1º ao 5º ano na rede municipal de ensino do Rio de Janeiro.

Este livro pertence a: ______________________________

____

Escola: ______________________________________

____

editora scipione

editora scipione

Diretoria editorial: Lidiane Vivaldini Olo
Editoria de Anos Iniciais do Ensino Fundamental: Heloisa Pimentel
Edição: Miriam Mayumi, Angela Adriana, Tais Freire Rodrigues, Leandro dos Reis Silva, Adriane Gozzo, Tereza Cristina de Freitas Gouveia, Naira Gomes dos Santos
Colaboração: Nathalia Matsumoto
Supervisão de arte e produção: Sérgio Yutaka
Equipe de arte: Eber Alexandre de Souza, Mauro Roberto Fernandes, Ester Harue Inakake, Cleiton Caliman
Supervisão de arte e criação: Didier Moraes
Edição de arte e criação: Tyago Bonifácio da Silva
Design gráfico (capa e miolo): UC Produção Editorial
Gerência de revisão: Hélia de Jesus Gonsaga
Equipe de revisão: Rosângela Muricy (coord.); Ana Curci, Gloria Cunha, Luís Maurício Boa Nova e Vanessa de Paula; Flávia Venézio dos Santos e Gabriela Macedo de Andrade (estags.)
Supervisão de iconografia: Sílvio Kligin
Pesquisa iconográfica: Ana Maria de Andrade e Caio Mazzilli
Tratamento de imagem: Cesar Wolf e Fernanda Crevin
Ilustrações: Anderson de Oliveira, Avalone, Camila de Godoy, Cassiano Röda, Cicero Soares, Daniel Kondo, Hagaquezart, Hiroe Sasaki, Ilustra Cartoon, José Rodrigues, Kanton, Mario Pita, Mario Yoshida, MW Editora Ilustrações Ltda., Osni de Oliveira, Simone Ziasch, Vicente Mendonça, Weberson Santiago
Cartografia: Allmaps

Dados Internacionais de Catalogação na Publicação (CIP)
(Câmara Brasileira do Livro, SP, Brasil)

Marsico, Maria Teresa
Marcha criança: integrado: ensino fundamental: língua portuguesa, matemática, história, geografia, ciências, inglês, arte / Maria Teresa Marsico, Maria Elisabete Martins Antunes, Armando Coelho de Carvalho Neto, – 3. ed. – São Paulo: Scipione, 2014.

Obra em 5 v.

1. Arte (Ensino fundamental) 2. Ciências (Ensino fundamental) 3. Geografia (Ensino fundamental) 4. História (Ensino fundamental) 5. Inglês (Ensino fundamental) 6. Matemática (Ensino fundamental) 7. Português (Ensino fundamental) I. Antunes, Maria Elisabete Martins. II. Carvalho Neto, Armando Coelho de. III. Título.

14-02320 CDD–372.19

Índices para catálogo sistemático:
1. Ensino integrado: Livros-texto: Ensino Fundamental 372.19

2018
ISBN 978 85 262 9380-9 (AL)
ISBN 978 85 262 9381-6 (PR)
Cód. da obra CL 738660
CAE 497802 (AL) / 497803 (PR)
3ª edição
9ª impressão

Impressão e acabamento: Bercrom Gráfica e Editora

Uma publicação Abril EDUCAÇÃO

MARCHA CRIANÇA
INTEGRADO

Sumário

APRESENTAÇÃO

Querido aluno, querida aluna,

Preparamos esta coleção com muito carinho especialmente para você. Ela está repleta de situações e atividades motivadoras que certamente despertarão seu interesse e lhe proporcionarão momentos de alegria e muitas descobertas. Esperamos que com ela você encontre satisfação no constante desafio de aprender!

Ao final de cada unidade, apresentamos como novidade a seção **De olho...**, com a qual você e seus colegas poderão ampliar seus conhecimentos nas diferentes disciplinas.

Crie, opine, participe, aprenda e colabore para transformar o mundo em um lugar melhor. E lembre-se de compartilhar seus conhecimentos com os colegas e com o professor, oferecendo um grande exemplo de solidariedade, amizade e cidadania.

Bons estudos e um forte abraço!

Maria Teresa, Maria Elisabete e Armando

CONHEÇA SEU LIVRO

Este livro é composto de sete disciplinas.

As disciplinas regulares estão divididas sempre em quatro unidades. Cada unidade termina com a nova seção **De olho...**

No final de cada disciplina, você encontrará algumas sugestões de leitura para aprofundar seus conhecimentos.

Em papel especial, um material exclusivo complementa as atividades do livro.

Para complementar seu aprendizado, você ainda receberá, à parte, um caderno de atividades.

Língua Portuguesa

SUMÁRIO

Unidade

1

Palavras cantadas e encantadas

Hagaquezart/Arquivo da editora

O QUE VOU ESTUDAR?

- Leitura e compreensão
- Encontro vocálico
- Encontro consonantal e dígrafo
- Sílaba, divisão silábica, número de sílabas e sílaba tônica
- Acento agudo e acento circunflexo

Texto

1

Querido diário

Serafina era uma menina que brincava, brincava e, de repente, recolhia-se em algum "esconderijo". Do seu esconderijo mais lindo e gostoso, no quintal da casa do avô, resolveu escrever um diário, falando de seus sonhos, seus amigos, seus livros preferidos...

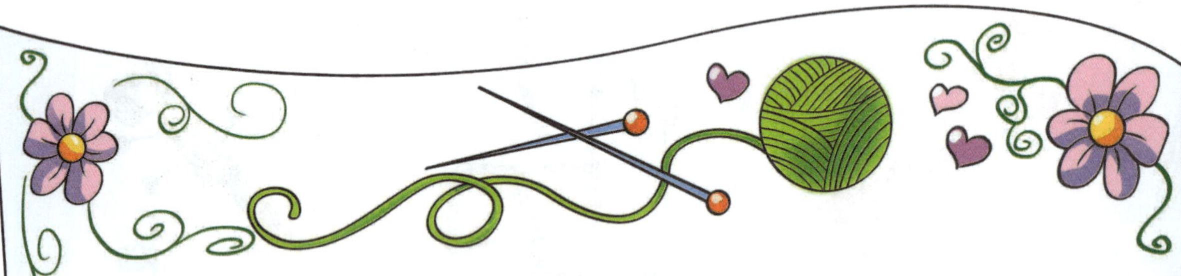

Ilustra Cartoon/Arquivo da editora

Você não sabe o que aconteceu nesse fim de semana que passou: aprendi a fazer tricô com a dona Idalina, mãe da Amelinha. Só sei fazer o ponto de tricô, o mais simples, na ida e na volta, quero dizer, no direito e no avesso.

A dona Idalina até me deu um novelo de lã azul e um par de agulhas grossas para eu praticar bastante. A única coisa que está atrapalhando um pouco é o calor que continua fazendo, diário. Um horror! Tomara que o mês de março passe logo. E, por falar em passar logo, daqui a pouco chega o aniversário do meu pai: dia 2 de maio. Acho que vai ser tempo suficiente para eu fazer um cachecol de lã para dar de presente a ele. O que você acha da ideia, diário? Eu achei ótima e a minha mãe também.

Amanhã mesmo vou sair com ela para comprar a lã.

Cor de vinho, que é uma das cores preferidas do meu pai.

Daí, vou fazendo um pouquinho por dia, longe dele, claro. E a dona Idalina vai supervisionando, para não deixar escapar nenhum errinho. Que legal!

Sabe de outra coisa, diário? Acabei de ter outra ideia: a turma toda poderia aprender tricô, pra fazer um cachecol coletivo para o seu Nonô. Ele iria adorar, tenho certeza!

Tanto o meu pai como o seu Nonô sentem muito frio no pescoço. A gente podia até combinar uma coisa: cada um comprava um novelo de cor diferente e ia fazendo sua parte, para o cachecol sair listrado e bem colorido.

Xi... O problema vai ser ensinar tricô pra todo mundo.

Será que vai ser muito difícil, diário? Bom, não custa nada tentar. E agora vou parar de escrever, pra começar a tomar as providências.

Tchau.

O diário escondido da Serafina, de Cristina Porto. São Paulo: Ática, 2013.

providências: medidas que se tomam para resolver algo.

POR DENTRO DO TEXTO

1. Responda com frases completas.

a) Quem ensinou Serafina a fazer tricô?

____

b) Em que mês do ano isso aconteceu?

____

c) Em que data o pai de Serafina faz aniversário?

____

d) O que a menina pensa em dar de presente ao pai?

____

2. Numere os itens na ordem em que eles aparecem no texto.

- [ ] "O problema vai ser ensinar tricô pra todo mundo."
- [ ] "E a dona Idalina vai supervisionando"
- [ ] "A dona Idalina até me deu um novelo de lã azul"
- [ ] "Acabei de ter outra ideia"
- [ ] "aprendi a fazer tricô"
- [ ] "Amanhã mesmo vou sair com ela para comprar a lã."

3. O texto que você leu é uma página de diário. Assinale a(s) alternativa(s) que indica(m) característica(s) de um diário.

- [ ] O diário é escrito para ser lido às pessoas.
- [ ] O diário é usado para registrar acontecimentos vividos por alguém.
- [ ] O diário é escrito para divertir os leitores.
- [ ] A linguagem usada em um diário é informal e pode ser semelhante à usada em uma carta pessoal.

4. Assinale a qual dos itens corresponde a expressão **fim de semana**.

- [ ] sexta-feira
- [ ] sábado
- [ ] domingo
- [ ] sábado e domingo

5. Complete as informações a seguir com as palavras do quadro.

direito	avesso

a) Se queremos indicar o lado de trás de algo, o seu reverso, usamos a palavra ________________. Por exemplo: ________________ de um tecido, de um bordado, de um tricô.

b) Costumamos dizer que viramos a roupa pelo ________________.

c) O lado principal de um tecido chama-se ________________.

É o oposto de ________________.

6. Localize no texto a palavra **tomara**. Depois, complete a afirmação com uma das definições entre parênteses.

A palavra **tomara** exprime ________________________.

(coragem/desejo/alegria)

7. Assinale a frase em que o sentido da palavra **claro** seja o mesmo deste trecho:

"longe dele, **claro**."

- [ ] Longe dele, evidente.
- [ ] Longe dele, inexplicável.
- [ ] Longe dele, possível.

APRENDENDO GRAMÁTICA

Encontro vocálico

1. Releia este trecho do texto **Querido diário** prestando atenção às letras destacadas.

> "Sabe de outra coisa, diário? Acabei de ter outra ideia: a turma toda poderia aprender tricô, pra fazer um cachecol coletivo para o seu Nonô. Ele iria adorar, tenho certeza!"

Ilustrações: Ilustra Cartoon/Arquivo da editora

As letras destacadas no trecho acima e no balão de fala mostram o encontro de duas ou três vogais. A esses encontros damos o nome de **encontro vocálico**.

a) Escreva as palavras do trecho citado em que aparecem os encontros vocálicos abaixo.

ou: ____________________

oi: ____________________

io: ____________________

ia: ____________________

ei: ____________________

eia: ____________________

eu: ____________________

b) Escreva mais uma palavra na respectiva linha do item anterior.

Agora, veja o que acontece quando separamos as sílabas das palavras a seguir.

Palavra		Explicação
c**oi**sa c**oi**-sa	→	As duas vogais desse encontro permanecem na mesma sílaba. Chamamos esse encontro vocálico de **ditongo**.
alegr**ia** a-le-gr**i**-**a**	→	As duas vogais desse encontro ficam em sílabas diferentes. Chamamos esse encontro de **hiato**.
Parag**uai** Pa-ra-g**uai**	→	As três vogais desse encontro permanecem na mesma sílaba. Chamamos esse encontro de **tritongo**.

2. Separe as sílabas da palavra **ideia**: ______________________

- Essa palavra apresenta:

☐ um tritongo. ☐ um ditongo e um hiato.

Fique por dentro!

Encontro vocálico é a união de duas ou três vogais em uma palavra. Essas vogais podem estar na mesma sílaba ou em sílabas diferentes.

Ditongo é o encontro de duas vogais que permanecem juntas na mesma sílaba.

Hiato é o encontro de duas vogais que ficam em sílabas diferentes.

Tritongo é o encontro de três vogais que permanecem juntas na mesma sílaba.

3. Leia esta frase:

Meu pai trouxe uma deliciosa sobremesa para o jantar.

a) Copie as palavras em que há ditongo.

____

b) Agora, copie a palavra em que há hiato.

____

4. Leia o poema.

Os sonhos do Saci

Saci-Pererê
saracoteia na mata.
Saci-Pererê
só assusta, **não** mata.
Saci **sirigaita**,
solitário e **sabichão**.
Saci agarra a **gaita**
e toca uma **canção**.
Saci, lá no **sítio**,
apronta um sururu.
Saci, em **seu** sonho,
dança o cururu.

Saci, em seu sonho,
é **mais** serelepe.
Saci, em seu sonho,
é bem mais risonho,
é bem mais moleque.
Saci, lá na selva,
salta e samba só.
Saci, lá na relva,
sonha que dá dó.
Com quem sonha o Saci?
Saci, com quem será?
— Eu sonho com **duas** pernas,
saltando de lá pra cá...

Kanton/Arquivo da editora

Cantos de encantamento, de Elias José. Belo Horizonte: Formato, 1996.

a) As palavras destacadas possuem encontros vocálicos. Separe as sílabas dessas palavras.

____

____

b) Agora, sublinhe no texto as palavras destacadas que têm ditongo e circule as que têm hiato.

5. Leia a frase a seguir.

O Paraguai é um dos países que fazem fronteira com o Brasil.

- Copie da frase a palavra em que há:

ditongo: ____________ hiato: ____________

tritongo: ____________

ESCREVENDO CERTO

s e **z** em final de sílaba

Leia a frase prestando atenção ao som das letras destacadas.

O rapa**z** enviou as carta**s** pelo correio.

Quando vêm no final da sílaba, as letras **s** e **z** são pronunciadas da mesma forma.

1. Complete as palavras com **s** ou **z**.

Africa Studio/Shutterstock/Glow Images

a) Preciso de óculo_____ para ler.

Reprodução/Casa da Moeda

b) Perdi ontem os de_____ reais que ganhei.

Samuel Acosta/Shutterstock/Glow Images

c) Vou de ônibu_____ para a escola todos os dias.

Roxana Bashyrova/Shutterstock/Glow Images

d) Minha tia faz um arro_____ muito gostoso.

Sergey Skleznev/Shutterstock/Glow Images

e) Paulo gosta de levar muitos lápi_____ de cor para as aulas.

2. Agora o professor vai fazer um ditado. Escreva as palavras na respectiva coluna.

s em final de sílaba	**z** em final de sílaba

Texto 2

O menino que aprendeu a ver

João vivia espantado...
Que mundo mais engraçado!
Quanta coisa que há no mundo:
Há coisa que a gente entende...
E coisas que a gente não entende!

Na frente das lojas, por exemplo, em cima dos prédios, nos cartazes...

Algumas figuras João entendia: [...]

Mas havia outros sinais que Joãozinho não sabia.

O que seriam? [...]

João olhava, olhava e via uma porção de desenhos [...]

Um dia, a mãe do João disse pra ele:

— Meu filho, você precisa ir pro colégio, aprender a ler, aprender todas as coisas...

— Que coisas, mãe?

— As letras, João, os números. Você vive perguntando coisas.

No dia seguinte, cedo, João foi para o colégio. [...]

A professora era uma moça alta, de óculos redondos. Ela mostrava às crianças uns cartazes coloridos, assim:

Ilustrações: Kanton/Arquivo da editora

E ela dizia: A — AVE.

E as crianças repetiam: A — AVE.

E a professora escrevia no quadro-negro:

Quando João saiu da escola, que surpresa!

Na rua, nas placas, nos cartazes, estava pintado o desenho da professora.

[...]

Em casa, no jornal que os pais do Joãozinho liam, na caixa de sabão, na pasta de dentes, em tudo que João pegava, ele encontrava o tal desenho da professora.

Ilustrações: Kanton/Arquivo da editora

João não podia compreender:

— Será que enquanto eu fui pra escola pintaram todos esses desenhos?

No dia seguinte aconteceu de novo.

João foi à escola. A professora, dessa vez, mostrou outros cartazes.

[...]

E o milagre continuava acontecendo.

Cada letra que João ia aprendendo ia logo aparecendo em tudo que era lugar.

João saía da escola e se punha a procurar.

E assim João viu surgir nas placas e nos pacotes, nos ônibus e nos postes, tudo que ele aprendia.

Até que chegou um dia em que João olhou a placa da rua onde ele morava.

E lá estava:

Reunindo aquelas letras, formou-se o nome que João já conhecia: Rua do Sol.

E, de repente, João compreendeu:

— Gente, eu já sei ler!

Reprodução/Quinteto Editorial

O menino que aprendeu a ver, de Ruth Rocha. São Paulo: Quinteto Editorial, 1998.

espantado: admirado.

POR DENTRO DO TEXTO

1. O texto que você leu foi extraído de:

☐ uma revista. ☐ um jornal. ☐ um livro.

2. Os participantes de uma história são chamados de **personagens**. Quem são os personagens dessa história?

____

3. Como você explicaria o título do texto? Você daria outro título para essa história?

____

____

4. Complete de acordo com o texto.

Nesse texto é contada a história de um ______________ que vai para a ______________ e começa a aprender a ______________.

5. Assinale os lugares onde a história acontece.

☐ no parque ☐ na casa do menino ☐ no jardim

☐ na rua ☐ no cinema ☐ na escola

6. O que o menino não entendia eram as palavras. A mãe de João percebeu isso e viu que era hora de fazer o quê?

____

7. O menino achava os desenhos que via nos prédios e nas placas estranhos porque:

☐ ele já sabia ler. ☐ ele ainda não sabia ler.

8. Você acha que o menino tinha vontade de aprender a ler? Por quê?

____

____

9. Releia este trecho da história.

"Reunindo aquelas letras, formou-se o nome que João já conhecia: Rua do Sol."

a) Por que João já conhecia esse nome?

____

b) Que letras o menino reuniu para ler o nome da rua?

____

10. Releia o trecho a seguir.

"Há coisa que a gente entende...

E coisas que a gente não entende!"

- As expressões **a gente entende** e **a gente não entende** podem ser substituídas por:

☐ "ele entende" e "ele não entende".

☐ "nós entendemos" e "nós não entendemos".

11. Leia as questões e responda no caderno.

a) A primeira letra que João aprendeu foi a letra **a**, de **ave**. Por que a professora mostrou para a classe um cartaz com o desenho de um passarinho?

b) À medida que aprendia, o espanto de João diminuía ou crescia? Por quê?

APRENDENDO GRAMÁTICA

Encontro consonantal

Leia esta frase e observe as consoantes destacadas.

João leu a **pl**aca do **pr**édio.

Nas palavras **placa** e **prédio** há duas consoantes juntas na mesma sílaba. Ambas são pronunciadas. Elas formam um **encontro consonantal**.

Veja estes encontros consonantais:

consoante + l	consoante + r
bl → blusa → blu-sa	**br** → cobra → co-bra
cl → claro → cla-ro	**cr** → cravo → cra-vo
fl → flores → flo-res	**dr** → dragão → dra-gão
gl → globo → glo-bo	**fr** → fraco → fra-co
pl → pluma → plu-ma	**gr** → grade → gra-de
tl → atleta → a-tle-ta	**pr** → prato → pra-to
vl → Vladimir → Vla-di-mir	**tr** → trave → tra-ve
	vr → livre → li-vre

Os encontros formados de **consoante + l** e **consoante + r** não podem ser separados, isto é, as duas consoantes ficam sempre na mesma sílaba.

Também há encontros em que as consoantes ficam em sílabas diferentes. Por exemplo: alface (a**l**-**f**a-ce), advogado (a**d**-**v**o-ga-do), teste (te**s**-**t**e).

1. Circule os encontros consonantais das palavras a seguir.

praça	rio	bicicleta	criatura	avião
animais	atleta	mãe	flores	placa

- Distribua nas colunas as palavras do quadro.

encontro vocálico	encontro consonantal	encontro vocálico e encontro consonantal
______	______	______
______	______	______
______	______	______
______	______	______
______	______	______

2. Procure no texto **O menino que aprendeu a ver** palavras com encontros consonantais na mesma sílaba e escreva-as no caderno.

Dígrafo

Leia e compare os grupos de palavras abaixo.

brigadeiro **bl**oco **pl**aca	formi**nh**as cacho**rr**o baca**lh**au

No primeiro grupo, as consoantes destacadas são **encontros consonantais**.

No segundo grupo, as consoantes destacadas representam um único som. Elas formam **dígrafos**.

Quando um grupo de letras representa um único som, temos um **dígrafo**.

1. Complete o nome das figuras com as sílabas que faltam.

Ilustrações: Ilustra Cartoon/ Arquivo da editora

a-ra-____

____-ve

es-pe-____

- Complete a informação.

  As consoantes dos dígrafos ____, ____ e ____ sempre ficam na mesma sílaba.

2. Circule os dígrafos das palavras abaixo.

carro   pássaro   carrossel

- Agora separe as sílabas dessas palavras e, depois, complete a informação a seguir.

  ____

  Na separação silábica, as consoantes dos dígrafos ____ e ____ ficam em sílabas diferentes.

3. Escreva na respectiva coluna o nome de cada figura a seguir.

Ilustrações: Kanton/Arquivo da editora

palavras com	
encontro consonantal	**dígrafo**
____________	____________
____________	____________

ESCREVENDO CERTO

d/t; f/v

1. Complete o nome das figuras com **t** ou **d**.

ves_____i_____o 

ca_____erno 

apon_____a_____or 

bo_____e 

_____aman_____uá 

bermu_____a 

Ilustrações: Kanton/Arquivo da editora

2. Complete as frases a seguir com as palavras do quadro.

vila	foto	fila	voto

a) O ____________________ consciente é muito importante nas eleições.

b) Coloquei a ________ da minha família em um porta-retratos na sala.

c) Daniel mora em uma bela ___________________ com seus pais e avós.

d) Ontem Edu ficou muito tempo na _________ para entrar no ônibus.

3. Encontre no diagrama o nome de seis animais que tenham a letra **f** ou **v**.

F	O	R	M	I	G	A	I	P	O	I	B	A	B	G
T	H	B	D	C	F	H	Q	A	H	K	F	N	Z	A
N	M	H	R	F	P	O	L	V	O	V	O	N	M	V
A	Z	X	C	G	V	D	F	E	F	W	C	M	U	I
C	A	V	A	L	O	Z	A	Q	W	E	A	D	F	Ã
G	Q	J	G	I	R	A	F	A	I	U	T	Y	B	O

Texto 3

Anita Bocadura

Anita é uma menininha muito esperta, mas não consegue fazer amigos e por isso não é feliz. Acha que os outros não lhe dão atenção, mas na verdade é ela quem os mantém distantes por não ser respeitosa com as pessoas.

Um dia ela encontra o senhor Gentil, que se oferece para ajudá-la. Leva-a à loja de dona Delicadeza, que os recebe muito bem.

[...]

— Eu vendo palavras encantadas que algumas pessoas, nos dias de hoje, acham desnecessárias, mas eu garanto que poderão ajudar muito você.

Kanton/Arquivo da editora

— É! Mas, dona Delicadeza, eu não tenho dinheiro para comprar essas palavras!

— Anita, querida, essas palavras não são vendidas por dinheiro. O preço é outro.

— Como assim?

— Paga-se uma palavra encantada com outra palavra encantada.

— E quais são essas palavras?

— POR FAVOR — disse dona Delicadeza.

— A senhora dá troco?

— Claro, um belo POIS NÃO.

— Já entendi! — disse Anita, animada. — Eu escolho as palavras e peço POR FAVOR. A senhora diz POIS NÃO e pronto.

— A compra não termina assim — disse dona Delicadeza. — Há uma última palavra encantada que se o comprador não disser, antes de sair da loja, todo o encantamento se perde.

— E qual é?

— OBRIGADA, se for uma compradora, e OBRIGADO, se for um comprador.

Kanton/Arquivo da editora

Anita olhou para trás e viu o senhor Gentil observando toda a transação:

— Já está ficando tarde. Acho melhor você escolher quais palavras irá levar — ele disse.

— Mas como vou saber as palavras que eu preciso? — disse Anita, confusa.

— É simples! — disse dona Delicadeza. — Leia com muita atenção as plaquinhas e escolha aquelas que você nunca usa, essas serão aquelas que estão faltando. Guarde essas palavras em sua memória para usá-las quando achar necessário.

No dia seguinte, Anita foi para a escola e na hora do recreio veio aquela vontade incontrolável de brincar no balanço que, como sempre, estava sendo usado por uma menina de sua classe. Aproximou-se dela dizendo:

— OLÁ! Meu nome é Anita. POR FAVOR, eu gostaria de balançar um pouquinho.

— Está bem! — disse a menina. — Quer que eu te empurre?

— Quero sim, OBRIGADA! E depois eu posso empurrar você...

— Legal! Vamos tomar um lanche juntas?

— Vamos! — respondeu Anita, feliz e espantada.

Lancharam, balançaram, riram, conversaram e combinaram que iriam se encontrar no próximo final de semana.

Anita chegou em casa e abriu a porta dizendo:

— BOM DIA, mãe!

— BOM DIA, filha! Vejo que você voltou animada da escola.

— A escola hoje estava muito legal... Mas... Sabe, acho que eu estava enganada. Parece que hoje as outras crianças começaram a me enxergar e a me ouvir. Mas não sei por quê...

Anita Bocadura,
de Mariângela Bueno.
São Paulo: Callis, 2003.

Reprodução/Callis Editora

transação: operação de compra ou venda.

POR DENTRO DO TEXTO

1. Qual é o título do texto?

____

2. Em sua opinião, por que o texto recebeu esse título?

____

____

3. Assinale um **X** no item que corresponde ao assunto do texto.

- [ ] Uma menina aprende a comprar palavras com dinheiro.
- [ ] Uma menina procura amigos.
- [ ] Uma menina aprende a usar palavras como **por favor**, **obrigada**, **pois não**.

4. Explique o nome de cada personagem da história.

Anita Bocadura: ____

____

Senhor Gentil e dona Delicadeza: ____

____

5. Com qual objetivo foi escrito o texto **Anita Bocadura**? Marque um **X** na resposta mais adequada.

- [ ] Contar um fato engraçado sobre uma menina.
- [ ] Ensinar palavras novas.
- [ ] Mostrar a importância de tratar as pessoas com respeito e educação.

6. De acordo com o texto, "paga-se uma palavra encantada com outra palavra encantada". Faça um **X** nas cenas que representam essa afirmação.

( ) 

( ) 

( ) 

( ) 

Ilustrações: Kanton/Arquivo da editora

7. Escreva em que situações você já usou as palavras ou a expressão abaixo.

a) por favor: ______________________________

b) obrigado/obrigada: ______________________________

c) desculpe: ______________________________

8. Releia o trecho final do texto:

"Parece que hoje as outras crianças começaram a me enxergar e a me ouvir. Mas não sei por quê..."

- Explique por que as outras crianças passaram a tratar melhor Anita.

____

____

____

____

APRENDENDO GRAMÁTICA

Sílaba, divisão silábica e número de sílabas

Leia esta palavra lentamente: Anita

Você percebeu que, ao pronunciar a palavra, dividiu-a em partes?

Cada parte da palavra pronunciada de uma só vez é chamada de **sílaba**. Veja: A-ni-ta

Sílaba é um som ou um grupo de sons pronunciado de uma só vez.

Para dividir corretamente as palavras em sílabas, fique atento.

- **Não são separados:**

a) os ditongos:
cha-m**ou**

b) os tritongos:
Pa-ra-g**uai**

c) os dígrafos **ch**, **nh**, **lh**, **gu** e **qu**:
a-**ch**ei, te-**nh**o, ve-**lh**o, li-**gu**ei, ar-**qu**i-vo

d) os encontros consonantais formados por **consoante + r**:
prín-ci-pe

e) e os encontros consonantais formados por **consoante + l**:
pla-ne-ta

- **São separados:**

a) os hiatos:
v**i**-**o**-la

b) e os dígrafos **ss**, **rr**, **sc**, **sç** e **xc**:
e**s**-**s**a, a**r**-**r**is-car, na**s**-**c**er, na**s**-**ç**o, e**x**-**c**e-der

Na escrita, separamos as sílabas quando a palavra não cabe inteira na mesma linha e é necessário dividi-la. Veja isso na reprodução de um texto de jornal ao lado.

Zé Colmeia está de volta

O urso comilão Zé Colmeia e seu amigo Catatau ganharam uma versão "live action" (com atores). Em **"Zé Colmeia - O Filme"**, os problemas do ur-são aumentaram de tamanho. Agora precisa evi-tar que o parque onde vive feche as portas.

Reprodução/Arquivo da editora

Jornal **Folha de S.Paulo**, São Paulo, 22 jan. 2011. Folhinha.

Agora, observe:

Sol
1 sílaba

ho-mem
2 sílabas

pre-sen-te
3 sílabas

te-le-fo-ne
4 sílabas

Ilustrações: Ilustra Cartoon/Arquivo da editora

As palavras são classificadas de acordo com o número de sílabas. Quando a palavra tem:

- 1 sílaba, é chamada de **monossílabo**;
- 2 sílabas, é chamada de **dissílabo**;
- 3 sílabas, é chamada de **trissílabo**;
- 4 ou mais sílabas, é chamada de **polissílabo**.

Continue a preencher o quadro.

palavra	divisão silábica	número de sílabas	classificação
dias	di-as	2	dissílabo
pedido			
pai			
computador			
sem			
outro			
pedacinho			
crianças			

ESCREVENDO CERTO

h inicial; **ch**, **nh** e **lh**

1. Leia estas frases e observe as palavras destacadas:

a) O **homem** estava de bom **humor**.

b) Seus **olhos brilharam** de alegria ao ver o amigo.

c) O **passarinho** construiu seu **ninho** naquela árvore.

d) O **chocolate** do menino caiu no **chão**.

- Organize as palavras destacadas copiando-as nos respectivos grupos.

palavras com **h** inicial	palavras com **nh**	palavras com **ch**	palavras com **lh**
______	______	______	______
______	______	______	______

2. Assinale com um **X** a opção correta.

☐ A letra **h** representa som quando vem no início de palavras.

☐ A letra **h** forma dígrafo quando acompanhada das consoantes **n**, **c** e **l**. Cada um desses dígrafos representa um som.

3. Escreva o nome de cada figura e, depois, separe suas sílabas.

Jaruek Chairak/Shutterstock/ Glow Images

Elnur/Shutterstock/Glow Images

Elfriedchen/Shutterstock/ Glow Images

______ ______ ______

______ ______ ______

Texto 4

Aquarela

Numa folha qualquer eu desenho um sol amarelo
E com cinco ou seis retas é fácil fazer um castelo.
Corro o lápis em torno da mão e me dou uma luva,
E se faço chover com dois riscos tenho um guarda-chuva.

Se um pinguinho de tinta cai num pedacinho azul de papel,
Num instante imagino uma linda gaivota a voar no céu.
Vai voando, contornando a imensa curva norte e sul,
Vou com ela, viajando Havaí, Pequim ou Istambul.
Pinto um barco a vela branco, navegando, é tanto céu e mar num beijo azul.

Entre as nuvens vem surgindo um lindo avião rosa e grená.
Tudo em volta colorindo, com suas luzes a piscar.
Basta imaginar e ele está partindo, sereno, lindo,
E se a gente quiser ele vai pousar.

Numa folha qualquer eu desenho um navio de partida
Com alguns bons amigos bebendo de bem com a vida.
De uma América a outra consigo passar num segundo,
Giro um simples compasso e num círculo eu faço o mundo.

Kanton/Arquivo da editora

Um menino caminha e caminhando chega num muro
E ali logo em frente, a esperar pela gente, o futuro está.
E o futuro é uma astronave que tentamos pilotar,
Não tem tempo nem piedade, nem tem hora de chegar.
Sem pedir licença muda nossa vida, depois convida a rir ou chorar.

Nessa estrada não nos cabe conhecer ou ver o que virá.
O fim dela ninguém sabe bem ao certo onde vai dar.
Vamos todos numa linda passarela
De uma aquarela que um dia, enfim, descolorirá.

Numa folha qualquer eu desenho um sol amarelo
(que descolorirá).
E com cinco ou seis retas é fácil fazer um castelo
(que descolorirá).
Giro um simples compasso e num círculo eu
faço o mundo (que descolorirá).

Kanton/Arquivo da editora

Aquarela. **O melhor de Toquinho** (CD), de Toquinho, Vinicius de Moraes, G. Morra e M. Fabrizio. Polygram.

Polygram/Divulgação/
Arquivo da editora

grená: cor vermelho-castanha.
compasso: instrumento usado para traçar curvas ou circunferências.

POR DENTRO DO TEXTO

1. Complete as informações.

a) **Aquarela** é uma letra de canção e está organizada em forma de

_______________ com _______________ estrofes.

b) Seus autores são: ______________________________________

____

2. A letra da canção descreve o ato de **desenhar** utilizando traços simples e a **imaginação**.

a) Na segunda estrofe, sublinhe o que surgiu de um pinguinho de tinta.

b) Escreva o que a imaginação fez surgir:

- entre as nuvens: ______________________________.
- com cinco ou seis retas: ______________________________.
- num círculo: ______________________________.
- com dois riscos: ______________________________.

3. A letra da canção faz referência a alguns lugares. Quais são eles?

____

4. Em folhas à parte, faça desenhos de acordo com estes versos. Use a imaginação!

a) "Numa folha qualquer eu desenho um sol amarelo"

b) "E com cinco ou seis retas é fácil fazer um castelo."

c) "Numa folha qualquer eu desenho um navio de partida"

d) "Giro um simples compasso e num círculo eu faço o mundo."

5. Na letra da canção, o futuro é comparado a quê?

____

6. Qual é a palavra repetida na última estrofe? ________________

- O que essa palavra significa?

____

7. Pinte o avião abaixo de rosa e grená.

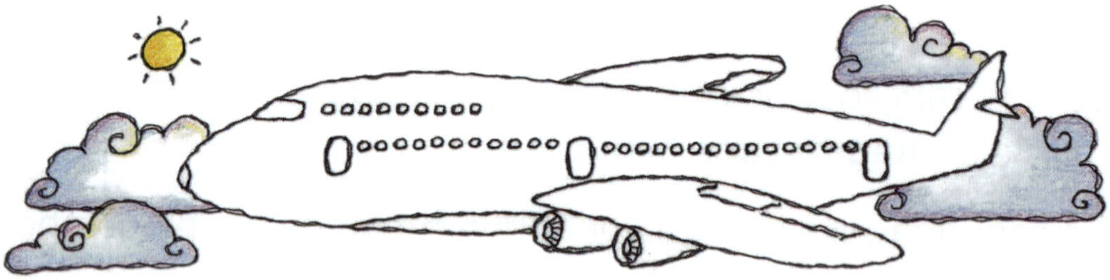

Camila de Godoy/Arquivo da editora

8. No trecho "Vou com **ela**, viajando", a que se refere a palavra destacada?

____

9. Marque a frase que contenha uma palavra cujo significado seja semelhante a **sereno**.

- [ ] O menino ia **afobado** para a escola.
- [ ] O menino ia **irritado** para a escola.
- [ ] O menino ia **tranquilo** para a escola.

10. Assinale a alternativa que indica o significado do verbo **corro** no verso:

"**Corro** o lápis em torno da mão e me dou uma luva"

- [ ] fixo
- [ ] deslizo
- [ ] mantenho

11. O verso "O fim dela ninguém sabe bem ao certo onde vai dar." indica:

- [ ] certeza
- [ ] confiança
- [ ] dúvida

APRENDENDO GRAMÁTICA

Sílaba tônica

Leia as palavras a seguir em voz alta e repare qual sílaba é pronunciada com mais força.

castelo   avião   círculo

cas **te** lo   a vi **ão**   **cír** cu lo

A sílaba que é pronunciada com mais força é chamada de **sílaba tônica**.

A sílaba tônica varia de posição de acordo com a palavra. Ela pode ser:

- a última sílaba da palavra → a | vi | ão

Quando a sílaba tônica é a última, como em **avião**, dizemos que a palavra é **oxítona**.

- a penúltima sílaba da palavra → cas | te | lo

Quando a sílaba tônica é a penúltima, como em **castelo**, dizemos que a palavra é **paroxítona**.

- a antepenúltima sílaba da palavra → cír | cu | lo

Quando a sílaba tônica é a antepenúltima, como em **círculo**, dizemos que a palavra é **proparoxítona**.

1. Leia a cantiga a seguir em voz alta e circule a sílaba tônica das palavras.

Pulga toca flauta
perereca, violão,
piolho pequenino
também toca rabecão.

Cantiga popular.

- Distribua as palavras da cantiga no diagrama, colocando uma sílaba em cada quadrinho, de modo que as sílabas tônicas sempre fiquem no quadradinho laranja. Veja o exemplo.

Kanton/Arquivo da editora

		pul	ga

2. Separe as sílabas das palavras abaixo. Depois, circule a sílaba tônica e escreva se a palavra é oxítona, paroxítona ou proparoxítona. Veja o exemplo.

a) árvore: ár-vo-re — proparoxítona

b) floresta: ______

c) você: ______

d) açúcar: ______

e) anzol: ______

f) sábado: ______

Acento agudo e acento circunflexo

Leia o texto a seguir.

Nome da gente

Por que é que eu me chamo isso
e não me chamo aquilo?
Por que é que o jacaré
não se chama crocodilo?
Eu não gosto
do meu nome,
não fui eu
quem escolheu.
Eu não sei
por que se metem
com um nome
que é só meu!

O nenê
que vai nascer
vai chamar
como o padrinho,
vai chamar
como o vovô,
mas ninguém
vai perguntar
o que pensa
o coitadinho.
[...]

Cavalgando o arco-íris, de Pedro Bandeira. São Paulo: Moderna, 1997.

1. Observe as palavras abaixo.

jacaré

nenê

Ilustrações: Kanton/Arquivo da editora

- Complete:

a) a sílaba tônica de **jacaré** é ☐;

b) a sílaba tônica de **nenê** é ☐.

O sinal que está sobre a vogal da sílaba **ré** se chama **acento agudo** ´ e o que está sobre a vogal da sílaba **nê** se chama **acento circunflexo** ^.

Os acentos são usados sobre as vogais de algumas palavras para indicar a sílaba tônica.

O **acento agudo** pode ser usado sobre todas as vogais. Nas vogais **e** e **o** ele indica som aberto (Am**é**rica, **ó**timo).

O **acento circunflexo** pode ser usado apenas sobre as vogais **a**, **e** e **o** e indica som fechado (c**â**mara, t**ê**nis, av**ô**).

2. Coloque acento agudo ou circunflexo nas palavras das placas, se necessário.

Ilustra Cartoon/Arquivo da editora

3. Complete as frases com as palavras destacadas, colocando o acento gráfico adequado.

Metro vira ______________________.

Maio vira ______________________.

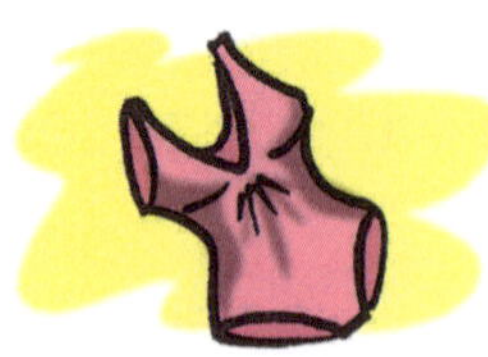

Ilustrações: Kanton/Arquivo da editora

ESCREVENDO CERTO

s/ss

1. Leia as palavras abaixo e compare o som das letras destacadas.

1	2	3	4	5
sacola	conden**s**ado	bra**s**ileira	pa**ss**eio	fe**s**ta**s**
sinal		mú**s**ica	suce**ss**o	trê**s**

a) Em que posição a letra **s** pode estar numa palavra?

____

b) O som da letra **s** é o mesmo em todas as palavras?

____

c) Em qual coluna há palavras cujo **s** tem o mesmo som que na palavra **casa**?

____

d) Há palavras iniciadas com **ss**? _______________________

e) O grupo **ss** na palavra **passeio** está entre vogais e tem o mesmo som que a letra **s** na(s) palavra(s):

☐ sapo ☐ mesa ☐ cansado

2. Complete as palavras com **s** ou **ss**.

a_____obio a_____oalho pren_____ado

en_____aboar con_____elho discu_____ão

can_____eira ma_____agem en_____aio

en_____opado ver_____o men_____agem

De olho no dicionário

Ordem alfabética

1. Como já foi visto, o dicionário inteiro é organizado em ordem alfabética. Note que, nesta página de dicionário, as palavras são todas iniciadas com a letra **l**. As palavras da página também seguem, entre si, a ordem alfabética.

lá (lá) *advérbio*
Naquele lugar; longe do lugar onde estamos; ali: *Eu moro no Rio, mas Zeca mora **lá** em Brasília. Viemos da fazenda e vovô ficou **lá**.*

lã (lã) *substantivo*
1. Pelo que cobre o corpo de certos animais, como o carneiro. 2. Tecido feito com esse pelo: *Comprei um novo casaco de **lã**.*

labareda (la-ba-re-da) *substantivo*
Grande chama de fogo: *Paulo ficou assustado com as **labaredas** que viu no incêndio.*

lábio (lá-bio) *substantivo*
Cada uma das partes exteriores da boca, uma superior e outra inferior.

laboratório (la-bo-ra-tó-rio) *substantivo*
1. Lugar onde se fazem vários tipos de experiência ou trabalhos científicos. 2. Lugar onde se fazem exames médicos. 3. Lugar onde se fabricam remédios.

laço (la-ço) *substantivo*
1. Nó que se desata sem esforço e que tem uma, duas ou mais alças: *O enfeite deste vestido é o **laço** de fita.* 2. Espécie de nó usado por vaqueiro ou caçador, para pegar animais: *O vaqueiro jogou o **laço** e pegou o cavalo. A ave caiu no **laço** do caçador.* 3. Aliança; união: *Paulo e Maria se conheceram no mês passado e já criaram um **laço** de amizade.*

194

- Agora, responda no caderno:

a) Por que a palavra **labareda** vem antes de **lábio**?

b) Por que **laço** vem depois de **laboratório**?

c) Escreva uma palavra iniciada com a letra **l** que poderia vir depois de **laço**.

2. Além do dicionário, o que mais você conhece que é organizado em ordem alfabética?

Unidade

2

Baú de histórias

Hagaquezart/Arquivo da editora

O QUE VOU ESTUDAR?

- Leitura e compreensão
- Til e cedilha
- Sinais de pontuação
- Substantivo: comum, próprio e coletivo

Texto
1

Nino quer um amigo

Kanton/Arquivo da editora

Nino, por que você está sempre tão sério e cabisbaixo?

Nino vivia triste. Ele se sentia sozinho. Ninguém queria ser amigo dele.

Pobre Nino.

Um dia, na praia, ele ficou esperançoso de encontrar um amigo.

— Ah, um menino. Quem sabe..., e tentou chegar perto dele.

Mas o menino virou para o lado, cavou um buraco.

E ainda jogou areia no Nino.

Coitado dele.

Outro dia, na escola, ele tentou puxar conversa com uma colega de turma. Olhou para a menina, que era toda sardenta, uma graça. Esboçou um sorriso e tentou puxar assunto.

Mas estava tão acostumado a ficar calado e sério que as palavras demoraram a sair de sua boca.

A menina bonitinha desistiu de esperar que ele dissesse alguma coisa. Virou-se de costas e foi brincar com uma amiga.

Tadinho do Nino.

Nem os animais pareciam querer ser seus amigos.

Uma tarde, Nino viu um menino com um cão passeando na praça.

Ficou com vontade de agradar o cachorro, mas ficou com medo de que ele mordesse.

Fez um agrado bem tímido.

O cão nem aí para ele.

Que pena, Nino.

Até que um dia, ele tinha desistido de procurar.

Pensando em por que, quanto mais tentava encontrar um amigo, mais sozinho se sentia...

Ficou distraído, pensando, e adormeceu.

Quando acordou, olhou-se no espelho.

Kanton/Arquivo da editora

Enquanto escovava os dentes, percebeu que fazia muitas caretas.

Achou engraçado. Enxaguou a boca e continuou brincando com o espelho. Era riso daqui, riso de lá. Era língua do Nino e língua do espelho. Piscadela aqui, piscadela ali. Começou ali uma verdadeira folia. Era um jogo de reconhecimento entre Nino e sua imagem no espelho. E não é que Nino era bem engraçadinho? Ele mesmo nunca tinha reparado nisso antes.

Que cara legal era Nino.

Que garoto charmoso, bem-humorado!

Nino ficou encantado com seu espelho.

Fez-se ali uma grande amizade.

E depois dessa amizade surgiram muitas outras.

Nino hoje é um cara cheio de grandes amigos. Incluindo ele mesmo.

Valeu, Nino.

Nino quer um amigo,
de Katia Canton. Revista **Nova Escola**.
São Paulo: Abril, Edição Especial Era uma vez,
n. 13, v. 4, abr. 2007.

Reprodução/Editora Abril

cabisbaixo: de cabeça baixa.

POR DENTRO DO TEXTO

1. O texto conta a história vivida por um menino.

a) Como se chama esse menino?

____

b) Por que ele vivia triste?

____

2. Localize no texto as expressões usadas pelo narrador para mostrar as reações emotivas do menino diante de algumas situações vividas por ele e escreva-as abaixo de cada figura. Veja o exemplo.

Ilustrações: Kanton/Arquivo da editora

Coitado dele.

____

____

3. Por que você acha que Nino não conseguia fazer amigos?

____

____

____

4. Nino sentiu vontade de fazer um agrado em um animal.

a) Que animal era? ______________________

b) De que Nino ficou com medo? ______________________

c) Como foi esse agrado, então? ______________________

5. Em que Nino estava pensando no dia em que desistiu de procurar um amigo?

____

____

6. Por que você acha que acontecia isso com Nino?

____

____

7. Você sabe o que quer dizer "esboçar um sorriso"? Em qual cena Nino esboçou um sorriso?

Ilustrações: Kanton/Arquivo da editora

APRENDENDO GRAMÁTICA

Til e cedilha

1. Leia o texto a seguir.

Uma noite de seis meses

No inverno das **regiões** polares, é noite durante seis meses: o sol nunca nasce. Faz muito frio, há tempestades de neve e sopra um vento gelado, o blizar.

No **verão**, é o contrário: o sol nunca se **põe**, aquece pouco a pouco a atmosfera durante seis meses. Em alguns lugares o gelo derrete.

Meu 1º Larousse enciclopédia. Tradução de Luciano Machado. São Paulo: Larousse do Brasil, 2007.

a) Copie as palavras destacadas no texto e, depois, leia-as em voz alta.

____

b) Complete a afirmação abaixo.

O til ~ é um sinal usado sobre as vogais ____ e ____ para indicar som nasal.

2. Leia as palavras do quadro em voz alta.

vidraça	cenoura	cidade	moça	soluço	açúcar

- Agora, complete a afirmação a seguir.

A cedilha ç é um sinal usado na letra **c**, antes das vogais ____, ____ e ____, para indicar o som de **ss**, como em **passeio**.

ESCREVENDO CERTO

ce, ci; ça, ço, çu

1. Escreva o nome de cada figura.

Elnur/Shutterstock/Glow Images

Olinchuk/Shutterstock/Glow Images

Dudarev Mikhail/Shutterstock/Glow Images

Poznyakov/Shutterstock/Glow Images

______ ______ ______ ______

- Agora, complete a frase.

  Nas palavras acima, o ____ e o ____ têm som de **ss**.

2. Leia as descrições prestando atenção à letra-pista e depois escreva as respostas. Dica: todas as palavras têm **c** ou **ç**. Veja o exemplo.

Doce feito com amendoim.	P	A	Ç	O	C	A	
Caminho calçado para a circulação de pedestres.	C						
Local onde se passam filmes.					M		
Parte do corpo onde fica o cérebro.	C						
Antônimo de tarde.		E					
O mais novo dos filhos.	C						

- Pinte o **c** ou o **ç** que você escreveu em todas as palavras. Observe a vogal que vem depois dessas letras e complete a frase a seguir.

  Com som de **ss**, usamos o **c** antes das vogais ____ e ____ e

  usamos o **ç** antes das vogais ____, ____ e ____.

Texto 2

O baú secreto da vovó

Kanton/Arquivo da editora

Quando eu era menina e sentia medo, no lugar de chorar, ficava com raiva.

Na noite em que descobri o baú de minha avó, eu estava em Santos. Trovejava muito. Apavorada, comecei a gritar que odiava o mar. Foi quando minha avó me chamou e disse:

— Minha neta, você sabia que eu tenho um baú cheio de segredos?

— Como assim? Onde?

— Lá no fundo da garagem.

Pronto. Nada como a curiosidade para espantar o medo. Na garagem, vovó o abriu e retirou de dentro dele uma espécie de régua.

— Você sabe o que é isso?

— Uma régua esquisita — respondi.

— Não, isso é uma palmatória. Quem errasse na escola levava uma batida na palma da mão.

— Não acredito! E por que a senhora guardou este treco horrível?

— Pra lembrar que a gente precisa ser mais forte do que as injustiças. Olhe... meu dedal preferido. Foi com ele que eu costurei esta roupa — e ela me mostrou um vestidinho com uma espécie de *short* por baixo.

— Você jogava tênis, vovó?

— Não, isso é um maiô!

— Você nadava de vestido?

— Sim, e era considerada atrevida. Mas foi assim que conquistei seu avô.

— Nadando de roupa?

— Eu vinha de uma família pobre. Seu avô, não. Ele lia, gostava de dançar.

— E de nadar também?

Kanton/Arquivo da editora

— Sim, e por isso fiz este maiozinho. Corri até a praia de chapéu. Seu avô estava tomando sol. Fingi que tinha perdido o chapéu no mar. Ele, como era um cavalheiro, veio me ajudar. O chapéu foi parar no fundo. Então apostamos uma corrida para ver quem o apanhava. Ele gostou da minha ousadia.

— Foi assim que vocês começaram a namorar?

— E logo me casei. Guardei o dedal pra lembrar que a gente precisa tecer a felicidade, e o maiô, porque um pouco de coragem não faz mal a ninguém. Olhe esta caixinha de música. Seu avô me deu quando você nasceu. Não é linda?

Vovó mostrou para mim outros objetos e assim fui descobrindo que se não fosse o mar, que eu temia, não haveria o encontro de meus avós e que viver é saber perder o medo de tudo o que a gente nunca espera e nunca vai conseguir controlar.

O baú secreto da vovó, de Heloisa Prieto.
Revista **Nova Escola**.
São Paulo: Abril, Edição Especial Era uma vez,
n. 13, v. 4, abr. 2007.

Reprodução/Editora Abril

ousadia: coragem.
tecer: costurar, entrelaçar fios de seda ou lã para formar tecido.

POR DENTRO DO TEXTO

1. O narrador do texto participa da história ou apenas narra os fatos? Justifique sua resposta com um trecho do texto.

____

____

____

2. Onde morava a avó da narradora?

____

3. De que a narradora sentiu medo?

____

4. O que fez a avó para distrair a menina e fazê-la esquecer o medo do temporal?

____

____

5. Nesse baú havia alguns objetos usados:

☐ em nossos dias. ☐ antigamente.

- Em sua opinião, por que a avó da menina guardava esses objetos no baú?

____

____

____

____

6. Veja os objetos que a avó retirou do baú. Escreva o nome de cada um e o que eles representavam para ela.

Ilustrações: Kanton/Arquivo da editora

____
____
____

____
____
____

____
____
____

____
____
____

7. Quando jovem, a avó tinha comportamentos ousados para a época. Que comportamentos eram esses?

____
____
____

8. A avó afirma que "a gente precisa tecer a felicidade". Ela quis dizer com isso que:

☐ a felicidade acontece por acaso.

☐ a felicidade é algo que se conquista.

9. No momento em que narra a história, a narradora é uma criança ou um adulto? Justifique sua resposta.

____
____
____

APRENDENDO GRAMÁTICA

Sinais de pontuação

Releia este trecho do texto prestando atenção aos sinais de pontuação destacados.

"Guardei o dedal pra lembrar que a gente precisa tecer a felicidade, e o maiô, porque um pouco de coragem não faz mal a ninguém. Olhe esta caixinha de música. Seu avô me deu quando você nasceu. Não é linda?"

Os textos geralmente apresentam sinais de pontuação. Pontos, vírgulas, interrogações e exclamações são fundamentais para a compreensão de um bilhete, uma história, uma notícia, etc.

Veja a seguir a função de alguns sinais de pontuação.

? interrogação	Indica uma pergunta ou dúvida. Exemplo: Isso é um maiô ?
. ponto-final	Indica o fim de uma frase, de um pensamento. Exemplo: Vovó mostrou-me seu baú secreto .
, vírgula	Indica pausa breve ou enumera elementos dentro de um texto. Exemplo: No baú havia um maiô , uma palmatória , uma caixinha de música e um dedal.
! exclamação	Indica admiração, espanto, surpresa, ordem. Exemplo: Que caixinha de música linda !

1. Leia o poema e coloque, no final de cada pergunta, o ponto de interrogação.

Kanton/Arquivo da editora

Contagem

Você já contou estrelas____
E nuvens____ E passarinhos____
Já contou quantos dedinhos
têm os pés das centopeias____
Já contou quantas histórias
cabem dentro das ideias____
Já pensou quantas bestagens
podem ser inteligentes____

Já contou quantos gemidos
cabem numa dor de dente____
Já pensou quantas mentiras
escondem certa verdade____
Quantas grades e gaiolas
trancam a nossa liberdade____

A poesia é uma pulga, de Sylvia Orthof. São Paulo: Atual, 1991.

2. Reescreva as frases a seguir invertendo os sinais de pontuação, de acordo com as indicações.

Substitua **!** por **?**	Substitua **?** por **.**	Substitua **.** por **!**

a) É linda nossa bandeira! ____________________

b) Nossa bandeira é verde e amarela?

____

c) Nossa classe ganhou uma bandeira novinha.

____

- O sentido das frases mudou? Por quê?

____

____

____

3. Leia um trecho do poema **Hei de torcer...** e coloque a pontuação adequada nos quadrinhos.

Torcer pelo meu time
não tem explicação ☐
Nem sempre é o melhor ☐
nem sempre é o campeão ☐
Mas torço ☐ porque torço...
É coisa do coração ☐

O bailado esportivo, de Hardy Guedes. São Paulo: Prumo, 2009.

4. Leia a tirinha.

Tem alguma coisa babando embaixo da cama, de Bill Watterson. São Paulo: Conrad Editora do Brasil, 2008.

a) Por que foi usado o ponto de interrogação no 1º quadrinho?

____

b) Por que, no 2º quadrinho, foi usado o ponto-final?

____

____

c) Que sinais de pontuação aparecem no 3º quadrinho?

____

d) Em que quadrinho foi utilizado ponto de exclamação? Que sentimento ele indica?

____

Emprego da vírgula

Leia a frase a seguir.

Comprei um baú para guardar tecidos, linhas, retalhos e botões.

Na frase acima há palavras separadas por um sinal de pontuação.

Esse sinal é a vírgula **,** .

A vírgula é um sinal de pontuação usado para indicar uma pequena pausa na leitura ou enumerar os elementos de um texto.

Veja algumas situações em que a vírgula é empregada:

- nos endereços, para separar o nome da rua do número da casa;

  Rua da Felicidade, 119.

- nas datas, para separar o nome da cidade da data;

  Rio de Janeiro, 2 de abril de 2014.

- para separar palavras em uma enumeração.

  Renato, Régis, Thaís e Juliana são primos de Thiago.

1. Leia as frases e coloque vírgulas quando necessário.

a) A professora pediu em sua lista dois lápis quatro cadernos caneta azul caneta vermelha apontador e borracha.

b) O clube fica na rua da Paz 242.

c) Recife 10 de junho de 2013.

- Agora, justifique o uso da vírgula em cada caso.

a) ______________________________

b) ______________________________

c) ______________________________

2. Leia outra tirinha. No segundo quadrinho, as vírgulas foram retiradas. Escreva-as.

Revista **Turma da Mônica: uma aventura nos contos de fadas**, de Mauricio de Sousa. São Paulo: Panini Comics, n. 45, set. 2010.

ESCREVENDO CERTO

gu e qu

Pronuncie estas palavras pausadamente, prestando atenção à diferença de som dos dígrafos **gu** e **qu**.

amig**u**inho fra**qu**inho

1. Escreva o nome das figuras com **gu** ou **qu**.

AG-PHOTO/Shutterstock/Glow Images

Sebastian Duda/Shutterstock/Glow Images

photocritical/Shutterstock/Glow Images

____________ ____________ ____________

2. Leia as dicas e escreva as respostas com **gu** ou **qu**.

a) Prato árabe feito com carne moída e trigo. ____________

b) Instrumento musical feito de madeira, com cordas. ____________

3. Consulte o quadro e complete as palavras.

gue gui que qui

a) As á____as perse____m pe____nos animais para caçá-los.

b) Na____la tarde ____nte, meu ami____nho viu um peri____to no par____.

Texto 3

A festa no céu

Uma grande festa foi preparada no céu para todos os animais que viviam na Terra. As aves se prepararam para a festa, mas os bichos que não voavam não podiam ir. Na véspera, os animais sem asas estavam reunidos, muito tristes, quando apareceu o sapo-cururu dizendo que ia à festa. O pessoal caiu na risada. Como poderia subir às alturas, bem ele, que era pesado e nem correr conseguia?

Kanton/Arquivo da editora

"Pois esperem e verão", disse o sapo. "Na volta, eu conto tudo para vocês."

O urubu era um dos convidados mais importantes: bom violeiro, as danças dependiam dele. Sabendo disso, o sapo foi até a casa do urubu, bateu um papo com ele e despediu-se dizendo: "Vou indo, compadre. Para mim o caminho é longo; preciso sair muito antes que todos os outros".

"Então o compadre cururu vai mesmo?", espantou-se o urubu. "Vou sim. Até a festa, compadre urubu!", disse o sapo. "Até lá!", respondeu o urubu, sem acreditar no que ouvia.

O sapo fingiu que ia embora, mas não foi; escondeu-se atrás de uma árvore para observar o amigo. Quando o urubu foi para a lagoa, o sapo entrou na casa pela porta dos fundos. Assim que viu a viola em cima da mesa, pulou dentro dela e ficou bem quietinho.

Na manhã seguinte, o urubu pegou a viola e bateu asas para o céu, onde foi recebido com alegria. Pousou a viola no chão e foi cumprimentar o pessoal. O sapo espreitou pelo buraco da viola, e quando viu que não havia ninguém por perto saltou lá de dentro. Os pássaros ficaram muito surpresos ao vê-lo; queriam saber como tinha conseguido subir ao céu, mas ele riu e fugiu da resposta.

A festa começou. Todos comeram, beberam e dançaram. No final da noite, o sapo disse que ia dormir porque estava muito cansado da viagem. E voltou, saltando, para perto do urubu. Quando o amigo parou de tocar e pousou a viola no chão, o sapo pulou dentro dela e lá ficou até o dia seguinte. De manhã, quando o urubu pegou o seu instrumento, sentiu diferença. "Puxa, como essa viola está pesada!", disse para si mesmo. "Toquei a noite toda, e ela estava leve; agora, parece um chumbo!"

Kanton/Arquivo da editora

No meio do caminho de volta, resolveu dar uma olhada dentro da viola e deu de cara com o sapo. "Ah, meu compadre! Foi assim que você veio à festa no céu? Pois muito bem! Agora você vai ver..."

Quando ele ia virar a viola para jogar o sapo, este, muito esperto, gritou: "Compadre, por favor, me jogue em qualquer lugar, menos na água, que eu me afogo!".

O urubu apanhou a deixa e continuou o voo até aparecer uma lagoa. Então, despejou o sapo lá de cima e seguiu seu caminho, certo de que tinha se vingado do cururu. Mas o danado do sapo, que sabia nadar muito bem, saiu da lagoa contente da vida.

Viagem pelo Brasil em 52 histórias, de Silvana Salerno. São Paulo: Companhia das Letrinhas, 2006.

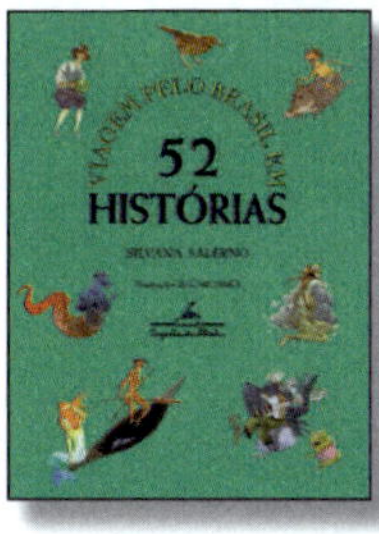

Reprodução/Editora Companhia das Letrinhas

véspera: o dia anterior a certa data.
espreitou: espiou, observou atentamente sem ser visto.

POR DENTRO DO TEXTO

1. Assinale as alternativas verdadeiras.

- [ ] O conto narra fatos inventados.
- [ ] O conto narra fatos da realidade.
- [ ] Quem conta a história no conto é um dos personagens.
- [ ] Quem conta a história no conto é o narrador.

2. A festa no céu foi preparada para quem?

____

3. Por que nem todos os bichos poderiam comparecer a essa festa no céu?

____

4. Um desses animais que não voavam apareceu dizendo que ia à festa.

a) Que animal era esse?

____

b) Por que os outros animais caíram na risada?

____

____

5. Por que a presença do urubu era tão importante na festa?

____

____

____

6. O sapo armou um plano para chegar ao céu.

a) Qual foi o plano dele?

____

____

____

b) Esse plano deu certo? Explique sua resposta.

____

____

____

7. Diante da possibilidade de se esborrachar no chão, o sapo usou de esperteza ou ficou com medo? Justifique sua resposta.

____

____

____

____

8. Retire do texto palavras que tenham significado semelhante ao das palavras ou das expressões destacadas abaixo.

a) O sapo **olhou atentamente** pelo buraco da viola.

____

b) E voltou, **pulando**, para perto do urubu.

____

c) Mas o **malandro** do sapo, que sabia nadar muito bem, saiu da lagoa **feliz** da vida.

____

APRENDENDO GRAMÁTICA

Substantivo comum e substantivo próprio

Você já percebeu que todos os seres têm nome? Por exemplo:

viola | urubu | sapo

As palavras que usamos para dar nome a pessoas, lugares, animais, plantas, sentimentos, etc. são chamadas de **substantivos**.

1. Escreva o nome de três objetos de sua classe e de três colegas.

____

____

Leia a frase e observe as palavras destacadas.

A festa no céu é um conto popular do Brasil.

Veja: conto ⟶ substantivo comum

Brasil ⟶ substantivo próprio

Os substantivos podem ser **comuns** ou **próprios**. O substantivo comum dá nome a seres, coisas, objetos ou sentimentos em geral. Já o substantivo próprio dá nome a algo ou alguém específico.

A palavra **conto** é um **substantivo comum**, pois pode indicar qualquer conto.

A palavra **Brasil** é um **substantivo próprio**, pois dá nome a um lugar específico, e não a todos os lugares.

Os **substantivos próprios** devem ser escritos com letra inicial maiúscula. Já os **substantivos comuns**, com letra inicial minúscula, exceto quando iniciam frase.

Veja: **C**arlos, **G**oiás, rua **G**uaicurus ⟶ substantivos próprios

lagoa, **f**esta, **a**ve ⟶ substantivos comuns

2. Leia o texto abaixo e fique atento aos substantivos destacados. Depois, circule de vermelho os substantivos próprios e de azul os substantivos comuns.

Duvido que exista alguém que nunca tenha brincado de **roda**! Essa é uma das **brincadeiras** mais comuns que encontramos no **Brasil**.

As rodas são muito antigas. As **crianças** da **Europa**, e nas **aldeias** dos tempos da **Idade Média**, já brincavam de roda.

Brinquedos e brincadeiras, de Nereide Schilaro Santa Rosa. São Paulo: Moderna, 2001.

3. Preencha a ficha a seguir com substantivos próprios ou comuns.

Meu nome é ______________________________.

O que eu mais gosto de comer é ______________________.

Estudo na escola ______________________________

____.

Meu(Minha) professor(a) chama-se _____________________.

Em meu estojo costumo levar _________________________

____.

4. Escreva um substantivo próprio para cada substantivo comum.

Ilustrações: Kanton/Arquivo da editora

livro: ____________

____

____

rua: ____________

____

____

gato: ____________

____

____

médico: ____________

____

____

ESCREVENDO CERTO

m antes de **p** e **b**; **m** em final de palavra;
n antes de consoante

1. Descubra no diagrama três nomes de alimentos.

Ilustrações: Kanton/Arquivo da editora

P	R	M	S	K	L	O	U	G
G	R	A	P	Q	C	P	A	B
R	Q	E	M	P	A	D	A	T
O	U	S	T	F	R	L	P	J
M	S	P	E	K	A	Z	S	T
X	P	U	D	I	M	Q	W	C
I	M	Q	A	S	B	D	I	F
L	A	C	T	W	O	R	V	G
P	U	L	M	C	L	J	H	T
W	C	A	T	Q	A	K	P	S

a) Escreva no quadro a seguir as palavras encontradas no diagrama, observando a posição da letra **m**. Depois, acrescente em cada coluna duas palavras com as mesmas características. Pesquise em jornais, revistas ou folhetos.

m antes de **p**	**m** antes de **b**	**m** no final da palavra
__________	__________	__________
__________	__________	__________
__________	__________	__________

b) Agora, complete a frase abaixo.

Usamos **m** antes de _____, _____ e no ____________ das palavras.

2. Leia as palavras do quadro. Pinte de amarelo a consoante **n** e de verde a consoante que aparece em seguida.

enluarado	indígena	enxada	enfeite	canjica
convite	onça	brinquedo	inseto	canguru

- Agora, complete a frase:

Usamos _____ antes de ________________, exceto antes de **p** e **b**.

3. Escreva o nome das imagens.

Winai Tepsuttinun/ Shutterstock/Glow Images

IBGE

Kotomiti Okuma/ Shutterstock/Glow Images

_______________ _______________ _______________

Stephen Coburn/ Shutterstock/Glow Images

Benjamin Albiach Galan/ Shutterstock/Glow Images

Vaclav/Shutterstock/ Glow Images

_______________ _______________ _______________

4. Complete com **m** ou **n**.

me_____tira ta_____bé_____ be_____gala le_____da

ame_____doi_____ tama_____co ta_____bori_____ u_____bigo

5. O professor vai falar alguns números. Veja no quadro a seguir a sílaba que corresponde a cada um deles e forme palavras.

2	3	4	5	6	7	8	9	10
tran	ça	cam	lan	bém	par	tam	a	bor

____

____

Texto

4

O gato de botas

Um velho lavrador morreu e deixou uma pobre herança para seus três filhos. Um burro para o mais velho, uma carroça para o do meio e para o mais novo um gato e um par de botas. Antes que o jovem pudesse reclamar, o gato disse-lhe:

— Com essas botas eu farei sua fortuna.

O jovem, que nada tinha a perder, deu as botas ao gato. As botas eram mágicas e permitiam ao gato andar e agir com rapidez e esperteza.

Sua primeira ação foi levar presentes para o Rei, em nome do Marquês de Carabás, seu amo e senhor. O Rei foi se encantando com os presentes trazidos por aquele simpático gato, em nome do Marquês.

Um dia, junto de sua bela filha, decidiu conhecer o Marquês para agradecer-lhe os presentes.

O filho do pobre lavrador desesperou-se.

— O que vou fazer? O Rei vai me matar quando descobrir a brincadeira!

— Não, meu senhor. Faça o que eu pedir e tudo sairá bem. Vá para o lago, tire a roupa e entre na água.

O jovem fez o que o gato pediu. Quando o Rei e a filha passavam perto do lago, o gato começou a gritar, dizendo que haviam roubado a roupa do Marquês. O Rei imediatamente ordenou que buscassem no seu castelo roupas belíssimas para o Marquês. O gato continuou seu plano e recomendou a todos:

— Vou preparar o castelo do Marquês para recebê-lo, Majestade. Aproveitem a caminhada...

E foi ligeiro, dando passos largos com as botas mágicas, em direção ao castelo do Bruxo Bruxildo.

Kanton/Arquivo da editora

O bruxo era conhecido na região por suas maldades e violências. Ninguém se atrevia a enfrentá-lo. Ninguém... a não ser o gato de botas.

Ele precisava do castelo para receber o Rei. Por isso, não teve outra saída senão enfrentar o bruxo, não pela força e violência, mas com inteligência.

Kanton/Arquivo da editora

— Ei, Bruxildo. Todos aqui sabem e falam de sua valentia e sabedoria...

— E é verdade. Posso ter tudo o que quiser, posso transformar você num bichinho e acabar com essa conversa — disse o bruxo ranzinza.

— Ora... isso é muito fácil. Quero ver você se transformar em um bichinho, um rato, por exemplo... Isso sim é prova de sua sabedoria.

— Fácil...

O bruxo transformou-se em rato e foi imediatamente comido pelo gato.

Com o castelo livre, o gato preparou uma bela festa para o Rei e sua filha, ajudado pelos moradores da região, felizes e agradecidos com o sumiço do bruxo. O Rei adorou tudo: o castelo, a festa, a simpatia do Marquês. E viu nele alguém para se casar com a princesa.

Foi o que aconteceu: a princesa se casou com o filho do lavrador, que agora era o feliz e rico Marquês de Carabás. O gato até revelou um segredo antigo: o castelo e o título de Marquês eram mesmo da família do lavrador e haviam sido tirados pelo bruxo há muito tempo. Tinham voltado agora para seus verdadeiros donos.

O Marquês e a princesa viveram felizes para sempre, claro, acompanhados pela simpatia do gato de botas.

Recreio especial: histórias do mundo!
Adaptação de Edson Gabriel Garcia. São Paulo: Abril, 2007.

lavrador: quem trabalha na lavoura (plantação).

POR DENTRO DO TEXTO

1. Por que este conto é intitulado **O gato de botas**?

____

____

2. Qual foi a primeira ação do gato para ajudar seu dono?

____

____

3. Quem era o Marquês de Carabás e por que o Rei queria conhecê-lo?

____

____

____

4. Para que o Rei não descobrisse a verdade sobre o Marquês de Carabás, o gato de botas bolou um plano. Numere a ordem dos acontecimentos.

☐ O gato começou a gritar, dizendo que tinham roubado a roupa do Marquês.

☐ O jovem tirou a roupa e entrou na água do lago.

☐ O Rei ordenou que buscassem roupas em seu castelo para o Marquês.

☐ O gato levou o bruxo a transformar-se em um rato e o comeu.

☐ O gato de botas, usando a inteligência, foi ao castelo do bruxo para enfrentá-lo, pois precisava de um castelo para seu amo.

☐ O gato preparou uma festa no castelo do bruxo para o Rei e sua filha.

APRENDENDO GRAMÁTICA

Substantivo coletivo

Releia o trecho a seguir.

"O gato até revelou um segredo antigo: o castelo e o título de Marquês eram mesmo da família do lavrador e haviam sido tirados pelo bruxo há muito tempo."

O substantivo **família** indica um conjunto de parentes, embora esteja no singular.

Observe as figuras, leia as frases e acompanhe as explicações.

Alexandru-Radu Borzea/Shutterstock/Glow Images

cbpix/Shutterstock/Glow Images

Vilainecrevette/Shutterstock/Glow Images

O **peixe** nada.	Os **peixes** nadam.	O **cardume** nada.
↓	↓	↓
substantivo no singular	substantivo no plural	substantivo coletivo
↓	↓	↓
indica um elemento	indica mais de um elemento	indica um conjunto de elementos da mesma espécie.

Substantivo coletivo é a palavra que, mesmo estando no singular, representa um conjunto de elementos da mesma espécie.

Veja alguns substantivos coletivos e o que eles representam.

álbum: de fotografias, selos, figurinhas

alfabeto: conjunto de letras de um sistema de escrita (abecedário)

arquipélago: de ilhas

bando: de animais ou pessoas

biblioteca: de livros

boiada: de bois

cacho: de flores ou frutos dispostos em um eixo comum

classe: de alunos

constelação: de estrelas

discoteca: de discos

enxame: de abelhas

esquadra: de navios de guerra

esquadrilha: de pequenas embarcações (flotilha) ou de até quatro aeronaves que realizam uma operação

exército: de soldados

ninhada: de filhotes

nuvem: de mosquitos, gafanhotos

penca: de bananas

quadrilha: de ladrões

ramalhete: de flores

rebanho: de ovelhas, cabras ou bois

réstia: de alhos, cebolas

tribo: de pessoas

vara: de porcos

1. Escreva um substantivo coletivo para cada foto.

AlessandroZocc/Shutterstock/Glow Images

____

Banana Republic image/Shutterstock/Glow Images

____

2. Complete as frases. Veja o exemplo.

a) O pássaro voa.

Os _pássaros_ voam.

O _bando_ voa.

b) A abelha o atacou.

As ________________ o atacaram.

O ____________________ o atacou.

c) Recebi a flor.

Recebi as ______________________.

Recebi o ________________________.

d) O navio partiu.

Os ____________________ partiram.

A _______________________ partiu.

3. Analise as ilustrações e complete as frases com o substantivo coletivo correspondente.

Ilustrações: Ilustra Cartoon/ Arquivo da editora

a) Na fazenda de Pedro há um pequeno ____________________ de ovelhas.

b) Todas as bananas da ____________________ estão madurinhas.

c) Chupei um ____________________ inteiro de uvas!

d) Ontem nasceu uma ____________________ de pintinhos bem amarelinhos na chácara do meu tio.

e) As árvores do ____________________ estão lindas!

f) Na ____________________ de Aline todos os alunos têm 9 anos.

ESCREVENDO CERTO

Sons do **x**

1. Compare as palavras destes dois quadros:

1	2
professor	máximo
osso	trouxe
passeio	próximo
massa	auxílio

- Complete a afirmação abaixo.

Nas palavras do quadro 2, o som da consoante _____ é o mesmo som do dígrafo _____ das palavras do quadro 1.

2. Complete as frases com as palavras do quadro.

assim	assistir	auxílio
assinou	próximo	trouxer

a) Vou ____________ no ____________ domingo ao filme de que falei.

b) Sem o seu ____________, ele não venceria a competição.

c) ____________ que cheguei em casa, minha mãe ____________ meu boletim.

d) Se você ____________ os ingredientes de que preciso, posso fazer um bolo.

3. Compare mais estas palavras:

1	2
esperto	explicou
esquilo	excursão
teste	texto
espaço	extenso

Nas palavras do quadro 2, a consoante **x** tem o mesmo som da consoante **s** das palavras do quadro 1.

- Agora, circule as palavras em que o **x** tem som de **s**.

enxaguar experiência explosão

encaixotado exibir excursão

extinguir exame exagero

4. Complete as palavras a seguir com **x** ou **ch**.

en____ada mo____ila ____ocalho

ma____ado ____ícara me____erica

bru____a amei____a ____ampu

be____iga ____iclete cai____a

5. Leia em voz alta as palavras de cada grupo e circule a palavra intrusa.

enxame roxo próximo apaixonado

texto extintor explosão máximo

De olho no dicionário

O verbete

Ao consultar um dicionário, é preciso ler todas as informações que o verbete traz, pois nem sempre a primeira definição é a que procuramos.

Observe esta página de dicionário.

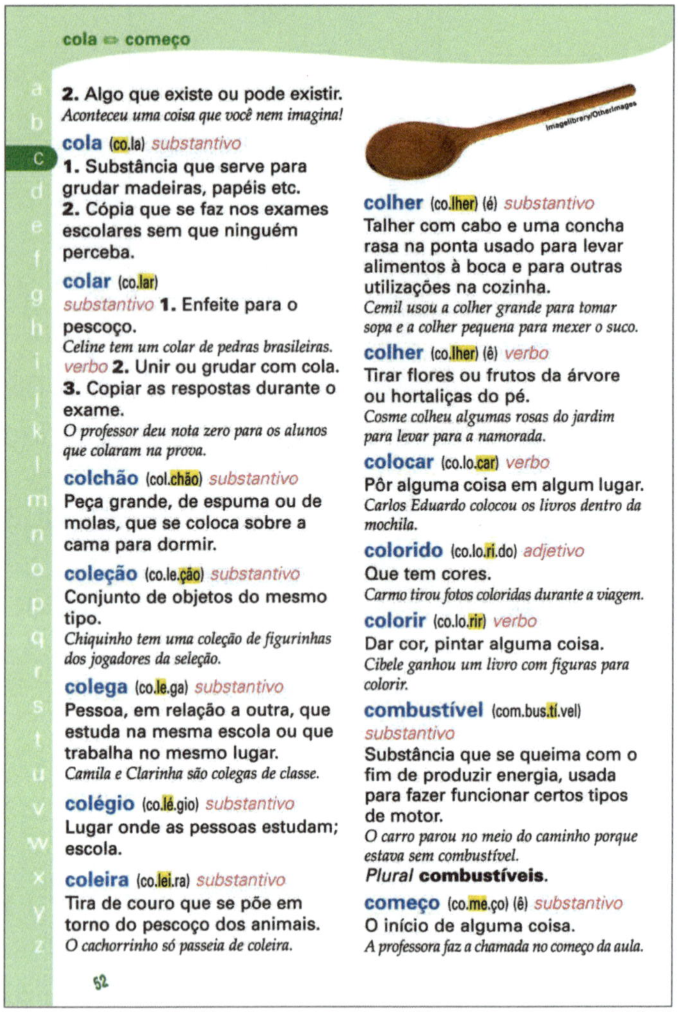

cola ⇨ começo

2. Algo que existe ou pode existir.
Aconteceu uma coisa que você nem imagina!

cola (co.la) *substantivo*
1. Substância que serve para grudar madeiras, papéis etc.
2. Cópia que se faz nos exames escolares sem que ninguém perceba.

colar (co.lar)
substantivo **1.** Enfeite para o pescoço.
Celine tem um colar de pedras brasileiras.
verbo **2.** Unir ou grudar com cola.
3. Copiar as respostas durante o exame.
O professor deu nota zero para os alunos que colaram na prova.

colchão (col.chão) *substantivo*
Peça grande, de espuma ou de molas, que se coloca sobre a cama para dormir.

coleção (co.le.ção) *substantivo*
Conjunto de objetos do mesmo tipo.
Chiquinho tem uma coleção de figurinhas dos jogadores da seleção.

colega (co.le.ga) *substantivo*
Pessoa, em relação a outra, que estuda na mesma escola ou que trabalha no mesmo lugar.
Camila e Clarinha são colegas de classe.

colégio (co.lé.gio) *substantivo*
Lugar onde as pessoas estudam; escola.

coleira (co.lei.ra) *substantivo*
Tira de couro que se põe em torno do pescoço dos animais.
O cachorrinho só passeia de coleira.

colher (co.lher) (é) *substantivo*
Talher com cabo e uma concha rasa na ponta usado para levar alimentos à boca e para outras utilizações na cozinha.
Cemil usou a colher grande para tomar sopa e a colher pequena para mexer o suco.

colher (co.lher) (ê) *verbo*
Tirar flores ou frutos da árvore ou hortaliças do pé.
Cosme colheu algumas rosas do jardim para levar para a namorada.

colocar (co.lo.car) *verbo*
Pôr alguma coisa em algum lugar.
Carlos Eduardo colocou os livros dentro da mochila.

colorido (co.lo.ri.do) *adjetivo*
Que tem cores.
Carmo tirou fotos coloridas durante a viagem.

colorir (co.lo.rir) *verbo*
Dar cor, pintar alguma coisa.
Cibele ganhou um livro com figuras para colorir.

combustível (com.bus.tí.vel) *substantivo*
Substância que se queima com o fim de produzir energia, usada para fazer funcionar certos tipos de motor.
O carro parou no meio do caminho porque estava sem combustível.
Plural **combustíveis**.

começo (co.me.ço) (ê) *substantivo*
O início de alguma coisa.
A professora faz a chamada no começo da aula.

52

Saraiva infantil de A a Z: dicionário da língua portuguesa. São Paulo: Saraiva, 2009.

- Agora, responda às questões a seguir no caderno.

a) Quantos verbetes há nessa página?

b) Qual é o oitavo verbete? Para que serve a indicação (**é**) que aparece nele?

c) Qual é o nono verbete? Para que serve a indicação (**ê**) que aparece nele?

d) Quantos significados tem o verbete **colar**?

e) O que indicam as sílabas destacadas em amarelo?

Unidade

3

É bom demais!

Hagaquezart/Arquivo da editora

O QUE VOU ESTUDAR?

- Leitura e compreensão
- Sinônimo e antônimo
- Artigo
- Substantivo: singular/plural; masculino/feminino; aumentativo/diminutivo

Texto 1

A casa do lixo zero

Na casa do lixo zero mora uma família diferente.
Eles gostam de ver tudo limpo e muito arrumadinho.
Os três sempre trabalham juntos.
Por isso, são chamados de "a família dos 3 Rs".
Esta família não joga nada fora.
Cada um tem a sua tarefa.
Quem faz a primeira tarefa é o Reduzinho.
No quintal tem seis cestos bem coloridos.
No cesto vermelho, Reduzinho separa tudo que é feito de plástico.
No cesto azul, tudo o que é feito de papel.
E no cesto verde, todos os vidros.
Enquanto trabalha, ele diz:

"O lixo chega e eu separo.
Cada um no cesto certo.
De repente, quando paro...
Que legal, é lixo zero!"

O trabalho de Reduzinho parece até mágica!
Ele faz o lixo virar sucata.
No cesto amarelo, todas as latas.
No marrom, todo o resto de comida.
E no cinza... tudo aquilo que sobrar!
Lá vai o Reduzinho, sem parar de separar:

Kanton/Arquivo da editora

"O lixo chega e eu separo.
Cada um no cesto certo.
De repente, quando paro...
Que legal, é lixo zero!"

[...]

A casa do lixo zero,
de Ana Maria de Andrade.
Rio de Janeiro:
Imperial Novo Milênio, 2008.

Reprodução/
Editora Imperial Novo Milênio

POR DENTRO DO TEXTO

1. Compare as duas figuras a seguir.

Ilustrações: Kanton/Arquivo da editora

a) Qual delas parece ser da casa do lixo zero? Por quê?

b) Como age, em relação ao lixo, a família que mora na casa do lixo zero?

c) Por que essas atitudes são importantes para o meio ambiente?

2. Os moradores da casa do lixo zero são chamados de "a família dos 3 Rs".

a) Você já tinha ouvido falar dos "3 Rs"? Sabe o que eles representam?

b) Em sua opinião, por que eles receberam esse nome?

____

____

c) Você acha que a sua família também poderia ser chamada de "a família dos 3 Rs"? Por quê?

____

____

3. Pinte os cestos a seguir de acordo com o tipo de lixo que é jogado em cada um. Se necessário, leia o texto novamente ou faça uma pesquisa.

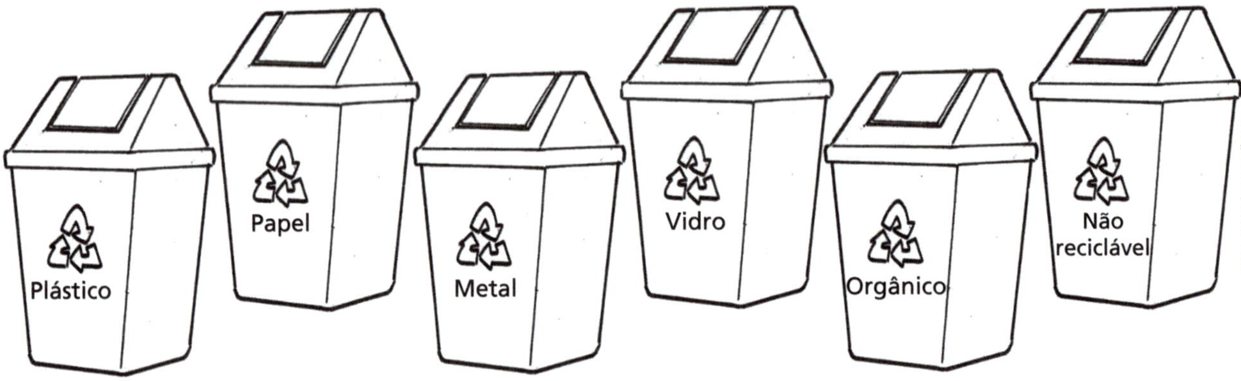

Kanton/Arquivo da editora

4. Por que o trabalho de Reduzinho parece mágica?

____

5. Você sabe o que é **sucata**? Explique com suas palavras.

____

____

6. Você já sabe o que os 3 Rs significam. O primeiro **R** (reduzir) deu nome ao personagem Reduzinho. Como você imagina que poderia ser o nome dos personagens do segundo **R** (reutilizar) e do terceiro **R** (reciclar)?

____

____

APRENDENDO GRAMÁTICA

Sinônimo e antônimo

Leia as frases percebendo que as palavras destacadas têm sentidos parecidos.

A onça é um animal **feroz**.

O leão é um animal **bravo**.

Palavras com sentidos semelhantes são chamadas de **sinônimos**.

Leia, agora, este poema. As palavras destacadas têm sentido contrário.

Fábrica de sonhos

A gente sonha colorido
ou em **preto** e **branco**?
Os sonhos são feitos
de espuma, de água,
acalanto
ou de que matéria
escorregadia?
Os sonhos que se sonha
de **dia** são diferentes
dos sonhos da **noite**?
A gente sonha **dormindo**
ou a gente sonha **acordado**?

Ilustrações: Kanton/Arquivo da editora

Fábrica de poesia, de Roseana Murray.
São Paulo: Scipione, 2008.

Palavras com sentidos contrários são chamadas de **antônimos**.

1. Leia o trecho a seguir.

Proteger a Terra

Nas **florestas** tropicais, derrubam-se todos os dias milhares de árvores por causa de sua valiosa madeira ou para abrir espaço para plantações e estradas. A **destruição** dessas florestas leva à **extinção** muitas espécies de animais e **vegetais**, além de ameaçar a **estabilidade** do clima de nosso planeta.

Meu 1º Larousse enciclopédia. Tradução de Luciano Machado. São Paulo: Larousse do Brasil, 2007.

a) Agora, veja o glossário das palavras que estão destacadas no texto.

florestas: matas **destruição:** devastação **extinção:** desaparecimento
vegetais: plantas **estabilidade:** equilíbrio

b) Reescreva o texto **Proteger a Terra**, substituindo as palavras destacadas por um sinônimo. Consulte o glossário acima e faça as adaptações necessárias.

____

____

____

____

2. Complete a cruzadinha com os antônimos das palavras abaixo.

1 bom
2 escuro
3 mentira
4 quente
5 baixo
6 limpo
7 fechado
8 nervoso

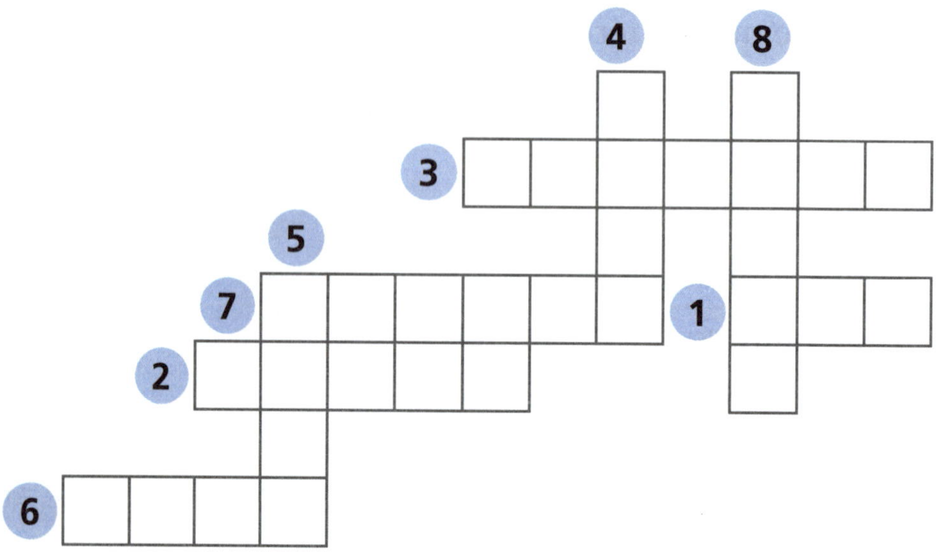

ESCREVENDO CERTO

ge, gi; je, ji

1. Leia as duplas de palavras do quadro e preste atenção ao som das letras **j** e **g**.

jato	jeitoso	jiboia	joaninha	justo
gato	gesto	girafa	gota	gula

- Complete a informação a seguir.

A consoante ____ tem o mesmo som diante de todas as vogais.

A consoante **g** tem o mesmo som da consoante **j** antes das vogais

____ e ____.

2. Escreva os nomes das figuras com **j** ou **g** separando suas sílabas.

____

Ilustrações: Kanton/Arquivo da editora

____

____

____

Texto 2

Festas do ano inteirinho – Natal de Madalena

Quero que vocês conheçam
Esta menina morena
Dos olhos muito bonitos
Que se chama Madalena.

Ela gosta de brincar
De boneca e de casinha.
Mas o que ela mais gosta
É de uma boa festinha.

Festinha de aniversário,
Com bolas, com bolo e bala.
Com velinhas pra apagar
E os grandes... fora da sala!

E a festa do carnaval?
Com confete e serpentina,
Fantasia de palhaço,
De havaiana e bailarina...

Quando é domingo de Páscoa
Madalena e o irmãozinho
Esperam, muito contentes,
A chegada do coelhinho...

Depois, no dia das mães,
Madalena, sorridente,
Diz um verso bem bonito
Pra mamãe ficar contente.

Quando chega Santo Antônio
Tem festa lá na chacrinha.
A Mada come pipoca
Vestida de caipirinha.

Kanton/Arquivo da editora

São João também tem festa
Com foguete e paçoquinha.
O quintal todo enfeitado
De lanterna e bandeirinha.

Chega o dia do papai.
Madalena, de surpresa,
Faz, ela mesma, um presente.
Fica mesmo uma beleza!

Quando é Sete de Setembro
O irmão da Mada, animado,
Faz um chapéu de papel
E marcha como soldado!

Então chega a Primavera
Com sua porção de flores
De todo jeito e tamanho
E com todas suas cores.

Durante o ano inteirinho
Muitas festas vêm chegando.
Mas tem uma, a mais bonita,
Que a Mada fica esperando...

Festa de Papai Noel
Das árvores tão bonitas!
É o dia da alegria,
Dos presentes, das visitas...

É o dia do presépio,
É a festa da criança,
É o dia em que renasce
A amizade e a esperança.

Mas durante todo o ano,
É a mesma festa, afinal!
Pois cada criança que nasce
É novamente Natal!

Kanton/Arquivo da editora

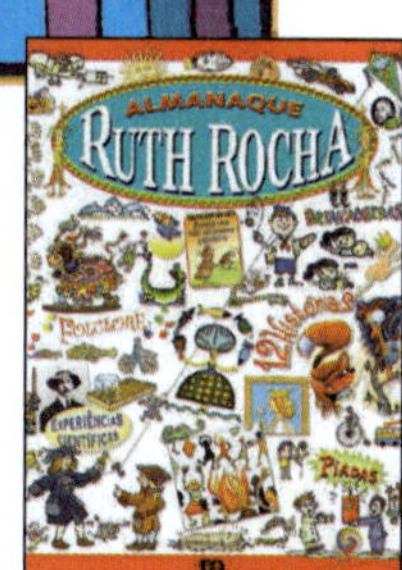

Reprodução/Editora Ática

Almanaque Ruth Rocha.
São Paulo: Ática, 2004.

renasce: nasce de novo.

POR DENTRO DO TEXTO

1. O título do poema é **Festas do ano inteirinho – Natal de Madalena**. Por que a autora deu esse título?

2. Quantas festas ou datas comemorativas são citadas no poema? Quais são elas?

3. Qual das festas citadas é sua favorita? Por quê?

- Copie a estrofe que destaca sua festa preferida. Depois, faça um desenho para ilustrá-la.

4. No verso a seguir, quem são "os grandes"?

"E os grandes... fora da sala!"

☐ As crianças altas. ☐ Os adultos.

5. Madalena gosta mais de brincar ou gosta mais de festa?

___

- Copie a estrofe que justifica sua resposta.

___

___

___

6. Para Madalena, qual é a festa mais bonita?

___

7. Releia estes versos:

"É o dia em que renasce
A amizade e a esperança."

a) A que data comemorativa se referem esses versos? Em que dia e mês do ano ela ocorre?

___

___

b) Explique, com suas palavras, o que significam esses versos.

___

___

___

APRENDENDO GRAMÁTICA

Artigo

Observe as figuras e leia as respectivas frases.

Ilustrações: Ilustra Cartoon/ Arquivo da editora

Pedro recebeu **um** crachá.

A violeta é **uma** flor linda!

- Agora, escreva as palavras destacadas que aparecem antes dos substantivos.

_____ crachá _____ violeta _____ flor

As palavras que você escreveu são chamadas de **artigos**. Os artigos acompanham os substantivos.

Agora, veja:

o avião	**a** planta	**um** jornal	**uma** pessoa
os animais	**as** flores	**uns** bombons	**umas** músicas

Os artigos são: **o**, **a**, **os**, **as**, **um**, **uma**, **uns**, **umas**.

1. Circule os artigos nas frases a seguir.

a) A festa de que mais gosto é o Natal!

b) As crianças separaram uns brinquedos para doar.

c) Umas amigas vieram em casa e trouxeram um pudim!

d) Choveu forte durante a noite e a água invadiu umas casas.

e) Os alunos encontraram um cachorrinho no portão da escola.

2. Escreva o nome das figuras, colocando os artigos antes dos substantivos.

Petr Student/Shutterstock/Glow Images

wacpan/Shutterstock/Glow Images

pukach/Shutterstock/Glow Images

______________________ ______________________ ______________________

Andrew Burgess/Shutterstock/Glow Images

tobkatrina/Shutterstock/Glow Images

Artmim/Shutterstock/Glow Images

______________________ ______________________ ______________________

3. Complete as frases com artigos.

a) ________ aluno perdeu ________ prova.

b) ________ dos doces de que mais gosto é ________ pudim!

c) Convidamos ________ crianças para brincarem conosco.

d) ________ telefone não parava de tocar!

e) Não conseguimos encontrar ________ cinema vazio!

ESCREVENDO CERTO

l/u

1. Compare estes grupos de palavras escritas com a consoante **l**. Perceba os diferentes sons dessa consoante em cada grupo.

pessoa**l**	ba**l**de	sensíve**l**
go**l**finho	especia**l**	ú**l**timo

inte**l**igente	
co**l**ega	va**l**ente

a) Quando tem o som de "**u**", a letra **l** aparece em que posição na sílaba?

____

b) Quando tem o som de "**lê**", essa consoante aparece em que posição na sílaba?

____

2. Escreva frases completando as palavras com **l** ou **u**.

a) O So____ brilho____ no cé____ azu____.

b) O bebê come____ o minga____.

c) A ca____da do bolo é de caca____.

d) Teremos a____môndegas no a____moço.

3. Troque o **u** pelo **l** e forme outras palavras.

cauda ____________ meu ____________ abriu ____________

4. O professor vai ditar algumas palavras. Complete as frases com elas.

a) O galo ____________ no ____________.

b) O leitor ____________ o ____________ do mês de ____________.

c) O ____________ do sapato ____________.

“Por que economizar água?”

"Por que economizar água?"

APRENDENDO SOBRE **USO RACIONAL DA ÁGUA**

COLEÇÃO VALORES

Tomar um banho demorado, deixar a torneira aberta ao escovar os dentes, lavar a bicicleta com a mangueira... Muitos de nós fazemos isso automaticamente, sem pensar nas consequências. Mas, e se a água acabar? Será que podemos viver sem ela? Este livro ensina a você a importância de usar a água com inteligência, evitando o desperdício e preservando a natureza.

TÍTULOS PUBLICADOS

"Com licença?" Aprendendo sobre convivência
"Deixa que eu faço!" Aprendendo sobre responsabilidade
"É meu! Não empresto!" Aprendendo sobre generosidade
"E eu com isso?!" Aprendendo sobre respeito
"Falou comigo?" Aprendendo sobre atenção
"Não fui eu!" Aprendendo sobre honestidade
"Por que economizar água?" Aprendendo sobre uso racional da água
"Por que proteger a natureza?" Aprendendo sobre meio ambiente
"Quer uma mãozinha?" Aprendendo sobre colaboração
"Verdura? Não!" Aprendendo sobre nutrição

ISBN 852625228-3

9 788526 252288

editora scipione
www.scipione.com.br

"Por que economizar água?", de Jen Green e Mike Gordon. São Paulo: Scipione, 2004. (Coleção Valores)

racional: controlado, com moderação.

POR DENTRO DO TEXTO

1. Veja novamente a capa do livro **"Por que economizar água?"** e responda às questões.

a) Quem são os autores desse livro? Que editora o publicou?

____

____

b) Este livro faz parte de uma coleção. Qual é ela? Onde se encontra essa informação?

____

____

2. Observe a quarta capa e responda às questões a seguir.

a) Em sua opinião, o título do livro está de acordo com o texto da quarta capa?

____

b) Além das informações sobre o conteúdo do livro, o que mais é apresentado na quarta capa?

____

____

c) Ao ler o livro, o que o leitor vai aprender?

____

____

____

d) Quantos títulos da Coleção Valores foram publicados? Você já conhecia algum?

____

3. Segundo o texto da quarta capa, o que fazemos "automaticamente"?

___

___

___

- Cite outras atividades que costumamos fazer automaticamente.

___

___

4. Releia o subtítulo do livro e ligue a palavra **racional** ao significado adequado.

racional

Que é moderado.

Que é descuidado.

Que é diferente.

- A ilustração da capa do livro mostra um uso racional da água? Por quê?

___

___

5. Observe o quadro a seguir.

automático → automaticamente
racional → racionalmente

- Proceda da mesma maneira para formar outras palavras.

a) alegre: ___

b) perigoso: ___

c) livre: ___

d) franco: ___

6. Assinale as palavras que são sinônimos de preservar.

- [ ] procurar
- [ ] destruir
- [ ] proteger
- [ ] conservar
- [ ] buscar
- [ ] defender

7. Descubra qual das crianças deixou a torneira aberta.

Kanton/Arquivo da editora

____

8. Leia duas dicas para economizar água.

> • Use um regador para molhar as plantas em vez de mangueira.
>
> • Com banhos mais rápidos, nosso consumo de água é muito menor. Economizar água é esbanjar inteligência.
>
> **"Por que economizar água?"**, de Jen Green e Mike Gordon. São Paulo: Scipione, 2004. (Coleção Valores)

• Em uma folha avulsa, escreva outras dicas para economizar água e ilustre-as. Depois, com os colegas, organize uma exposição dos trabalhos na classe.

APRENDENDO GRAMÁTICA

Substantivo: singular e plural

Leia estas frases e observe os termos em destaque.

Nasceu uma **flor** no jardim. → singular

Vários **balões** subiram ao céu. → plural

Ilustrações: Kanton/Arquivo da editora

O substantivo **singular** indica apenas um elemento: pessoa, animal, objeto, etc.

O substantivo **plural** indica mais de um elemento: pessoas, animais, objetos, etc.

1. Existem várias maneiras de formar o plural das palavras. Escreva os substantivos no plural, de acordo com os exemplos, e conheça algumas dessas formas.

a) acrescentando **s**:

rio rios

maçã ______

mãe ______

b) trocando **ão** por **ãos**:

irmão irmãos

cidadão ______

chão ______

c) trocando **ão** por **ães**:

pão pães

cão ______

capitão ______

d) trocando **ão** por **ões**:

avião aviões

balão ______

botão ______

e) acrescentando **es**:

cartaz cartazes

mar ______

nariz ______

f) trocando **m** por **ns**:

homem homens

bombom ______

jardim ______

g) trocando **al** por **ais**:

jornal jornais

canal ____________

avental ____________

h) trocando **el** por **éis**:

anel anéis

pastel ____________

papel ____________

i) trocando **il** por **is**:

fuzil fuzis

canil ____________

barril ____________

j) trocando **ol** por **óis**:

anzol anzóis

farol ____________

caracol ____________

2. Marque o grupo que apresenta apenas substantivos no plural.

☐ bichos, casas, gás, olhos

☐ mãos, piões, troféus, anéis

3. Indique se a palavra destacada em cada frase está no singular ou no plural.

a) Comprei um **lápis** novo. ____________

b) Pedi uns **lápis** emprestados. ____________

4. Complete cada frase com o plural do substantivo entre parênteses.

a) Os ____________ estão em greve. (trabalhador)

b) Os ____________ são de queijo. (pastel)

c) Os ____________ vieram em visita ao Brasil. (alemão)

5. Complete o quadro com as palavras que faltam. Depois, escreva no topo de cada coluna se as palavras estão no singular ou no plural.

____________	____________
viagem	____________
____________	animais
rapaz	____________

Substantivo: masculino e feminino

Observe:

a Lua

Ilustrações: Kanton/Arquivo da editora

o rio

Os substantivos podem ser **masculinos** ou **femininos**.

Lua é um **substantivo feminino**. Antes de substantivos femininos, usamos os artigos **a**, **as**, **uma**, **umas**.

Rio é um **substantivo masculino**. Antes de substantivos masculinos, usamos os artigos **o**, **os**, **um**, **uns**.

Leia no quadro abaixo alguns substantivos masculinos e seus correspondentes femininos.

amigo → amiga	cavaleiro → amazona	juiz → juíza
anão → anã	cavalheiro → dama	ladrão → ladra
ator → atriz	compadre → comadre	macho → fêmea
autor → autora	conde → condessa	padrasto → madrasta
barão → baronesa	frade → freira	padrinho → madrinha
boi → vaca	gato → gata	poeta → poetisa
cavalo → égua	genro → nora	rei → rainha
cachorro → cachorra	herói → heroína	réu → ré
carneiro → ovelha	irmão → irmã	zangão → abelha

1. Assinale o grupo de palavras que apresenta somente substantivos masculinos.

☐ rapaz, sal, Lua, estrela ☐ raio, mar, céu, luar

2. Assinale a frase que apresenta o substantivo jovem no feminino.

☐ O jovem chegou atrasado. ☐ A jovem chegou atrasada.

- O que você observou para dar a resposta acima?

____

____

3. Responda às adivinhas com os substantivos do quadro. Coloque, antes de cada um deles, os artigos correspondentes.

sombra	chuva	balança	pão	alho	abacaxi

O que é, o que é...

a) que mais pesa no mundo inteiro? ______________

b) que quanto mais quente está, mais fresco é? ______________

c) que entra na água e não se molha? ______________

d) que cai em pé e corre deitada? ______________

e) que tem coroa e não é rei? ______________

f) que tem cabeça e dente, mas não é gente nem bicho? ______________

4. Use as palavras do quadro para formar pares com as palavras abaixo. Veja o exemplo.

madrinha	órfã	amiga	ovelha	irmã	amazona

carneiro: ovelha

órfão: ______________

padrinho: ______________

irmão: ______________

amigo: ______________

cavaleiro: ______________

- Complete as frases com os pares de substantivos da página anterior. Cada substantivo deve ser usado apenas uma vez.

a) Tanto o ________________ quanto a ________________ produzem lã.

b) Minha ______________ e meu ______________ chegaram ontem de viagem.

c) Ele é meu ______________ e sua esposa é minha ______________.

d) O menino ___________ e sua irmã ___________ foram recebidos com muita alegria naquela família.

e) O ____________ vencedor do torneio foi Gustavo, e a ____________ vencedora foi Dorinha.

f) Chegaram juntos à escola o ___________ e sua ___________.

5. Ajude o menino a chegar até a festa. Dica: Ele deverá percorrer o caminho que tem apenas substantivos femininos.

Kanton/Arquivo da editora

ESCREVENDO CERTO

-isar/-izar

1. Observe novamente a capa do livro **"Por que economizar água?"**.

O verbo **economizar** vem da palavra **economia**.

- Forme verbos a partir dos substantivos dados.

a) cicatriz: ______________________

b) local: ______________________

c) revisão: ______________________

d) paralisia: ______________________

Quando a palavra de origem não tem **s**, o verbo é escrito com **z**:
economia ⟶ economi**z**ar.

Quando a palavra de origem tem **s**, o verbo mantém essa letra:
revi**s**ão ⟶ revi**s**ar.

2. Agora, escreva as palavras que originaram os verbos terminados em:

-isar	**-izar**
pisar ⟶ ______________	realizar ⟶ ______________
alisar ⟶ ______________	alfabetizar ⟶ ______________
analisar ⟶ ______________	tranquilizar ⟶ ______________

Milk-shake da Emília

Rapidinho, rapidinho, a Emília preparou este *milk-shake* delicioso! Você vai precisar da ajuda de um adulto para usar o liquidificador.

Rendimento: 1 copo

Ingredientes

3/4 xícara de chá de leite
1 bola de sorvete de creme
1 colher de sopa de calda de caramelo
2 colheres de sopa de amendoim torrado sem pele

Utensílios

xícara de chá

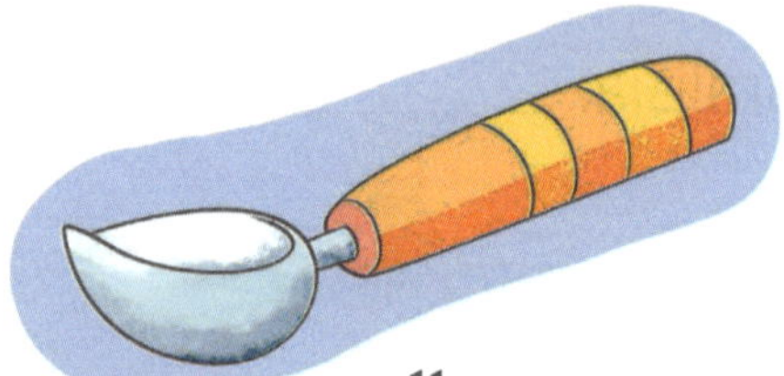

colher para sorvete

colher de sopa

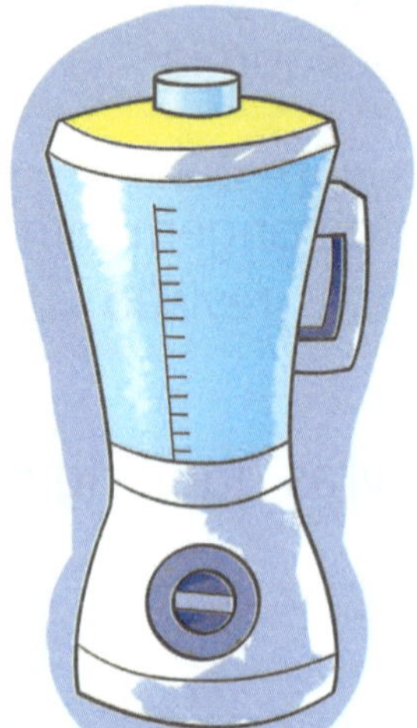

liquidificador

copo

Ilustrações: Ilustra Cartoon/Arquivo da editora

Como fazer

1. Coloque o leite com a bola de sorvete no copo do liquidificador e bata.

2. Desligue o liquidificador, acrescente a calda de caramelo e bata novamente.

3. Por último, desligue o liquidificador de novo, coloque o amendoim e bata em velocidade alta por 30 segundos.

4. Está pronto! Despeje o *milk-shake* em um copo e sirva ainda gelado.

Ilustrações: Ilustra Cartoon/Arquivo da editora

Dona Benta para crianças: lanches para toda hora com a turma do Sítio do Picapau Amarelo. São Paulo/Rio de Janeiro: Companhia Editora Nacional/Globo, 2007.

Reprodução/Companhia Editora Nacional/Editora Globo

POR DENTRO DO TEXTO

1. O texto que você leu é uma:

- [ ] história em quadrinhos.
- [ ] receita culinária.
- [ ] notícia.
- [ ] carta.

2. O que o texto que você leu ensinou a fazer?

____

____

3. Você já havia lido algum texto como esse?

____

4. A receita que você viu aqui está organizada em quatro partes. Quais são elas?

____

____

5. Explique o significado das palavras abaixo. Se necessário, consulte um dicionário.

a) rendimento: ____

____

b) ingredientes: ____

____

6. O que é importante fazer para que uma receita dê certo?

____

____

7. Você sabe preparar alguma receita? Conte aos colegas que comida ou bebida é a sua preferida e escreva a sua receita abaixo. Depois, compartilhe com os colegas.

APRENDENDO GRAMÁTICA

Substantivo: aumentativo e diminutivo

Leia a frase abaixo, observando as palavras destacadas.

Clara doou à biblioteca do bairro um **livro** de receitas, um **livrinho** de parlendas e um **livrão** de contos de fadas.

O substantivo **livro** está no grau neutro, o substantivo **livrinho** está no grau diminutivo e o substantivo **livrão** está no grau aumentativo.

Veja:

livro
grau neutro

livrinho
grau diminutivo

livrão
grau aumentativo

Ilustrações: Kanton/Arquivo da editora

> O substantivo modifica-se em **grau** para indicar a **variação de tamanho** dos seres.

1. Leia o texto a seguir, observando as palavras destacadas.

Era uma vez…

Dois porcos com um rabinho que parecia um saca-rolhas.

Um era grande, gordo, redondo como uma bola: Porcão.

O outro era pequeno, franzino e acinzentado: Porquinho.

O porquinho magricela morria de medo de um lobo que morava na vizinhança.

E agora? Diante deste lobo que causa inquietação, qual será a reação de Porquinho e Porcão?

O porcão e o porquinho, de Sylvie Girardet e Puig Rosado. Tradução e adaptação de Neide Nogueira. São Paulo: Scipione, 2000.

- Pinte os substantivos destacados no texto de acordo com a legenda.

→ grau neutro → grau diminutivo

→ grau aumentativo

2. Relacione as colunas. Veja o exemplo.

grau diminutivo		grau neutro		grau aumentativo	
narizinho		casa	1	irmãzona	
casinha	1	boca	2	casarão	1
boquinha		nariz	3	narigão	
irmãzinha		irmã	4	bocarra	

3. Complete o quadro. Veja o exemplo.

grau neutro	grau diminutivo	grau aumentativo
anel	anelzinho	anelzão
		animalão
barca		
	cãozinho	
		casarão
copo		copázio
fogo		
	homenzinho	
muro		
		narigão
pé		

ESCREVENDO CERTO

Consoante não acompanhada de vogal

Leia a frase e pronuncie em voz alta as palavras destacadas.

O **pneu** do carro de **Edson** furou durante a viagem.

Kanton/Arquivo da editora

Na língua portuguesa existem muitas palavras com encontro de consoantes sem vogal de apoio. Veja algumas:

su**bt**ração	a**dv**ogado	te**cn**ologia
pneu	rece**pç**ão	aspe**ct**o
ca**ct**o	o**bj**eto	**ps**icólogo
té**cn**ico	si**gn**o	beni**gn**o
helicó**pt**ero	a**bs**oluto	ra**pt**o

1. Complete as frases a seguir com palavras do quadro acima. Faça as adaptações necessárias.

a) O ____________________ sobrevoou a cidade.

b) Os ____________________ são cobertos de espinhos.

c) A ____________________ é a operação inversa da adição.

d) O ____________________ do time dará uma entrevista amanhã.

e) Áries é um dos doze ____________________ do zodíaco.

f) Os alunos mantinham o mais ____________________ silêncio na sala.

g) Dirigiu-se à ____________________ do hotel para saber se havia vaga.

2. Leia as palavras e compare os encontros consonantais. Depois, separe as sílabas.

pneumonia ______________ **pl**uma ______________

compa**ct**o ______________ qua**dr**ado ______________

té**cn**ico ______________ in**fl**amável ______________

3. Forme palavras e separe-as em sílabas.

(ad) + { miração → ______________ ______________
quirido → ______________ ______________
mitido → ______________ ______________
missão → ______________ ______________
ministrativo → ______________ ______________ }

4. Complete as frases a seguir com as palavras que o professor vai ditar.

a) Acharam um ______________ o resultado da competição.

b) Os competidores devem ______________ às regras.

c) Vou tentar ______________ que ______________ está na caixa.

d) O ______________ chegou cedo ao consultório.

e) Nosso treinador caminhava ______________ com passos firmes.

f) Os visitantes ficaram ______________ com as obras de arte.

g) O professor ______________ a prova de ______________.

Kanton/Arquivo da editora

De olho no dicionário

Sinônimos

Você aprendeu que palavras com sentidos semelhantes são chamadas de **sinônimos**.

Alguns dicionários apresentam, entre outras informações, os sinônimos e os antônimos de algumas palavras. Veja:

hortaliça *s. fem.* hor-ta-**li**-ça. Nome dado aos vegetais em geral (couve, alface, etc.), às raízes (cenoura), aos legumes não maduros (vagem de feijão-verde) e a outros produtos cultivados em horta. *As hortaliças estão fresquinhas.* ▲ **sinônimo**: verdura, legume.

subtração *s. fem.* sub-tra-**ção**. Operação de subtrair, de tirar, de diminuir. *A conta que o menino deveria fazer era uma subtração.* ▲ **sinônimo**: diminuição ▲ **antônimo**: adição, soma ■ **pl.**: subtrações.

Dicionário ilustrado de português, de Maria Tereza Camargo Biderman. São Paulo: Ática, 2004.

- Pesquise no dicionário os sinônimos das palavras destacadas a seguir. Depois, reescreva as frases substituindo essas palavras pelos sinônimos encontrados.

a) Mauro sempre foi um **moço** muito **calmo**.

____

b) A menina viu uma barata na calçada e deu um **grito**.

____

c) Titia anda sempre muito **cheirosa**.

____

Unidade

4

Em defesa dos animais

Hagaquezart/Arquivo da editora

O QUE VOU ESTUDAR?

- Leitura e compreensão
- Adjetivo e gênero do adjetivo
- Pronome
- Verbo, tempos verbais: presente, passado e futuro; verbos: fenômeno da natureza

Texto 1

Onde está João?

Procura-se

Nome popular: joão-de-barba-grisalha.
Nome científico: *Synallaxis kollari.*
Tamanho: 15,5 centímetros.
Local onde é encontrado: no estado de Roraima, extremo norte da Amazônia.
***Habitat*:** matas de galeria, ao longo dos rios Uraricoera e Tacutu, dentro de savanas amazônicas.

Para encontrar com o João, é preciso viajar por trilhas na floresta na Amazônia, passar por caminhos estreitos, muito alagados, e rios. E como se isso não bastasse, é necessário ainda pedir informações a um cacique, porque o João habita especialmente terras indígenas. Quem é esse tal de João? É o joão-de-barba-grisalha, uma ave rara e que está ameaçada de extinção.

O joão-de-barba-grisalha tem cor marrom-avermelhada, com a garganta negra de pintinhas brancas, que lembra uma... barba grisalha! Por isso, claro, ganhou esse nome. Ele pertence à família Furnariidae, a mesma do joão-de-barro, famoso por construir seus ninhos com barro.

O joão-de-barba-grisalha passou mais de 160 anos sem ser visto por cientistas e pouco se sabe sobre seus hábitos, apenas que se alimenta principalmente de artrópodes e constrói um ninho muito grande em relação ao seu tamanho. Hoje, a população total da espécie é estimada pelos especialistas em 5 mil indivíduos apenas.

Por ser muito difícil de ser encontrada, a ave acabou sendo colocada na lista dos animais ameaçados de extinção. A situação da espécie só piora com o cultivo de arroz às margens dos rios e dentro das reservas indígenas, lugares onde ela habita. O cultivo é feito de maneira ilegal por agricultores não índios, prejudicando a qualidade da água e destruindo o *habitat* do joão-de-barba-grisalha.

Onde está João?, de Mariana M. Vale. Revista **Ciência Hoje das Crianças**, Rio de Janeiro: SBPC, n. 191, jun. 2008.

extinção: desaparecimento definitivo de uma espécie animal ou vegetal.

POR DENTRO DO TEXTO

1. De acordo com o texto, o que é preciso fazer para encontrar o joão-de-barba-grisalha?

2. A quem se deve pedir informações sobre esse pássaro? Por quê?

3. Por que se sabe pouco sobre o joão-de-barba-grisalha?

4. Por que essa ave está ameaçada de extinção?

5. Descreva o joão-de-barba-grisalha e explique o porquê desse nome.

6. Localize no mapa do Brasil o estado em que o joão-de-barba-grisalha é encontrado e pinte-o.

Mario Yoshida/Arquivo da editora

Adaptado de: **Atlas Geográfico Escolar IBGE**. 2. ed. Rio de Janeiro: IBGE, 2004. p. 97.

7. Veja este verbete de dicionário e, depois, escolha a alternativa correta.

> **artrópode:** *adj. 2g. sm. Zool.* Diz-se de, ou espécime dos artrópodes, filo de animais invertebrados cujo corpo, revestido de esqueleto quitinoso, é dividido em cabeça, tórax e abdome, e tem quatro ou mais pares de apêndices articulados. Inclui os insetos, os crustáceos e os aracnídeos.
>
> **Miniaurélio: o minidicionário da língua portuguesa**, de Aurélio Buarque de Holanda Ferreira. Curitiba: Positivo, 2008.

- O joão-de-barba-grisalha alimenta-se principalmente de artrópodes, ou seja:

☐ de animais invertebrados. ☐ de frutas.

APRENDENDO GRAMÁTICA

Adjetivo e gênero do adjetivo

Marcelo Seixas/Acervo do fotógrafo

1. Leia a frase a seguir.

O joão-da-barba-grisalha é uma ave **rara** e tem cor **marrom-avermelhada**.

- Agora, complete a afirmação abaixo.

  As palavras destacadas no texto são ______________ e indicam características dos substantivos ________ e ________.

2. Escreva um adjetivo para cada substantivo a seguir.

Sergey Novikov/Shutterstock/Glow Images

menino

____

Lisa A. Svara/Shutterstock/Glow Images

cachorro

____

M. Unal Ozmen/Shutterstock/Glow Images

sorvete

____

Hong Vo/Shutterstock/Glow Images

flor

____

Kalmatsuy/Shutterstock/Glow Images

menina

____

Tracy Starr/Shutterstock/Glow Images

arara

____

3. Leia atentamente as frases a seguir. Depois, complete as informações.

A ave é pequena, bonita, colorida.

O cachorro é peludo, esperto e agitado.

Ave é um substantivo **feminino** e, por isso, os adjetivos que o acompanham também são _______________.

Cachorro é um substantivo **masculino** e, por isso, os adjetivos que o acompanham também são _______________.

4. Leia as frases e circule os adjetivos. Depois, reescreva cada uma usando o substantivo indicado e modificando o que for necessário. Veja o exemplo.

O *skate* é novo e bonito.

A bicicleta é nova e bonita.

Kanton/Arquivo da editora

a) A casa é espaçosa e organizada.

O apartamento é _______________ e _______________.

b) O vestido é vermelho e curto.

A saia é _______________ e _______________.

c) O cravo é delicado e perfumado.

A rosa é _______________ e _______________.

5. Escreva três adjetivos para cada um dos substantivos.

a) roupa: _______________

b) notícia: _______________

c) livro: _______________

d) festa: _______________

ESCREVENDO CERTO

Consoante seguida de **r** ou **l**

1. Complete as frases com as palavras do quadro.

crianças	atravessar	groselha	dragão
grama	pedestres	fruta	livro

a) A ________________ preferida de Helena é tangerina.

b) Rafael leu um ________________ sobre um enorme ________________ que soltava fogo nas cidades.

c) Devemos ______________ a rua somente na faixa de ______________.

d) A ______________ do jardim da vizinha está muito bem cuidada.

e) As ______________ gostaram bastante do suco de ______________.

2. Acrescente o **r** nas sílabas destacadas e forme novas palavras.

pato → ________________________

faca → ________________________

fita → ________________________

peso → ________________________

3. Acrescente o **l** nas sílabas destacadas e forme novas palavras.

caro → ________________________

pano → ________________________

cone → ________________________

paca → ________________________

Texto 2

Tartaruga marinha

serg_dibrova/Shutterstock/Glow Images

A tartaruga marinha é um dos animais mais antigos do mundo, existindo há mais de 150 milhões de anos. No começo, as tartarugas habitavam em terra firme, mas com as mudanças que sofreram ao longo do tempo, passaram a migrar para o mar. Isso resultou também em mudanças na sua estrutura física, como a diminuição do número de vértebras e a perda de patas, substituídas por nadadeiras.

Ao todo foram catalogadas sete espécies de tartarugas marinhas. Cinco delas — a tartaruga-cabeçuda, a tartaruga-de-pente, a tartaruga-verde, a tartaruga-oliva e a tartaruga-gigante (também chamada tartaruga-de-couro) — utilizam o litoral brasileiro como área de desova e alimentação.

As tartarugas não possuem um cérebro evoluído, mas apresentam visão, olfato e audição muito desenvolvidos. Elas também têm uma capacidade de orientação apurada, detectando o momento exato de se reunir para a reprodução. Apenas as fêmeas sobem às praias no momento da desova; os machos as esperam em frente à praia.

O acasalamento ocorre no mar, em águas profundas ou costeiras, e a fêmea pode realizar, por temporada, cerca de três a cinco desovas, e cada uma tem aproximadamente 120 ovos. Os ovos são chocados pelo sol e pela umidade da praia, e os filhotes nascem, em média, 50 dias após a desova.

Risco de extinção

Das sete espécies de tartarugas marinhas catalogadas, todas estão ameaçadas de extinção. No Brasil, um dos principais motivos para a extinção é a caça desenfreada realizada pela população da região costeira, que mata o animal e leva seus ovos. Outros motivos são a pesca incidental, a poluição dos oceanos e as doenças contagiosas, como a fibropapilomatose (doença caracterizada pela presença de múltiplos tumores de pele, que podem causar indiretamente a morte das tartarugas marinhas), que dificultam a sobrevivência desses animais.

David Evison/Shutterstock/Glow Images

O Brasil tem um projeto — criado em 1980 — voltado para a preservação das tartarugas marinhas, o Projeto Tamar, que monitora mil quilômetros de praia, com 20 bases cobrindo oito estados brasileiros. Ele desenvolve atividades voltadas à educação ambiental, à pesquisa científica e às ações sociais e comunitárias envolvendo os moradores das regiões onde estão localizadas suas bases.

Tartaruga marinha. Disponível em: <http://revistaepoca.globo.com/Epoca/0,6993,EPT711579-1655-5,00.html>. Acesso em: 4 dez. 2013. Texto adaptado.

migrar: mudar de um lugar para outro.
desova: ato de desovar, ou seja, pôr ovos.
apurada: aguçada, atenta.
desenfreada: sem limites; que ocorre sem controle.
incidental: o mesmo que acidental, que acontece por acaso.

POR DENTRO DO TEXTO

1. A tartaruga marinha alimenta-se de crustáceos (principalmente camarões, siris e caranguejos), moluscos, águas-vivas e ovos de peixes. Onde ela encontra seu alimento?

____

2. Quantas espécies de tartarugas marinhas existem? Quais delas vivem na costa brasileira?

____

____

____

____

3. Por que a tartaruga marinha está ameaçada de extinção no Brasil?

____

____

____

____

4. Qual é o nome do projeto brasileiro voltado para a preservação das tartarugas marinhas?

____

Ilustra Cartoon/Arquivo da editora

5. Logomarca é um símbolo que representa uma empresa ou uma entidade. Ele pode ser feito com ilustrações e/ou letras que formam seu nome. Veja a logomarca do Projeto Tamar:

Divulgação/Projeto Tamar

- O que a ilustração da logomarca do Projeto Tamar representa?

____

____

6. Os cartazes, geralmente, informam ou incentivam algum comportamento dos leitores.
Observe este cartaz e escreva o que ele informa.

Projeto Tamar/Arquivo da editora

____

____

____

APRENDENDO GRAMÁTICA

Pronome

1. Leia o texto a seguir.

Pakhnyushcha/Shutterstock/Glow Images

Ingrediente especial

O néctar é o principal ingrediente usado pelas abelhas para fazer mel.

Na hora de levar o líquido para casa, elas podem carregar gotinhas nas patas ou nos pelos e às vezes engolem tudo e armazenam num tipo de papo, devolvendo depois.

Na colmeia, colocam o néctar nos favos, onde ele seca, transforma-se em mel ou geleia real e serve de alimento para a colmeia.

Revista **Recreio**, São Paulo: Abril, n. 395, 4 out. 2007.

- Circule no texto as palavras **elas** e **ele**.

a) A que se refere a palavra **elas**? ______________________________

b) E a palavra **ele**? ______________________________

Agora, veja este exemplo:

Kanton/Arquivo da editora

O beija-flor e a borboleta são muito comuns em jardins.

Eles também adoram o néctar das flores.

A palavra **eles** substitui os nomes **beija-flor** e **borboleta**.
Eles é um **pronome**.

Pronome é a palavra que substitui o nome (substantivo).

Veja, a seguir, alguns dos pronomes que costumamos utilizar.

singular	plural
eu	nós
tu	vós
ele/ela	eles/elas

Quem fala: **eu**, **nós**

Com quem se fala: **tu**, **vós**

De quem se fala: **ele/ela**, **eles/elas**

2. Leia as frases observando os substantivos destacados. Depois, reescreva-as empregando os pronomes **ele**, **ela**, **eles** ou **elas** no lugar dos substantivos.

a) **João** queria conhecer seu vizinho.

____

b) **Lúcia** e **Cristiane** participam de uma campanha ecológica.

____

c) **Flávia** é professora e **Carlos** é advogado.

____

d) Os **golfinhos** e as **baleias** são cetáceos, isto é, mamíferos que vivem na água.

____

3. Complete as frases com o pronome adequado.

a) O peixe respira na água. __________ absorve o oxigênio pelas guelras.

b) Mamãe e papai foram viajar. ______________________ foram para o Sul.

c) O mundo tem milhões de espécies de animais. __________ vivem por toda parte.

d) Eu gosto de brincar de amarelinha com minha prima, mas __________ prefere pular corda.

e) Catarina, Paulo e eu somos muito amigos. ____________ moramos na mesma rua.

4. Escreva as frases no plural.

a) Eu gosto muito de ler.

____

b) Ela foi ao cinema ontem à tarde.

____

c) Ele vai fazer uma prova amanhã.

____

d) Quando eu cheguei, todos já haviam ido embora.

____

e) Eu não quis comer o bolo.

____

5. Observe as figuras e escreva uma frase para cada uma usando os pronomes **ele** ou **elas**.

Ilustrações: Mario Pita/Arquivo da editora

____

____

____

____

6. Substitua os pronomes por nomes próprios.

a) **Eles** adoram cinema.

______________________________________ adoram cinema.

b) **Eles** vão à escola a pé.

______________________________________ vão à escola a pé.

ESCREVENDO CERTO

r em final de sílaba: **ar**, **er**, **ir**, **or**, **ur**;
r entre vogais (som brando); **rr**

1. Leia o poema.

Driblando na rua

A bola **rola**,
rebola, embola.

A **algazarra**, a **garra**,
a **farra**, o gol na **marra**.

A alegria, a folia,
a magia, a **gritaria**.

O menino **corre**.
O sol explode.
O suor **escorre**.

A bola bate,
rebate, no combate e voa.

A vidraça **parte**,
reparte, estilhaça.

Dona Sinhá vem pra **rua**.
A meninada **para**.
O **coração dispara**.
A fuga. O silêncio.

A bola, o menino,
os cacos.
Fim de jogo.
Dois a **zero**.

O burrinho alado, de José Aguiar Linhares. Belo Horizonte: RHJ, 1998.

- Copie as palavras destacadas no texto na respectiva coluna.

r inicial	r entre vogais	rr	r em final de sílaba
______	______	______	______
______	______	______	______
______	______	______	______
______	______	______	______
______	______	______	______
______	______	______	______

Texto 3

Bocão e os bichos em extinção

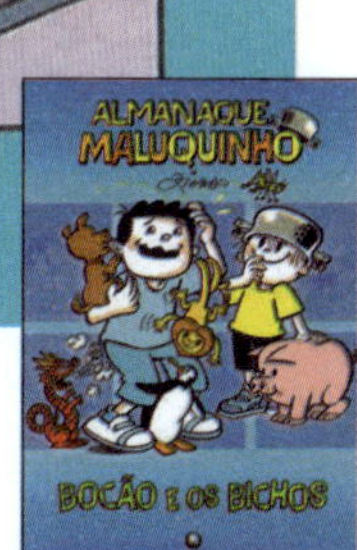

Reprodução/Editora Globo

Almanaque Maluquinho: Bocão e os bichos, de Ziraldo.
São Paulo: Globo, 2008.

POR DENTRO DO TEXTO

1. Complete o texto usando as palavras do quadro.

falas	Bocão	quadrinhos	Carolina	balões

A história que você leu está organizada em ______________________.

Em alguns deles existem ______________ que indicam as ___________

dos personagens. Os personagens são __________ e _____________.

2. Releia novamente os quadrinhos e indique de quem são as falas abaixo.

"Quer ver meu álbum de figurinhas, Carol?" __________

"Que dó!" ______________

3. No quadrinho reproduzido ao lado, a personagem Carolina chama a atenção para um fato indicado no álbum.

Ziraldo/Acervo do cartunista

a) Que fato é esse?

____

____

____

b) Bocão entendeu o que a menina disse? Justifique sua resposta.

____

____

____

____

4. Carolina aponta três motivos pelos quais alguns bichos correm risco de extinção. Que motivos são esses?

____

5. Além dos animais, que outros seres também correm risco de extinção por causa desses problemas?

____

____

6. Bocão usa uma linguagem informal, bem parecida com a que utilizamos no dia a dia. Reescreva essa fala do personagem substituindo a palavra destacada por outra que é empregada na linguagem formal.

"Ele **tá** completinho!"

____

7. Explique, com suas palavras, o significado da palavra e das expressões abaixo.

a) caça sem controle: ____

____

____

b) desmatamento: ____

____

____

c) tráfico de animais: ____

____

____

APRENDENDO GRAMÁTICA

Verbo

1. Leia o poema a seguir.

Totó e o elefante

Totó, pequeno vira-lata, um cão miúdo,
Viu Jumbo **desfilar** na rua,
Elefantão trombudo
Do circo.
E então **seguindo** o elefante
(Mas, por prudência, **mantendo-se** distante),
Totó o **provocou**, **rosnou**, **mostrou** os dentes,
Latiu até **enrouquecer**!
Porém, indiferente,
Jumbo nem o **olhou**, e **foi**
Seguindo em frente.
[...]

Camila de Godoy/Arquivo da editora

Di-versos russos, vários autores. Tradução e adaptação de Tatiana Belinky. São Paulo: Scipione, 1994.

- Copie as palavras que indicam ações praticadas por Totó e Jumbo. Dica: as palavras estão destacadas no poema.

Totó: ______________________________

____

Jumbo: ______________________________

____

As palavras destacadas no poema são **verbos**. Esses verbos indicam as ações realizadas pelos animais.

A palavra que indica ação chama-se **verbo**.

2. Que ação está sendo praticada em cada imagem? Crie frases e circule os verbos.

Jacek Chabraszewski/Shutterstock/Glow Images

Pavel L Photo and Video/Shutterstock/Glow Images

Lucian Coman/Shutterstock/Glow Images

Vadim Kolobanov/Shutterstock/Glow Images

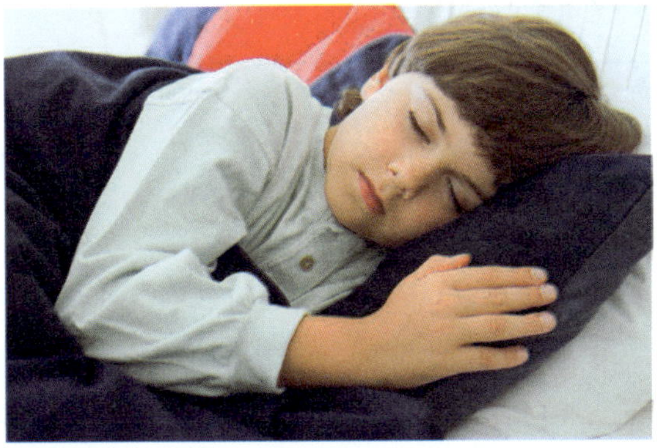
Monkey Business Images/Shutterstock/Glow Images

Steve Byland/Shutterstock/Glow Images

ESCREVENDO CERTO

ã, ão, ãe; ãs, ãos, ães, ões

1. Leia as palavras do quadro.

caminhão	anões	trovões	mãe
manhãs	cães	irmãos	lã

- Agora, distribua-as de acordo com as indicações.

substantivo no singular	substantivo no plural

2. Encontre, no diagrama, sete palavras com **til**.

G	U	S	R	F	L	M	A	Ç	Ã	S	H	S	B	I
S	C	O	R	A	Ç	Ã	O	T	A	K	R	V	O	Y
T	Q	W	R	Q	Z	O	L	F	L	E	Ã	O	H	P
J	E	N	P	Ã	E	S	I	M	M	E	L	Õ	E	S

- Agora, complete os itens com as palavras encontradas no diagrama.

  a) São partes do corpo: ______________________________

  b) São alimentos: ______________________________

  c) São animais: ______________________________

3. Escreva as palavras no plural.

mãe → ______________	cidadão → ______________
irmã → ______________	pião → ______________
lição → ______________	órfão → ______________

4. Complete a cruzadinha com o nome das figuras no plural.

Ilustrações: Ilustra Cartoon/ Arquivo da editora

Texto 4

Anfíbio ou príncipe?

Turma do bem

Se nas histórias os sapos são príncipes enfeitiçados, no mundo real eles têm um papel importante no equilíbrio da natureza: comem moscas e outros insetos.

Buddy Mays/Corbis/Latinstock

Na mosca!

Na hora de comer, o sapo estica a língua comprida e veloz e as presas ficam grudadas nela. Ele acerta bem no alvo porque tem uma visão desenvolvida.

Svetlana Foote/Shutterstock/Glow Images

Namoro musical

O sapo costuma viver só. Mas, na época do namoro, os machos se juntam para cantar. As coaxadas chamam a atenção das fêmeas, que identificam quem é da mesma espécie pelo tipo de som.

Do tempo dos dinos

Os primeiros sapos devem ter surgido há uns 200 milhões de anos, quando dinos como o estegossauro e o braquiossauro viviam por aqui. Hoje, existem centenas de espécies.

Ficha do bicho

Peso: até 3 quilos.

Tamanho: de 2 a 25 centímetros.

Alimentação: insetos, aranhas, peixes pequenos, lesmas e vermes.

Tempo de vida: de 1 a 30 anos.

Onde vive: no mundo todo, menos na Antártida, no Ártico e na Groenlândia.

Conheça melhor o sapo e seus truques incríveis de sobrevivência

- A pele do sapo precisa estar sempre úmida e é por ela que o bicho respira. O sangue corre perto da pele e atrai o oxigênio do ar.
- A coaxada, que varia de espécie para espécie, vem de uma prega da pele que fica embaixo da boca e vibra quando se enche de ar.
- O formato e a estrutura das patas são ótimos para pular. E as patas traseiras têm músculos bem desenvolvidos que ajudam a dar impulso.
- Atrás dos olhos e nas patas traseiras existem glândulas que produzem veneno.
- Existem espécies que carregam filhotes em cima do corpo. Assim, eles ficam protegidos dos inimigos.

Tudo em família

É fácil confundir sapos, pererecas e rãs, pois todos pertencem ao grupo dos anuros. Veja as principais diferenças entre eles:

Pererecas → elas são menores, têm olhos saltados e bolinhas nos dedos que funcionam como ventosas para escalar locais difíceis.

Rãs → o corpo é liso e brilhante e as patas são as mais compridas da turma.

Sapos → são maiores e mais desajeitados do que as pererecas e as rãs. Eles também têm as patas mais curtas e a pele costuma ser enrugada.

Fotos: Fabio Colombini/Acervo do fotógrafo

perereca

rã

sapo

Reprodução/Editora Abril

Anfíbio ou príncipe?, de Noêmia Lopes. Revista **Recreio**, São Paulo: Abril, n. 452, 6 nov. 2008. Texto adaptado.

anfíbio: classe de animais que nasce de ovos, possui a pele úmida e escorregadia. Quando são pequenos, os anfíbios vivem na água e respiram por meio de brânquias. Quando ficam adultos, seus pulmões se desenvolvem e eles passam a viver na terra. Eles também respiram pela pele e precisam viver em lugares úmidos, pois correm o risco de ficar desidratados se permanecerem por muito tempo em ambientes secos.

glândulas: órgãos internos do corpo que têm como função produzir certa substância que o organismo utiliza ou libera.

POR DENTRO DO TEXTO

1. O texto que você leu foi retirado de uma revista. De que assunto ele trata?

____

2. O texto nos informa que os sapos têm um papel importante no equilíbrio da natureza. Por quê?

____

3. O que leva o sapo a acertar o alvo na hora de comer?

____

____

4. Leia este verbete:

> **anuro**: *adj. sm. Zool.* Diz-se de, ou espécime dos anuros, ordem de anfíbios de cabeça fundida ao corpo, sem cauda, e com os membros locomotores posteriores mais desenvolvidos, próprios para o salto e a natação. São os sapos, rãs e pererecas.
>
> **Miniaurélio: o minidicionário da língua portuguesa**, de Aurélio Buarque de Holanda Ferreira. Curitiba: Positivo, 2008.

- Agora explique por que é fácil confundir sapos, pererecas e rãs.

____

____

5. Com base no texto **Anfíbio ou príncipe?**, complete as informações.

a) Os sapos são ______________ que as pererecas e as ______________.

b) As pererecas são ______________ que as rãs.

c) As patas do sapo são as mais ______________ do grupo, e as patas das rãs são as mais ______________ da turma.

APRENDENDO GRAMÁTICA

Tempos do verbo: presente, passado e futuro

Verbo no presente

Leia a frase a seguir, prestando atenção às palavras destacadas.

Kanton/Arquivo da editora

Nas aulas de Arte, eu **desenho**, **pinto**, **recorto** e **colo**.

As palavras **destacadas** são verbos e indicam ações que acontecem habitualmente, no tempo atual. Dizemos, então, que os verbos estão no **presente**.

Camila de Godoy/Arquivo da editora

Eu cant**o**	Eu corr**o**	Eu part**o**
Tu cant**as**	Tu corr**es**	Tu part**es**
Ele/Ela cant**a**	Ele/Ela corr**e**	Ele/Ela part**e**
Nós cant**amos**	Nós corr**emos**	Nós part**imos**
Vós cant**ais**	Vós corr**eis**	Vós part**is**
Eles/Elas cant**am**	Eles/Elas corr**em**	Eles/Elas part**em**

1. Complete as frases com os verbos indicados, no tempo presente.

a) O leão ________________ muito alto. (rugir)

b) Nós ________________ futebol às quintas-feiras. (jogar)

c) Eu ________________ todas as manhãs. (correr)

d) Ruídos altos ________________ os vizinhos. (acordar)

e) As crianças ________________ cedo. (dormir)

2. Complete o texto com os verbos do quadro. Eles estão todos no presente.

preferimos	percebemos	destroem	reduzimos
vivem	aprendemos	estamos	

Atualmente ______________ que muitas pessoas ______________ o ambiente em que ______________ sem sequer pensar nas consequências de seus atos.

No entanto, ______________ nos conscientizando para mudar essa situação com algumas atitudes relativamente simples: ______________ a respeitar a natureza, ______________ a quantidade de lixo e ______________ usar bicicleta ou transporte público em vez de cada um ir aos lugares com seus próprios carros.

3. Complete as frases com o verbo **viajar** no presente.

a) Ele ______________ com os pais nas férias escolares.

b) Nós sempre ______________ para o Norte.

c) Haroldo e Carlos ______________ de ônibus.

d) Eu ______________ hoje e volto amanhã.

Kanton/Arquivo da editora

Verbo no passado

Leia o trecho a seguir, observando as palavras destacadas.

Sabe o que **aconteceu** nesse fim de semana que **passou**? **Aprendi** a fazer uma boneca de pano!

As palavras **aconteceu**, **passou** e **aprendi** são verbos e indicam ações que já foram feitas, que aconteceram em um tempo passado.

1. Leia a frase e responda às questões.

O menino brincou durante a tarde toda.

a) Qual é o verbo dessa frase?

____

b) Por que essa palavra é verbo?

____

____

c) A ação indicada por esse verbo acontece habitualmente ou aconteceu em um tempo passado?

____

Quando a ação indicada pelo verbo já aconteceu, dizemos que esse verbo está no tempo **passado** ou no **pretérito**.

Veja estes exemplos:

A mãe ensinou Bia a fazer um bolo.

A menina aprendeu com facilidade.

Depois de pronto a menina partiu o bolo.

Ilustrações: Kanton/Arquivo da editora

Agora conheça os verbos **ensinar**, **aprender** e **partir** no tempo passado.

Eu ensin**ei**	Eu aprend**i**	Eu part**i**
Tu ensin**aste**	Tu aprend**este**	Tu part**iste**
Ele/Ela ensin**ou**	Ele/Ela aprend**eu**	Ele/Ela part**iu**
Nós ensin**amos**	Nós aprend**emos**	Nós part**imos**
Vós ensin**astes**	Vós aprend**estes**	Vós part**istes**
Eles/Elas ensin**aram**	Eles/Elas aprend**eram**	Eles/Elas part**iram**

2. Reescreva as frases no passado. Veja o exemplo.

Tiago **canta** muito bem. → Tiago cantou muito bem.

a) A professora **conta** uma história.

____

b) Papai **anda** na beira da praia.

____

c) Elas **escrevem** lindos poemas.

____

d) Joana **parte** para São Paulo.

____

3. Complete as frases com o verbo **brincar** no tempo passado.

a) Ontem à tarde eu ______________ no parque.

b) Nós ______________ juntos no domingo passado.

c) Ele ______________ com os primos no último fim de semana.

d) Vós ______________ de bola até agora?

e) Tu ______________ muito no passeio de sábado?

f) Semana passada as crianças ______________ de esconde-esconde.

4. Complete as frases com os verbos do quadro.

viajamos	chegas	pensastes	consigo

a) Eu ______________________ aprender muitas coisas na escola.

b) Tu ______________________ em um barco à vela, como um herói.

c) Vós ______________________ que chegaríamos antes, não é mesmo?

d) Nós ______________________ pelo mundo todo.

Verbo no futuro

Leia a frase a seguir prestando atenção aos verbos destacados.

Kanton/Arquivo da editora

Ontem, titia **abriu** um baú, **mexeu** nas coisas e **tirou** um livro.

Os verbos **abriu**, **mexeu** e **tirou** indicam que a ação ocorreu em um tempo passado.

Observe esta outra frase:

Na semana que vem, titia **abrirá** um baú, **mexerá** nas coisas e **tirará** um livro.

Os verbos destacados na frase acima indicam que as ações de **abrir**, **mexer** e **tirar** ainda vão acontecer. Por isso dizemos que esses verbos estão no **futuro**.

Veja os verbos **pensar**, **conhecer** e **reunir** no tempo futuro.

Eu pensa**rei**	Eu conhece**rei**	Eu reuni**rei**
Tu pensa**rás**	Tu conhece**rás**	Tu reuni**rás**
Ele/Ela pensa**rá**	Ele/Ela conhece**rá**	Ele/Ela reuni**rá**
Nós pensa**remos**	Nós conhece**remos**	Nós reuni**remos**
Vós pensa**reis**	Vós conhece**reis**	Vós reuni**reis**
Eles/Elas pensa**rão**	Eles/Elas conhece**rão**	Eles/Elas reuni**rão**

1. Complete as frases com o verbo **ganhar** no tempo futuro.

a) Ele ________________ um presente no aniversário.

b) Nós ________________ o jogo.

c) Tu ________________ um irmãozinho no próximo mês.

d) Elas ________________ um troféu no final do torneio.

2. Complete as frases empregando o verbo e o tempo indicados nos parênteses.

a) A noiva ________________ atrasada. (chegar/passado)

b) Infelizmente a festa ____________________ cedo. (terminar/futuro)

c) Paula ________________ os anuros da Amazônia. (estudar/presente)

d) O time ________________ mal. (jogar/passado)

e) Eu ________________ devagar. (comer/presente)

f) Marcelo ________________ nas férias. (viajar/futuro)

g) Ronaldo e Ricardo ________________ uma bicicleta. (alugar/passado)

Ilustra Cartoon/Arquivo da editora

h) A prefeitura ________________ uma passarela para os pedestres. (construir/passado)

i) Meu grupo de teatro se ______________ no festival. (apresentar/futuro)

j) Eu ________________ que você cortou o cabelo. (perceber/passado)

k) Minha avó e as amigas _________________________ de um grupo de caminhada. (participar/presente)

3. Conjugue o verbo **levar** nos tempos indicados.

presente	passado	futuro
Eu levo	Eu ______	Eu ______
Tu ______	Tu ______	Tu ______
Ele/Ela ______	Ele/Ela ______	Ele/Ela ______
Nós ______	Nós ______	Nós ______
Vós ______	Vós ______	Vós ______
Eles/Elas ______	Eles/Elas ______	Eles/Elas ______

4. Responda às questões procurando explorar os tempos verbais que você aprendeu.

a) O que você já fez na escola hoje?

____

____

b) O que você faz todos os dias na hora do recreio?

____

____

c) E quando tocar o sinal da saída, o que você fará?

____

____

d) Conte um pouco sobre o que você fará nas próximas férias.

____

____

____

ESCREVENDO CERTO

-am/-ão

Kanton/Arquivo da editora

1. Leia as frases atentando às palavras destacadas.

As crianças **escreveram** cartas ao prefeito.

As crianças **escreverão** cartas ao prefeito.

escrever**am** ⟶	indica algo que já aconteceu.
escrever**ão** ⟶	indica algo que ainda vai acontecer.

- Complete a afirmação abaixo.

  A terminação **-am** indica que o verbo está no tempo

  ____________________.

  A terminação **-ão** indica que o verbo está no tempo

  ____________________.

2. Use **-ão** ou **-am** para completar as frases.

a) Os novos alunos chegar________ amanhã.

b) Ontem, meus pais saír________ para jantar.

c) Precisamos proteger o meio ambiente. Sem os cuidados necessários, futuramente os rios secar________ e as matas desaparecer________.

d) Antigamente as crianças brincav________ mais na rua.

3. As frases a seguir estão no tempo passado. Reescreva-as, no caderno, no tempo futuro.

a) Eles resolveram o problema e saíram cedo.

b) Os astronautas desceram na Lua, tiraram fotografias, recolheram pedras e voltaram à Terra.

4. Marque um **X** nos verbos que estão no tempo passado.

- [ ] falarão
- [ ] pularam
- [ ] dançaram
- [ ] sumiram
- [ ] carregaram
- [ ] assistiram
- [ ] ouvirão
- [ ] comerão

- Agora, escreva no tempo futuro os verbos que você acabou de assinalar.

5. Analise as imagens e escreva frases utilizando verbos terminados em **-am** ou **-ão**.

Ilustrações: Ilustra Cartoon/Arquivo da editora

Texto
5

Quati, o xereta

Os quatis são escansoriais, ou seja, vivem tanto em árvores quanto no chão. No solo, andam ou correm sobre as quatro patas. Para subir em árvores, cravam as garras nos troncos. Hábeis, são capazes de pular de tronco em tronco e de um galho para o outro sem grande dificuldade. Numa árvore, tanto podem descer de costas como de frente.

O comportamento de defesa é facilmente identificável. Inseguros, emitem a vocalização característica de alarme. A esse sinal, o bando sobe nas árvores e se acomoda, paralisado, para depois fugir entre os galhos.

[...] A dieta do quati que ocorre em território brasileiro inclui grande variedade de frutos — moranguinho silvestre, uva-japonesa, amora, jerivá, entre outros —, insetos, larvas e pequenos vertebrados. [...] O focinho longo e flexível, em formato de trombeta, favorece a obtenção de alimentos em buracos na terra e em fendas de rochas e árvores. Por também consumir ovos, não é incomum verificar a predação do mamífero em ninhos de aves.

[...]

A capacidade de adaptação dos quatis aos mais variados ambientes os leva a habitar até mesmo matas urbanas. Em parques, é comum observar a aproximação dos humanos para procurar comida. Nessas áreas, as lixeiras também são "fontes" de buscas de alimentos.

Ricardo Azoury/Pulsar Imagens

Reprodução/Terra da Gente Produções

Quatis: quem manda é a mulher, de Valéria Forner. Revista **Terra da Gente**, ano 7, n. 78. São Paulo: Terra da Gente Produções, out. 2010. Texto adaptado.

vocalização: emissão de sons falados ou cantados.
predação: caçada.

POR DENTRO DO TEXTO

1. Observe a capa da revista de onde foi retirado o trecho da reportagem que você leu.

Revista **Terra da Gente**, ano 7, n. 78. São Paulo: Terra da Gente Produções, out. 2010.

a) Qual é o título da revista?

____

b) Pelo título da revista e das matérias anunciadas na capa, que tipo de assunto você acha que pode encontrar nela?

____

____

c) Você sabe o que significa **xereta**? Explique com suas palavras.

____

____

d) Por que foi dado o nome da matéria de **Quati, o xereta**?

____

____

2. Assinale a figura que mostra o ambiente natural do quati.

3. Leia mais um trecho da reportagem sobre os quatis.

"Com a perda do espaço natural, os quatis se adaptam aos ambientes urbanos, onde podem ser infectados por cães domésticos."

- Com base no que você acabou de ler, explique com suas palavras como os quatis podem ficar doentes. Escreva sua resposta no caderno.

4. De que se alimentam os quatis que vivem no Brasil?

____

____

____

5. Releia esta informação do texto:

"Por também consumir ovos, não é incomum verificar a predação do mamífero em ninhos de aves."

- Com base nesse trecho, responda às questões a seguir.

a) Que animal consome ovos? ____________________

b) Quem põe os ovos? ____________________

c) Quem é o mamífero? ____________________

APRENDENDO GRAMÁTICA

Verbo: fenômenos da natureza

Leia os balões de fala e observe as palavras destacadas.

Kanton/Arquivo da editora

Chove e **venta** indicam fenômenos da natureza.

As palavras que indicam fenômenos da natureza são chamadas de **verbo**.

1. Nas frases a seguir, circule os verbos que indicam fenômenos da natureza.

a) Enquanto chovia, eu brincava com minha irmã em casa.

b) No Sul do Brasil, onde a Bia mora, às vezes neva no inverno.

c) O que você faz quando está trovejando?

d) Ventou muito durante aquela tempestade.

e) Geou bastante nessa madrugada.

f) No horário de verão, anoitece mais tarde.

g) O galo cantou assim que amanheceu.

2. Assinale o verbo que indica o fenômeno da natureza representado em cada imagem.

Vibrant Image Studio/Shutterstock/Glowimages

- [ ] chove
- [ ] venta
- [ ] amanhece

Kotenko Oleksandr/Shutterstock/Glowimages

- [ ] neva
- [ ] relampeja
- [ ] anoitece

M.M./Shutterstock/Glowimages

- [ ] troveja
- [ ] chove
- [ ] neva

Larry Mulvehill/Corbis/Latinstock

- [ ] anoitece
- [ ] relampeja
- [ ] venta

3. Complete as frases com os verbos do quadro.

esfriou	anoiteceu	trovejar	chover	amanhece

a) Se não ______________________ amanhã, iremos à praia.

b) Luísa foi de agasalho para a escola, pois ________________ bastante.

c) Quando ______________________, eu levanto logo para tomar café.

d) Ontem, quando ____________, Felipe foi jantar na casa de seus avós.

e) Meu cachorro escondeu-se quando começou a __________________.

4. Analise a imagem e escreva uma frase usando verbos que indicam fenômenos da natureza.

Cesar Diniz/Pulsar Imagens

____

____

ESCREVENDO CERTO

e/ei

1. Leia o poema.

O avião e a borboleta

— O meu voo
é simples **direção**
Ao **decolar**
já **sei** de cor
onde pousar.
Abraço a terra
e **beijo** o ar.
[...]

Kanton/Arquivo da editora

Cançãozinha e outros sons, de Francisco Marques e outros. São Paulo: Paulinas, 2005.

- Copie no quadro as palavras destacadas no poema, de acordo com a indicação.

possui sílaba com **e**	possui sílaba com **ei**
____________	____________
____________	____________

2. Complete as palavras nas frases com **e** ou **ei**. Se necessário, consulte um dicionário.

a) D_____x_____ meu chav_____ro na gaveta do armário.

b) Ontem pass_____ o dia int_____ro na cab_____l_____r_____ra.

c) Pr_____f_____rimos l_____t_____ quent_____ com biscoitos na hora do lanch_____.

o/ou

1. Leia em voz alta as duplas de palavras.

louça	touro	pouco
touca	vou	couro

A letra **u**, do encontro **ou**, costuma não ser pronunciada em algumas palavras.

2. Leia o poema e complete as palavras de acordo com o código.

♦ → **o** ★ → **ou**

Kanton/Arquivo da editora

É o que há

O que há de n♦vo? ____________

Muita galinha, p★co ♦vo. ____________

P★ca farinha, muito p♦vo. ____________

Um jeito bom de brincar, de Elias José. São Paulo: FTD, 2002.

3. Copie as palavras, substituindo os símbolos por **o** ou **ou**, de acordo com a legenda abaixo.

▲ → **o** ● → **ou**

d●rado	nam▲ro	l●ro	cor▲a
____________	____________	____________	____________
n▲vo	lav●ra	p●co	p▲ço
____________	____________	____________	____________

De olho no dicionário

Palavras com mais de um significado

Algumas palavras possuem mais de um significado. Veja:

andar *v.* **an**-*dar*. **1**. Locomover-se dando passos, caminhar a pé. *Vai andando até a escola.* ▲ **sinônimo**: caminhar. **2**. Mover-se, deslocar-se em um meio de transporte. *Paulo andou de ônibus por toda a cidade.* **3**. Percorrer, viajar. *Ele andou por todo o Brasil.* **4**. Passar. *O tempo anda depressa.* **5**. Estar. *Tudo anda muito confuso.* **6**. Ficar junto de; conviver com. *Só anda com os ricos.*

violeta *s. fem.* **vi**-**o**-*le*-**ta** **[ê]**. **1**. Flor perfumada que pode apresentar-se com diversas cores, sobretudo roxo. *Lúcia gosta de violetas.* **2**. Cor dessa flor; roxo. *Violeta é uma das cores do arco-íris.*

Dicionário ilustrado de português, de Maria Tereza Biderman. São Paulo: Ática, 2004.

- Agora, escreva nos quadrinhos o número correspondente ao significado das palavras nestas frases.

☐ Os alunos **andam** animados com a proximidade das férias.

☐ Os irmãos vão **andando** até a escola.

☐ Você já **andou** de avião?

☐ A moça enfeitou o salão com **violetas** de todas as cores.

☐ Depois que Márcia começou a fazer ginástica, ela só **anda** com os colegas da academia.

☐ **Violeta** é a cor preferida de Lívia.

☐ As horas **andaram** rápido e tivemos que encerrar a comemoração.

Livros

Reprodução/Editora Ática

A curiosidade premiada,
de Fernanda Lopes de Almeida, Ática.

Os pais de Glorinha não aguentavam mais a menina fazendo perguntas, até perceberem a importância da curiosidade. Existem tantas coisas incríveis para descobrir neste mundo!

Reprodução/Editora Ática

A operação do Tio Onofre,
de Tatiana Berlinky, Ática.

A mania de Talita de dar nomes que rimassem com todos os objetos da casa foi o que ajudou a família toda a sair de uma grande encrenca.

Reprodução/Editora Scipione

As trigêmeas e os três erres,
de Roser Capdevila e Carles Capdevila, Scipione.

As trigêmeas Teresa, Ana e Helena inventam as três Supererres para ajudar a salvar a Terra. Pensando que salvariam muitas árvores, as irmãs resolvem jogar livros e cadernos na lixeira destinada a papel. A bruxa Onilda, então, decide transformar as trigêmeas em três lixeiras para que aprendam realmente como se preserva o meio ambiente.

Reprodução/Editora Scipione

Asas de dentro,
de Sônia Barros, Scipione.

A personagem Rosinha é uma menina muito especial: tem o cabelo cor-de-rosa, um bicho de estimação curioso e... gosta de voar. Só que, por ser assim diferente, ela se sente discriminada por algumas pessoas. Este livro convida você a refletir sobre a diversidade e a importância de conviver com as diferenças.

Reprodução/Editora Salamandra

Fábulas de Esopo,
de Ruth Rocha, Salamandra.

As histórias da tradição popular de várias partes do mundo recontadas pela autora deste livro divertem, ensinam e fazem a imaginação voar.

Na praia e no luar, tartaruga quer o mar,
de Ana Maria Machado, Ática.

Luísa e o irmão salvam a vida de uma tartaruga e mostram aos adultos a importância de preservar esses animais que existem há mais de 150 milhões de anos.

O gato Massamê e aquilo que ele vê,
de Ana Maria Machado, Ática.

De andar macio, sem nome e sem dono, Massamê buscava um grande amor. Até que encontrou Luísa e ganhou carinho e atenção. Só que ele não enxergava bem e um dia...

Prendedor de sonhos,
de João Anzanello Carrascoza, Scipione.

O personagem Zelito Traquitana, único inventor da cidade, ao remexer em seus velhos inventos, encontra a máquina de fabricar sonhos e resolve consertá-la. Mas, por algum defeito em seu mecanismo, em vez de produzir os seus próprios sonhos, ela começa a prender os sonhos de toda a população, espalhando um clima de desencanto pela cidade.

CD

A arca de Noé, de Vinicius de Moraes, São Paulo: Universal.

A arca de Noé traz os poemas do livro homônimo de Vinicius de Moraes musicados por Toquinho e interpretados por grandes nomes da música popular brasileira.

Site

Ricardo Azevedo
<www.ricardoazevedo.com.br/>

O *site* de Ricardo Azevedo traz informações sobre a vida e a obra desse importante escritor e ilustrador brasileiro de livros infantojuvenis.

Matemática

SUMÁRIO

Unidade

1

Números naturais

Hagaquezart/Arquivo da editora

O QUE VOU ESTUDAR?

- Números naturais
- Sistemas de numeração

1

Números naturais

Você já observou como utilizamos números no dia a dia?

Os números estão tão presentes em nosso cotidiano que não conseguimos nem imaginar como seria a vida sem eles, não é verdade?

A história dos números

Como o ser humano contava e registrava as quantidades quando os números ainda não existiam?

Os pastores, para controlar seu rebanho, soltavam seus animais pela manhã e colocavam uma pedrinha em um saco para cada animal que saía para o pasto. No final da tarde, retiravam uma pedrinha do saco para cada animal que voltava.

Eles também contavam as ovelhas fazendo nós em cordas e marcas em ossos ou em pedaços de madeira.

Usavam pedrinhas.

Faziam marcas em pedaços de pau.

Faziam nós em cordas.

Ilustrações: Ilustra Cartoon/Arquivo da editora

Com o passar do tempo foram surgindo outras atividades que exigiam novas formas de contagem e registro.

Sistema de numeração romano

Na Antiguidade, os romanos usavam sete letras maiúsculas para representar os números (eles não simbolizavam o zero).

I	V	X	L	C	D	M
1	5	10	50	100	500	1 000

Milton de Oliveira Carvalho Filho

Você vê números romanos em seu dia a dia? Provavelmente sim. É comum eles aparecerem em relógios e em capítulos de livros. Comece a reparar ao seu redor.

Os outros números são formados pela combinação dessas letras.

- As letras V, L, D não podem ser repetidas.
- As letras I, X, C, M são repetidas no máximo três vezes no mesmo número.

Quando há repetição da mesma letra, fazemos uma adição.

III = 1 + 1 + 1 = 3
XX = 10 + 10 = 20

Quando esses números estão à esquerda, fazemos uma subtração.

IV = 5 − 1 = 4
XL = 50 − 10 = 40

Lembre-se: quando o número menor vem à **esquerda**, você **subtrai**, quando o número menor vem à **direita** você **soma**.

número menor à esquerda	
IV = 4	5 − 1
IX = 9	10 − 1
XL = 40	50 − 10
XC = 90	100 − 10
CD = 400	500 − 100
CM = 900	1 000 − 100

número menor à direita	
VI = 6	5 + 1
XI = 11	10 + 1
LX = 60	50 + 10
CX = 110	100 + 10
DC = 600	500 + 100
MC = 1 100	1 000 + 100

1. Complete o quadro com os números romanos até 50.

1	I	11		21		31	XXXI	41	
2	II	12		22		32		42	
3	III	13		23		33	XXXIII	43	
4	IV	14	XIV	24	XXIV	34		44	
5	V	15	XV	25		35	XXXV	45	XLV
6		16		26	XXVI	36		46	XLVI
7	VII	17		27		37		47	
8		18		28	XXVIII	38		48	
9	IX	19		29		39		49	XLIX
10		20	XX	30	XXX	40	XL	50	L

2. Escreva com algarismos os símbolos romanos que aparecem nas imagens.

Ilustrações: Ilustra Cartoon/Arquivo da editora

3. Escreva no sistema de numeração romano.

16 ______	18 ______	49 ______
36 ______	51 ______	80 ______
71 ______	27 ______	30 ______

4. Descubra os enigmas e encontre os números romanos.

Sou a penúltima letra da palavra BRUXA. → ☐

Sou a primeira letra da palavra MATEMÁTICA. → ☐

Começo a palavra IRMÃO. → ☐

Sou a última letra da palavra MEL. → ☐

Fico no meio da palavra UVA. → ☐

5. Descubra a sequência e numere os escudos.

X	XX	______	______	______
LX	______	______	______	C

Avalone/Arquivo da editora

Atualmente, são mais utilizados os símbolos indo-arábicos: 0, 1, 2, 3, 4, 5, 6, 7, 8 e 9. Esses símbolos são chamados **algarismos**. Com o uso de algarismos podemos escrever qualquer número natural.

Exemplos:

Quantos são os participantes desta festa?

Ilustra Cartoon/Arquivo da editora

São 9 pessoas. O número 9 é formado por um algarismo.
E quantos são os brigadeiros?

MW Editora Ilustrações/Arquivo da editora

São 18 brigadeiros. O número 18 é formado por dois algarismos.

Iniciando pelo zero e acrescentando sempre uma unidade, temos a sequência dos números naturais, que é infinita.

0, 1, 2, 3, 4, 5, 6, 7, 8, 9, 10, 11, 12, 13, 14, 15...

1. Preencha com seus dados.

Data de nascimento: dia: ______ mês: ____________ ano: __________

Idade: __________ anos

Peso: __________ quilogramas

Altura: __________ centímetros

Número que calça: __________

Número de pessoas que moram com você: __________

Número do telefone (de casa ou da escola): ________________________

2. Os números são usados para contar, medir, ordenar e codificar.
Observe cada cena e escreva para que os números estão sendo usados.

____

____

Ilustrações: Ilustra Cartoon/Arquivo da editora

____

____

Comparação de quantidades (igual, diferente, maior e menor)

Os números que usamos para contar são os **números naturais**.

Você já sabe: para obter a sequência dos números naturais, iniciamos pelo zero e acrescentamos sempre uma unidade. Essa sequência é infinita.

0, 1, 2, 3, 4, 5, 6, 7, 8, 9, 10, 11, 12, 13, 14, 15...

O menor número natural é o zero.

Com os números naturais você pode descobrir se um número é maior ou menor que outro. Observe os lápis de Antônio.

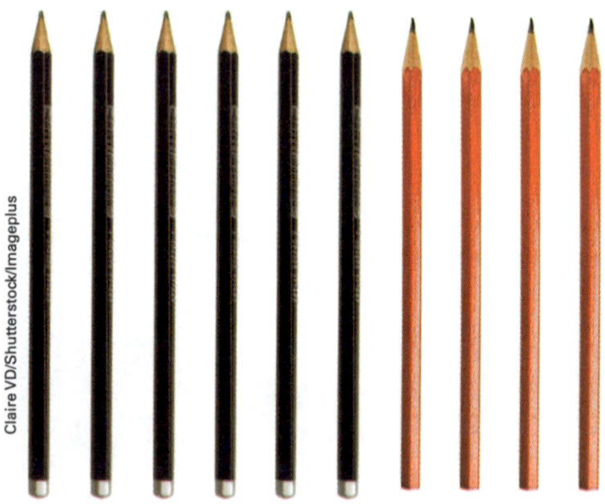

Claire VD/Shutterstock/Imageplus

Garsya/Shutterstock/Imageplus

6 é maior que 4

6 > 4

4 é menor que 6

4 < 6

Agora observe a quantidade de balas:

Renata Osinska/Shutterstock/Glow Images

A quantidade de balas azuis e vermelhas é a mesma.

4 é igual a 4 → **4 = 4**

Mas, se houvesse uma bala a mais da cor azul, as quantidades seriam diferentes:

4 é diferente de 5 → **4 ≠ 5**

1. Observe os brinquedos que há na barraca da festa da escola.

Ilustra Cartoon/Arquivo da editora

a) Quais brinquedos aparecem na mesma quantidade?

____

b) Qual brinquedo aparece mais vezes? ____________________

c) Qual brinquedo aparece menos vezes? ____________________

d) Agora, complete as sentenças com as expressões **maior**, **menor** ou **igual a**:

3 é ____________________ 3.

4 é ____________________ que 2.

2 é ____________________ que 4.

2. Complete com $=$ ou $\neq$.

$6 + 4$ _____ $5 + 5$	$1 + 3$ _____ $2 + 2$	$4 + 7$ _____ $6 + 6$
$9 - 7$ _____ $2 + 0$	$3 + 5$ _____ $4 + 4$	$6 - 2$ _____ $8 - 3$

3. Complete com $<$ ou $>$.

10 _____ 12	$8 - 5$ _____ 2	$7 + 8$ _____ 16
7 _____ 2	$4 + 6$ _____ 11	$5 + 3$ _____ 6

Antecessor e sucessor

Observe a sequência numérica nesta régua. Nela, aparecem os números de 0 a 20.

- Qual é o número que aparece imediatamente antes do 12?

O número 11 é o **antecessor** do 12.

- Qual é o número que aparece imediatamente depois do 12?

O número 13 é o **sucessor** do 12.

Ordem crescente e ordem decrescente

Veja como Célia organizou as fichas abaixo, colocando primeiro os números do menor para o maior e, depois, do maior para o menor.

do menor para o maior ⟶ **ordem crescente**

do maior para o menor ⟶ **ordem decrescente**

Ilustrações: MW Editora Ilustrações Ltda./Arquivo da editora

1. Ordene os números:

a) do maior para o menor; 27 – 46 – 84 – 125 – 34 – 231

Avalone/Arquivo da editora

b) do menor para o maior. 85 – 130 – 91 – 73 – 15 – 68 – 36

2. Compare os números escritos nos quadrinhos e escreva uma sentença matemática usando o símbolo >.

99 100 → __________ 186 197 → __________

178 97 → __________ 255 155 → __________

3. Coloque os números dos cartões em ordem crescente. Use o símbolo <.

71	7	29	85
45	95	60	9
5	37	23	93
90	53	77	2

____

____

____

2
Sistemas de numeração

Sistema de numeração decimal

Costumamos contar em grupos de 10, provavelmente porque temos 10 dedos nas mãos. É mais fácil contar objetos em grupos de 10 do que um a um.

Stephen Aaron Rees/Shutterstock/Glow Imageplus

1 grupo de 10 → 1 dezena	4

Total: 14 morangos

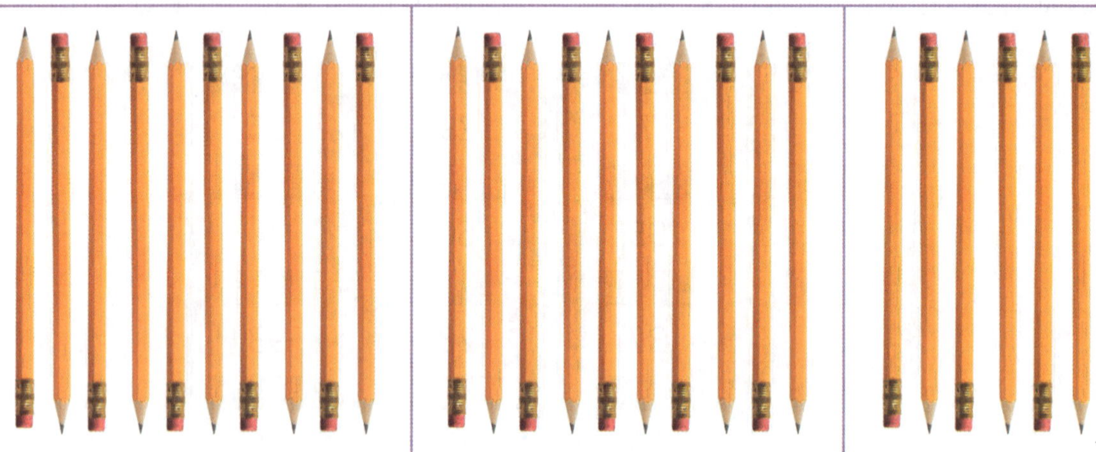

HomeStudio/Shutterstock/Glow Images

2 grupos de 10 → 2 dezenas	6

Total: 26 lápis

> 10 unidades formam 1 dezena.

Dezena

As crianças do 3º ano estão usando o material dourado para fazer uma contagem em grupos de 10.

Depois, elas registram a contagem no quadro de ordens:

Ilustrações: Ilustra Cartoon/Arquivo da editora

D	U

 unidade

 dezena

Noção de ordens

2ª ordem	1ª ordem
D	U
1	0

1 dezena e 0 unidade → 10

Lê-se: **dez**.

Cada algarismo ocupa uma ordem. Acima, a ordem vazia foi completada com o **zero**.

D	U
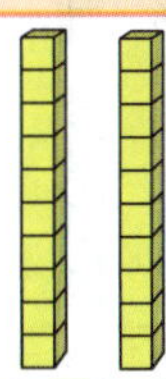	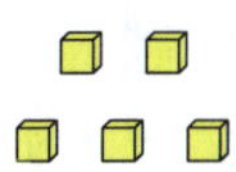

2ª ordem	1ª ordem
D	U
2	5

2 dezenas e 5 unidades → 25

Lê-se: **vinte e cinco**.

Dezenas exatas

	1 dezena → 10 (dez) unidades
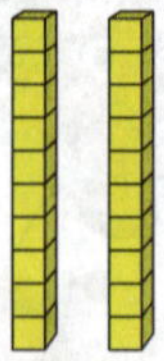	2 dezenas → 20 (vinte) unidades
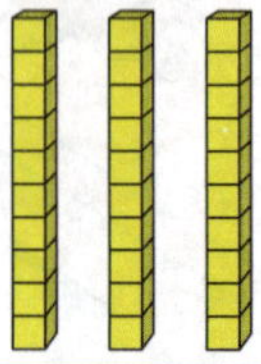	3 dezenas → 30 (trinta) unidades
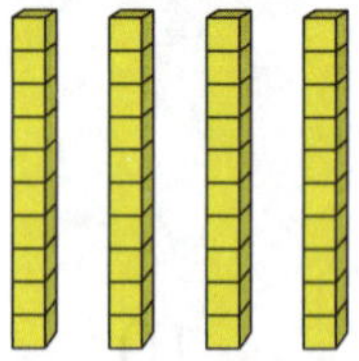	4 dezenas → 40 (quarenta) unidades
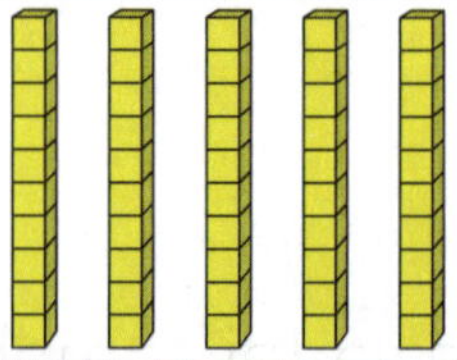	5 dezenas → 50 (cinquenta) unidades
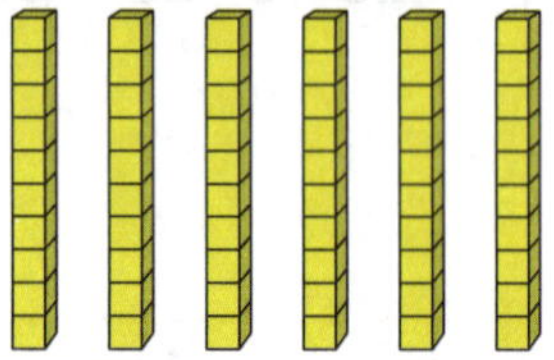	6 dezenas → 60 (sessenta) unidades
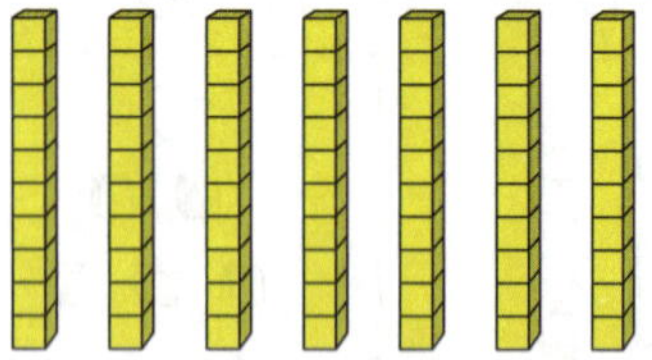	7 dezenas → 70 (setenta) unidades
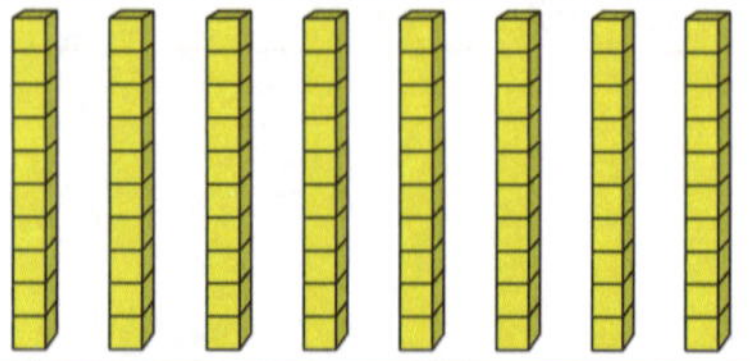	8 dezenas → 80 (oitenta) unidades
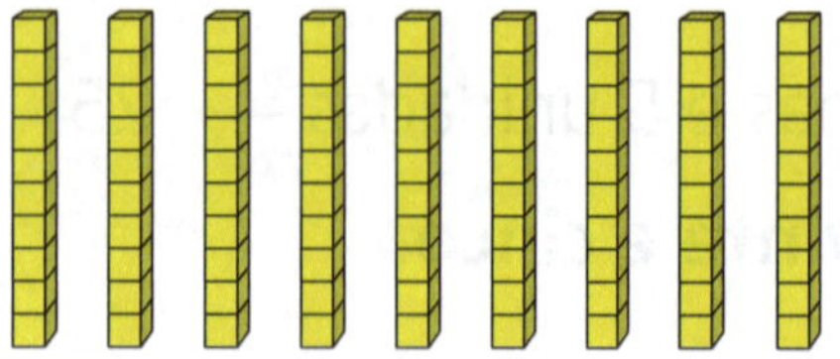	9 dezenas → 90 (noventa) unidades

1. Agrupe os objetos de 10 em 10, registre no quadro de ordens e complete as sentenças.

D	U

→ ______

______ dezenas e ______ unidades.

Lê-se: ______________________.

2. Quantas balas há em cada pacote?

[ ] balas

[ ] balas

[ ] balas

3. Complete a sequência contando de 10 em 10.

10 → ______ → 30 → ______ → ______ → 60 → ______ → ______ → ______

4. O ábaco foi a primeira máquina de calcular criada pelo ser humano, há cerca de 3 mil anos. Decomponha os números representados nos ábacos.

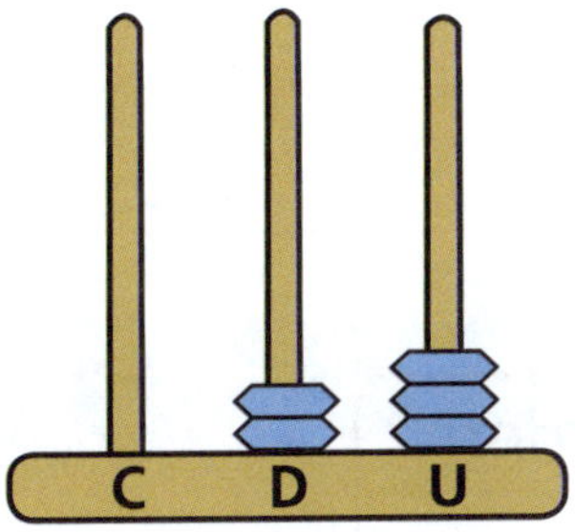

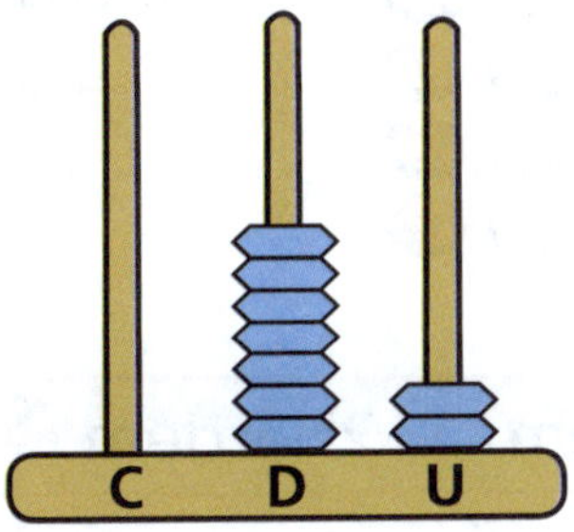

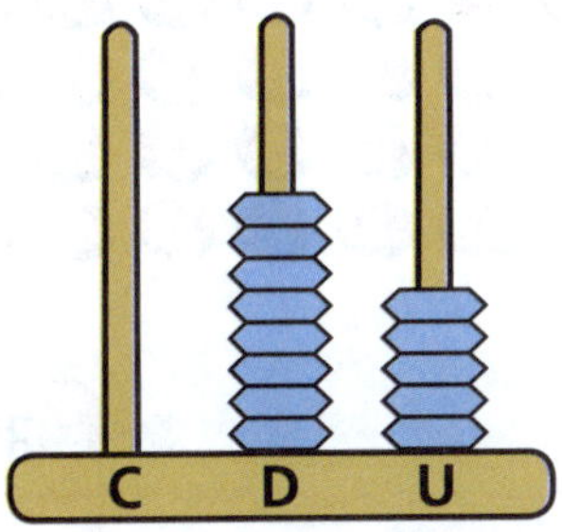

______________ ______________ ______________

______________ ______________ ______________

Centena

Observe a representação do número 99:

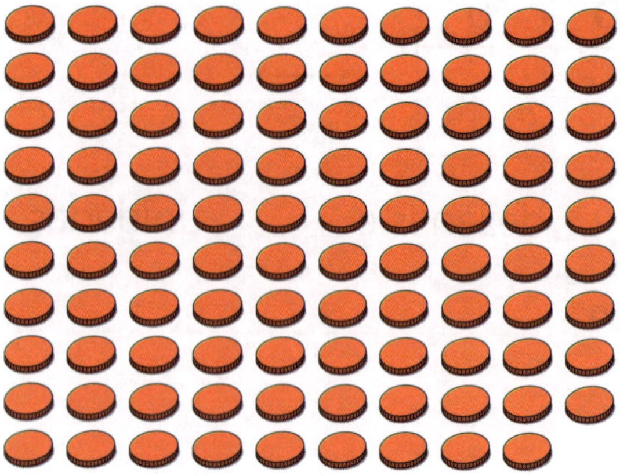

D	U
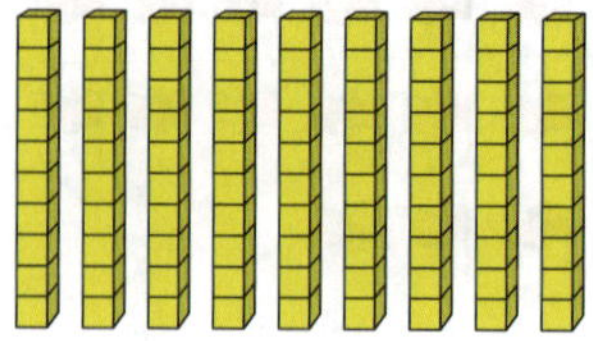	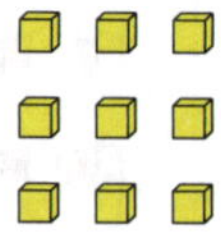
9	9

2ª ordem	1ª ordem
D	U
9	9
noventa e nove	

Agora, vamos acrescentar 1 unidade a 99.

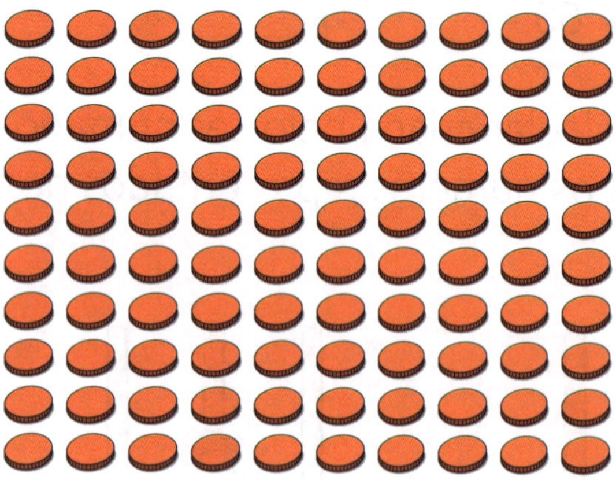

C	D	U

1	0	0

3ª ordem	2ª ordem	1ª ordem
C	D	U
1	0	0

cem = 1 centena = 10 dezenas = 100 unidades

Noção de classes

Veja o que os alunos estão aprendendo:

Ilustra Cartoon/Arquivo da editora

Veja como o número 100 é representado no quadro de ordens:

classe das unidades simples		
3ª ordem	2ª ordem	1ª ordem
C	D	U
1	0	0

A centena pertence à 3ª ordem.

Três ordens formam uma classe completa.

Centenas exatas

- Contando de 100 em 100, complete os quadros, conforme o exemplo:

3ª ordem	2ª ordem	1ª ordem
C	D	U
1	0	0

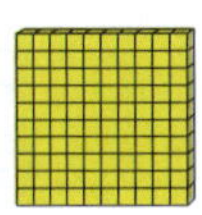

1 centena

100

cem

3ª ordem	2ª ordem	1ª ordem
C	D	U
2	0	0

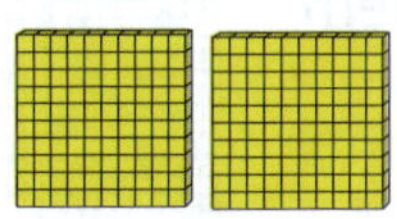

_____ centenas

[ ]

duzentos

3ª ordem	2ª ordem	1ª ordem
C	D	U
3	0	0

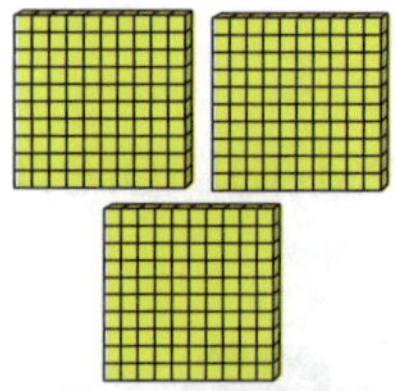

_____ centenas

[ ]

trezentos

3ª ordem	2ª ordem	1ª ordem
C	D	U
4	0	0

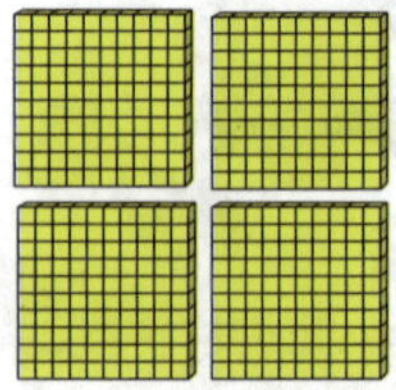

_____ centenas

[ ]

quatrocentos

3ª ordem	2ª ordem	1ª ordem
C	D	U
5	0	0

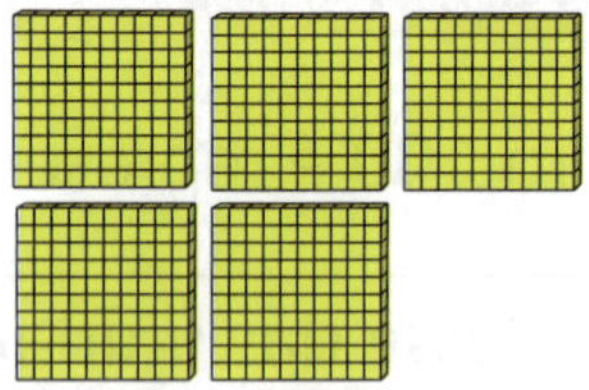

_____ centenas

[ ]

quinhentos

3ª ordem	2ª ordem	1ª ordem
C	D	U
6	0	0

_____ centenas

[ ]

seiscentos

3ª ordem	2ª ordem	1ª ordem
C	D	U
7	0	0

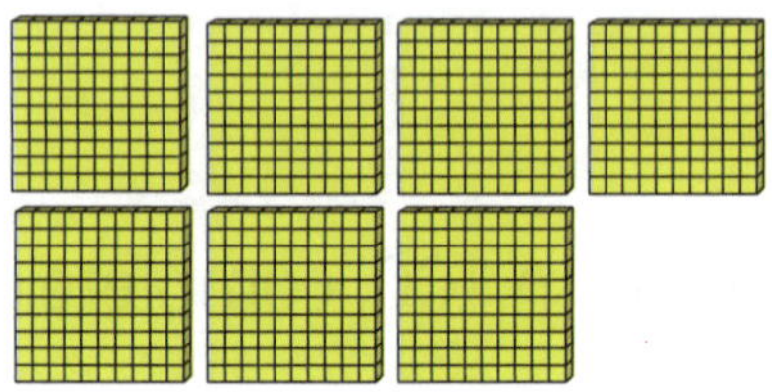

_____ centenas

[ ]

setecentos

3ª ordem	2ª ordem	1ª ordem
C	D	U
8	0	0

_____ centenas

[ ]

oitocentos

3ª ordem	2ª ordem	1ª ordem
C	D	U
9	0	0

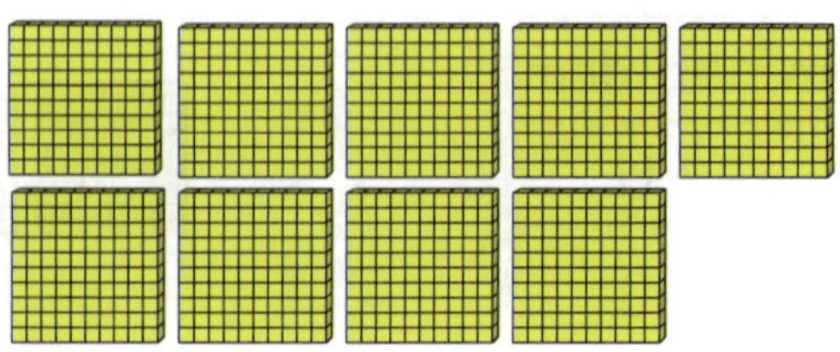

_____ centenas

[ ]

novecentos

1. Em cada cartela, há 10 chaveiros. Quantos chaveiros há em cada caixa?

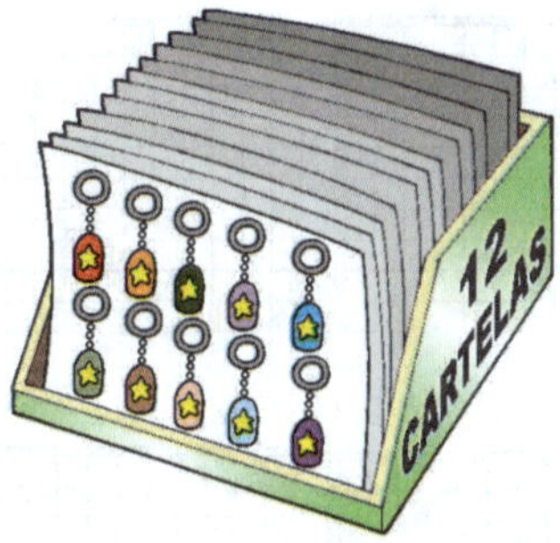

Avalone/Arquivo da editora

_______ chaveiros   _______ chaveiros

2. Desenhe as peças do material dourado para decompor os números em suas diferentes ordens. Veja o exemplo.

197 →

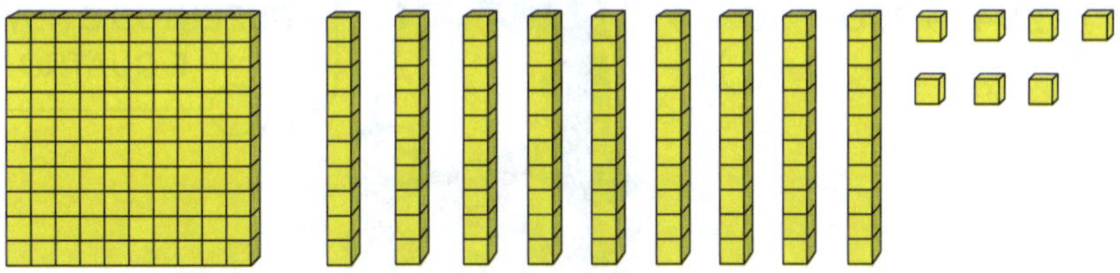

__1__ centena + __9__ dezenas + __7__ unidades

134 →

_____ centena + _____ dezenas + _____ unidades

340 →

_____ centenas + _____ dezenas + _____ unidades

3. Escreva os números representados.

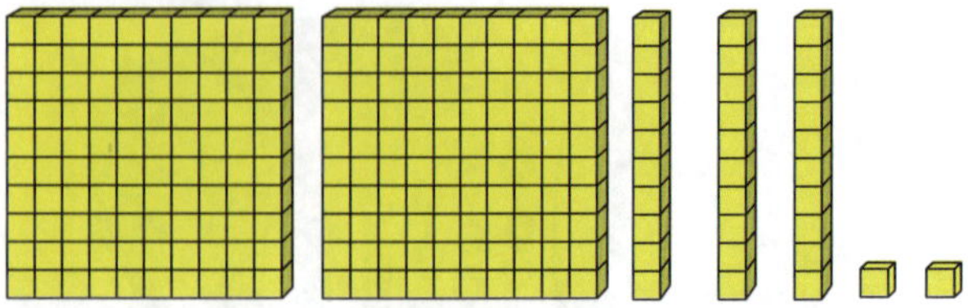

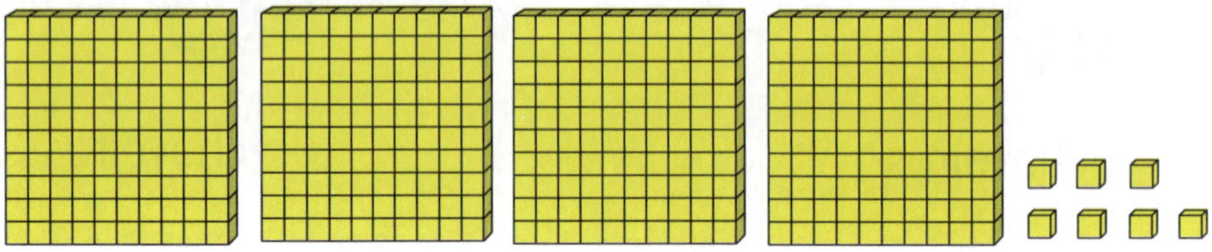

4. Decomponha e faça a leitura escrevendo por extenso.

Ilustra Cartoon/Arquivo da editora

342 → 300 + 40 + 2

Lê-se: trezentos e quarenta e dois

578 → ______ + ______ + ______

Lê-se: ______ e ______ e ______

401 → ______ + ______

Lê-se: ______ e ______

999 → ______ + ______ + ______

Lê-se: ______ e ______ e ______

5. Coloque o número no quadro de ordens e complete.

195 →

3ª ordem	2ª ordem	1ª ordem
C	D	U

a) O número tem ______ ordens.

b) O algarismo ______ ocupa a 1ª ordem.

c) O algarismo ______ ocupa a 2ª ordem.

d) O algarismo ______ ocupa a 3ª ordem.

e) Decompondo o número em suas diferentes ordens, temos:

____

6. Complete o diagrama, escrevendo com algarismos.

a) cento e vinte e nove

b) trezentos e noventa

c) duzentos e cinquenta e sete

d) quinhentos e setenta e sete

e) novecentos e noventa e um

f) oitocentos e sessenta

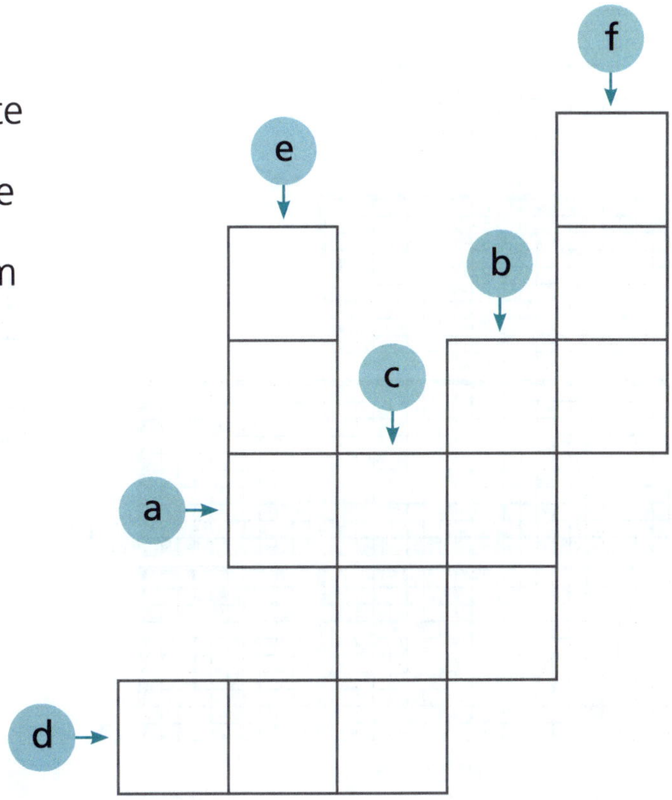

Milhar

Vamos supor que você colecione bolinhas de gude e sua coleção já tenha 998 bolinhas.

Se você ganhar mais 2 bolinhas, completará o incrível número de 1 000 bolinhas. Para representar o número 1 000, usamos 4 algarismos.

Esse número tem 4 ordens, que formam 2 classes.

- a **classe das unidades simples** e a **classe dos milhares**, que está incompleta.

2ª classe			1ª classe		
classe dos milhares			classe das unidades simples		
6ª ordem	5ª ordem	4ª ordem	3ª ordem	2ª ordem	1ª ordem
		unidade de milhar	centena	dezena	unidade
		1	0	0	0

Agora, observe a representação do milhar:

Ilustra Cartoon/Arquivo da editora

1. Observe as quantidades representadas abaixo e complete.

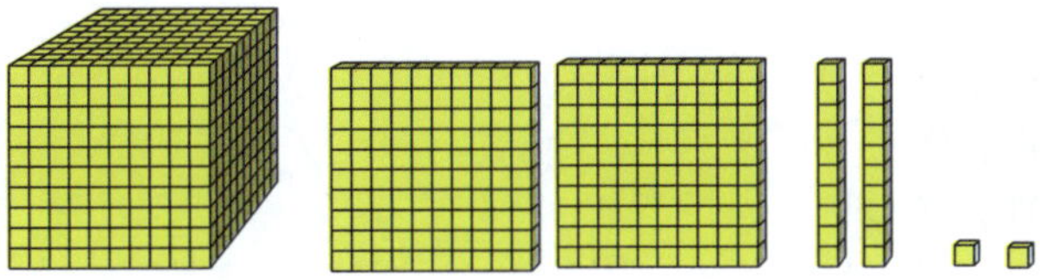

____ milhar + ____ centenas + ____ dezenas + ____ unidades

__________ + __________ + __________ + __________ = ________

Lê-se: ____

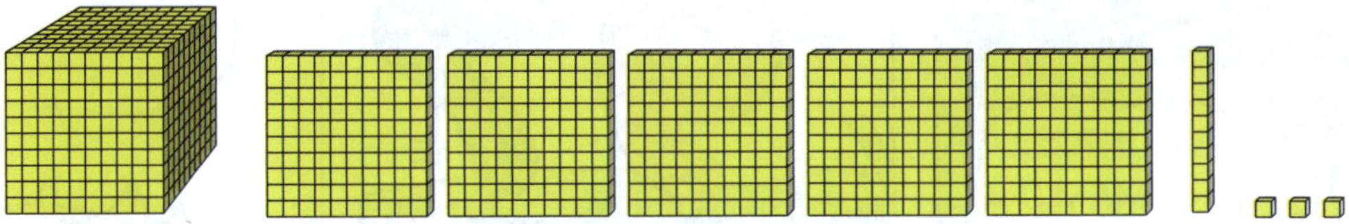

____ milhar + ____ centenas + ____ dezena + ____ unidades

__________ + __________ + __________ + __________ = ________

Lê-se: ____

2. Usando o quadro de ordens, componha os números.

a) 1 unidade de milhar + 3 centenas + 4 dezenas + 3 unidades

M	C	D	U

→ __________

b) 7 centenas + 5 dezenas + 2 unidades

M	C	D	U

→ __________

3. Escreva os números representados nos ábacos e use os símbolos < ou > para fazer a comparação.

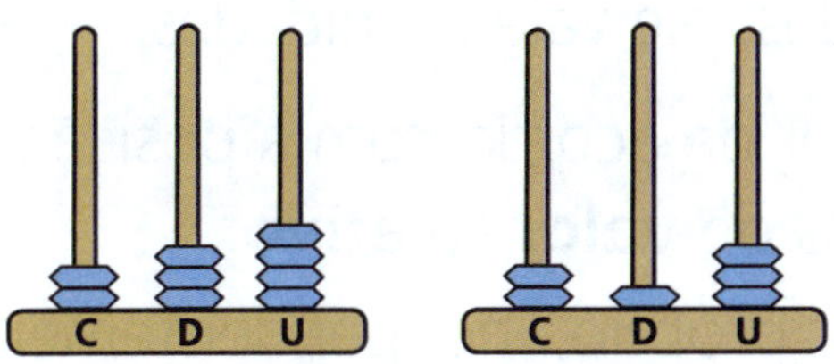

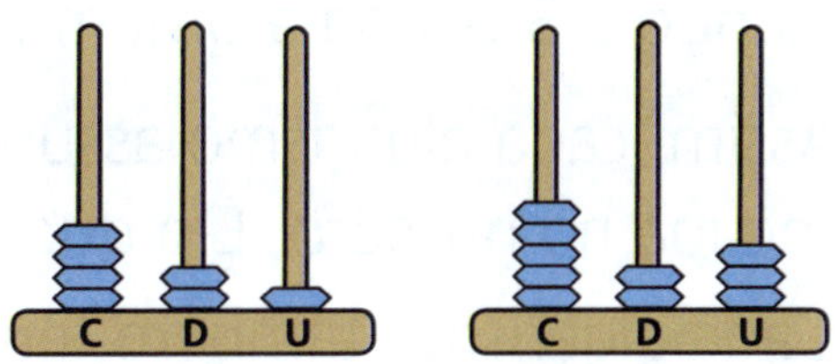

MW Editora Ilustrações Ltda./
Arquivo da editora

Valor absoluto e valor relativo

Matemática em mil e uma histórias: o valor de cada um, de Martins Rodrigues Teixeira. São Paulo: FTD, 1998.

Observe o número 333 no quadro de ordens:

C	D	U
3	3	3

Cada algarismo ocupa uma ordem.

- Quando o 3 ocupa a ordem das centenas, ele vale 3 centenas → 300.
- Quando o 3 ocupa a ordem das dezenas, ele vale 3 dezenas → 30.
- Quando o 3 ocupa a ordem das unidades, ele vale 3 unidades → 3.

Assim, cada algarismo assume um valor de acordo com a posição que ocupa no número. É o que chamamos de **valor relativo**.

Cada algarismo também tem seu valor próprio, independentemente da ordem que esteja ocupando. É o que chamamos de **valor absoluto**.

O valor absoluto do 3 é **3**, em qualquer posição que ele ocupe no número.

1. Observe os números nos cartazes.

MW Editora Ilustrações Ltda./Arquivo da editora

a) Qual é o valor do algarismo 5 nesses números?

5689 [ ] 7518 [ ]

b) Qual é o valor do algarismo 8?

5689 [ ] 7518 [ ]

2. Qual o valor absoluto dos algarismos destacados?

1**3**6 [ ] **6**42 [ ] 5**8**5 [ ] **2**95 [ ] 7**5**3 [ ] **7**31 [ ]

3. Qual é o valor relativo dos algarismos destacados?

4**6**3 [ ] **5**48 [ ] **8**75 [ ]

12**4** [ ] 3**2**9 [ ] **2**76 [ ]

4. No número 140, o valor relativo do algarismo 4 é 40. Pinte de amarelo as cartolas em que o algarismo 4 tenha esse mesmo valor relativo.

Avalone/Arquivo da editora

Números pares e números ímpares

A professora reuniu as crianças em equipes e pediu a elas que contassem alguns objetos e os separassem em grupos de 2.

A equipe A contou 10 carrinhos e, ao separar em grupos de 2, não restou nenhum carrinho sem par.

Ilustrações: MW Editora Ilustrações Ltda./Arquivo da editora

O número 10 é par.

A equipe B contou 8 bolas e separou-as em grupos de 2. Nenhuma bola ficou sem par.

O número 8 é par.

A equipe C contou 7 barquinhos e separou-os em grupos de 2. Sobrou 1 barquinho sem par.

O número 7 é ímpar.

As crianças concluíram que:

Contando em pares, isto é, de 2 em 2, se não sobrar nenhum elemento, o número é **par**; se sobrar um elemento, o número é **ímpar**.

Elas também se lembraram de que podem reconhecer se um número é par ou ímpar da seguinte forma:

Se o número terminar em 0, 2, 4, 6 ou 8, é par.
Se o número terminar em 1, 3, 5, 7 ou 9, é ímpar.

1. Agrupe de 2 em 2. Depois, conte todos os elementos e escreva se o número é par ou ímpar.

☐ é ______________.

☐ é ______________.

Fotos: PhotoDisc/ Arquivo da editora

2. Escreva o que se pede.

a) O menor número par de 2 algarismos. __________

b) O maior número par de 2 algarismos. __________

c) O menor número ímpar de 2 algarismos. __________

d) O maior número ímpar de 2 algarismos. __________

3. Some as quantidades das faces dos dados. Depois, escreva o total de cada soma e verifique se esse total é par ou ímpar.

a) 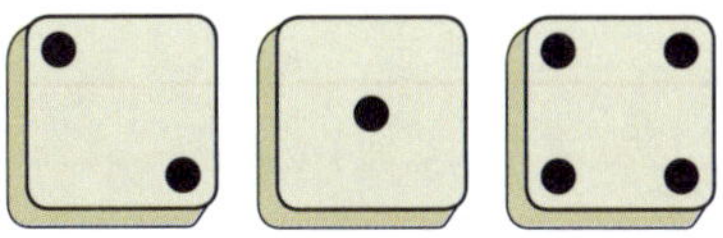 ____________________

b)  ____________________

c) 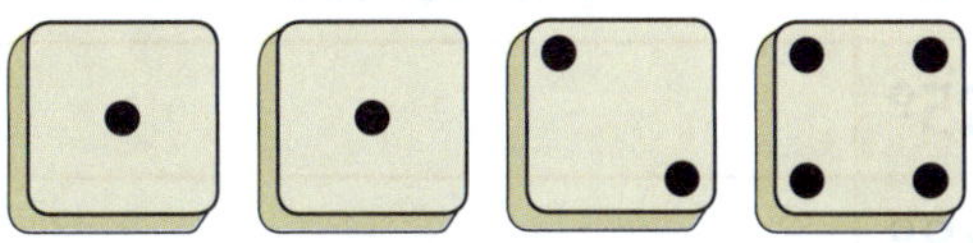 ____________________

Desafio

Ao lançarmos três dados ao mesmo tempo, qual é o maior total de pontos que podemos obter se todos os números forem pares?

____

Numeração ordinal

Observe no quadro as primeiras colocadas de uma competição de natação:

ordem de chegada	nome
1ª (primeira)	Cláudia
2ª (segunda)	Abigail
3ª (terceira)	Joana
4ª (quarta)	Tatiana
5ª (quinta)	Roberta

Os números 1ª, 2ª, 3ª... indicam as posições das participantes da competição de natação. Eles são conhecidos como **números ordinais**.

Usamos os números ordinais para indicar ordem, posição ou lugar.

- Complete o quadro com alguns dos números ordinais até o 50º:

1º	primeiro	**20º**	vigésimo
2º	segundo	**22º**	
3º	terceiro	**24º**	
4º	quarto	**27º**	
5º	quinto	**31º**	
6º	sexto	**33º**	trigésimo terceiro
7º	sétimo	**35º**	
8º	oitavo	**38º**	
9º	nono	**40º**	
10º	décimo	**41º**	
11º	décimo primeiro	**47º**	quadragésimo sétimo
13º		**49º**	
16º		**50º**	quinquagésimo

1. Complete usando os números ordinais por extenso.

a) Moro no penúltimo andar de um edifício de 24 andares.

Moro no ______________________________ andar.

b) Há 18 pessoas na minha frente. Eu ocupo o ______________ lugar.

c) A letra C é a ______________ letra do nosso alfabeto.

d) Outubro é o ______________ mês do ano.

2. Observe, na tabela, o resultado da Copa do Mundo de Futebol de 2010.

colocação	país
1º	Espanha
2º	Holanda
3º	Alemanha
4º	Uruguai
5º	Argentina
6º	Brasil

- Complete as frases de acordo com a tabela.

a) O país campeão da Copa de 2010 foi ______________________.

b) O 2º colocado foi ____________________ e o 3º colocado foi ___________________.

c) ____________________ ficou em 4º lugar e ____________________ ficou em 6º lugar.

Saiba mais

A Copa do Mundo de Futebol é uma das competições esportivas mais importantes. Ela ocorre a cada quatro anos e mobiliza pessoas de todos os países.

De olho na resolução de problemas

Faça em seu caderno

1. Veja os pontos de Aline e Caio em um *videogame*:

Ilustrações: Ilustra Cartoon/Arquivo da editora

a) Quem está ganhando o jogo? ______

b) Qual a diferença de pontos entre as duas crianças? ______

2. Veja no gráfico a quantidade de homens e de mulheres que moram em uma cidadezinha do interior:

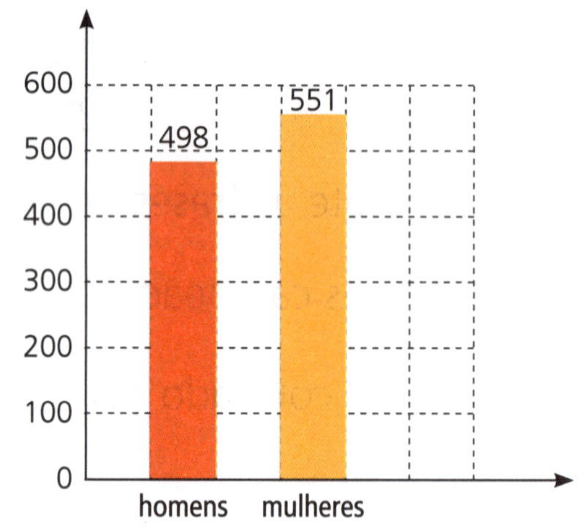

a) Nessa cidade há mais homens ou mulheres? ______

b) Quantos homens moram nessa cidade? ______

c) Quantas mulheres moram nessa cidade? ______

d) Qual a diferença entre o número de mulheres e o de homens?

______

Unidade

2

Geometria, sistema monetário e operações com números naturais

Hagaquezart/Arquivo da editora

O QUE VOU ESTUDAR?

- Noções de geometria
- Sistema monetário brasileiro
- Operações com números naturais (adição e subtração)

3

Noções de geometria

Sólidos geométricos

A professora de Daniel propôs aos alunos que construíssem a maquete dos arredores da escola. Durante alguns dias, as crianças juntaram caixas de diferentes formas, rolos de papel, latas e outros objetos.

Veja como ficou a maquete que a turma construiu:

Ilustra Cartoon/Arquivo da editora

Para fazer a miniatura, os alunos usaram peças que lembram estes sólidos geométricos:

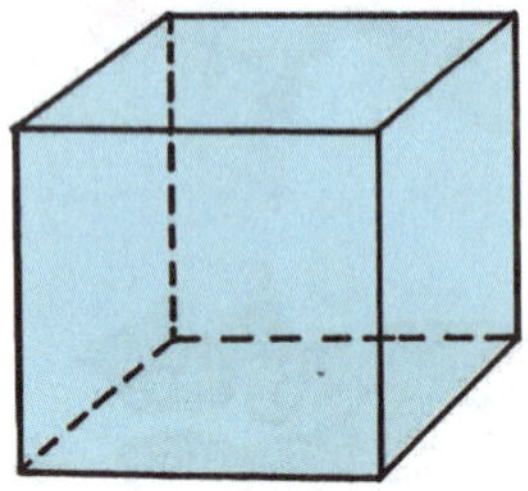

cubo

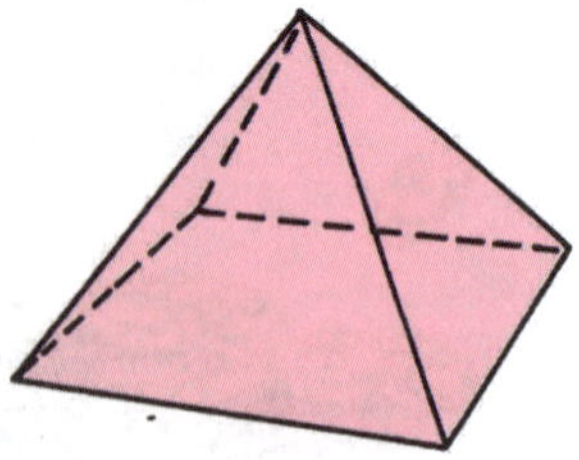

pirâmide

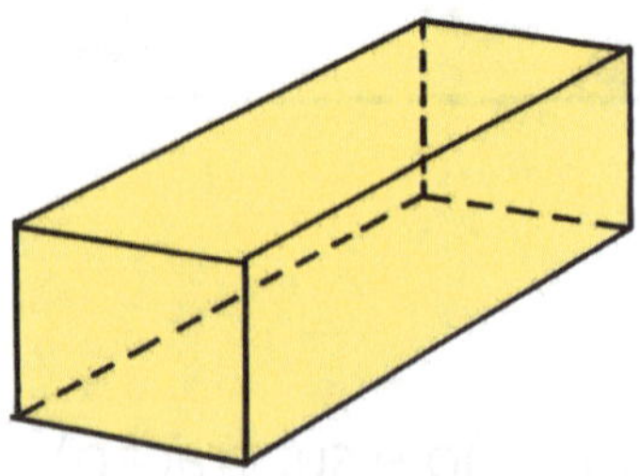

paralelepípedo

cilindro

Veja a forma que alguns objetos lembram:

paralelepípedo

Stocksnapp/
Shutterstock/Glow Images

esfera

ingimage/Other Images

cilindro

Timo Kohlbacher/
Shutterstock/Glow Images

cone

Mike Flippo/Shutterstock/
Glow Images

cubo

Vladyslav Danilin/
Shutterstock/Glow Images

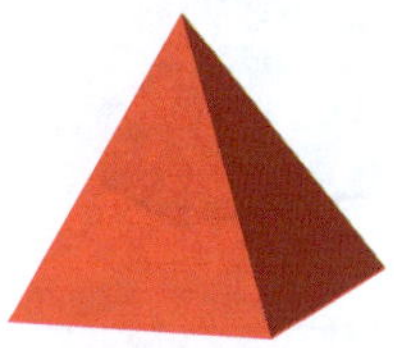

pirâmide

ingimage/Other Images

Em nosso dia a dia, podemos observar que os objetos que nos rodeiam têm diferentes formas.

Alguns são redondos e rolam.

cone

cilindro

esfera

Ilustrações: MW Editora Ilustrações Ltda./Arquivo da editora

Outros não são redondos e, por isso, não rolam.

prismas

pirâmides

- Observe as imagens e complete as falas, identificando se os sólidos abaixo rolam ou não rolam.

Ilustrações: Ilustra Cartoon/Arquivo da editora

Superfícies planas e não planas

Algumas superfícies são planas, como a de um campo de futebol:

Ilustrações: Ilustra Cartoon/Arquivo da editora

Outras superfícies não são planas, como a de um tobogã ou de uma montanha-russa.

Os sólidos que não rolam são formados por superfícies planas chamadas **polígonos**.

pirâmide de base quadrada

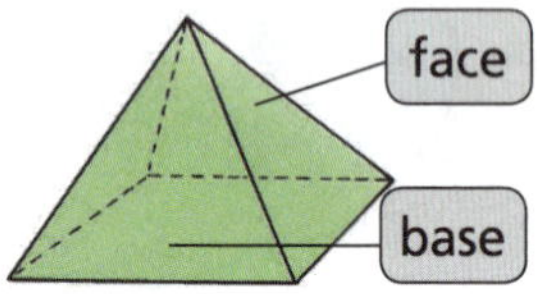

pirâmide de base triangular

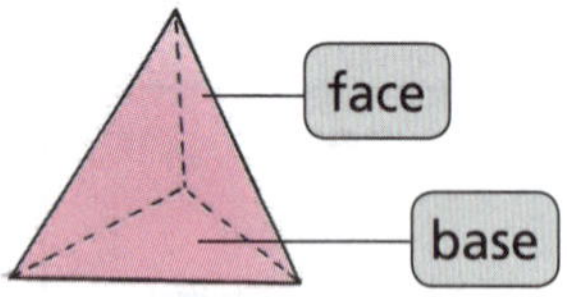

As bases das **pirâmides** têm a forma de um **polígono qualquer**, e as outras faces são sempre **triângulos**.

paralelepípedo

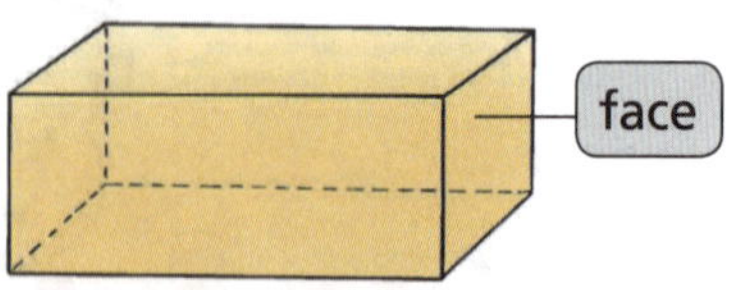

O **paralelepípedo** retangular tem seis faces em forma de **retângulo**.

cubo

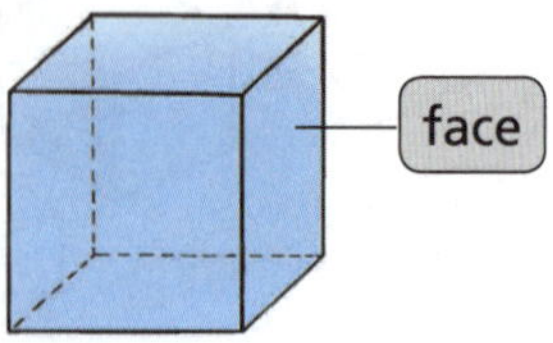

O **cubo** tem seis faces em forma de **quadrado**.

Veja agora a superfície dos sólidos que rolam.

esfera

Este sólido tem a **superfície esférica**.

cone

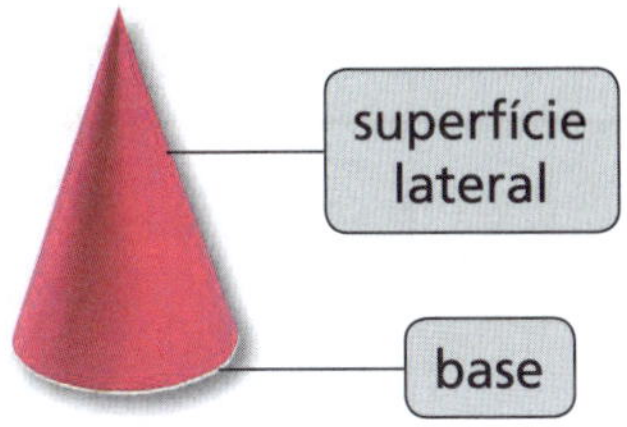

A base do **cone** é **circular** (figura plana). Sua superfície lateral não é uma figura plana.

cilindro

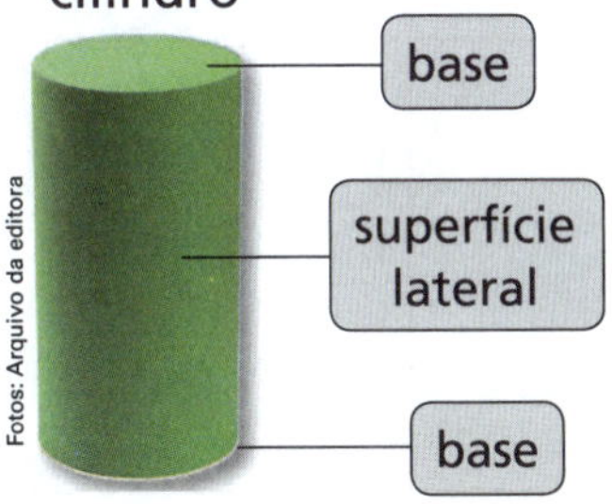

Fotos: Arquivo da editora

As bases do **cilindro** são **circulares** (figuras planas). Sua superfície lateral não é uma figura plana.

Saiba mais

Pirâmide de Quéops

O Egito é conhecido como o país das pirâmides. Quéops é a maior e mais famosa:

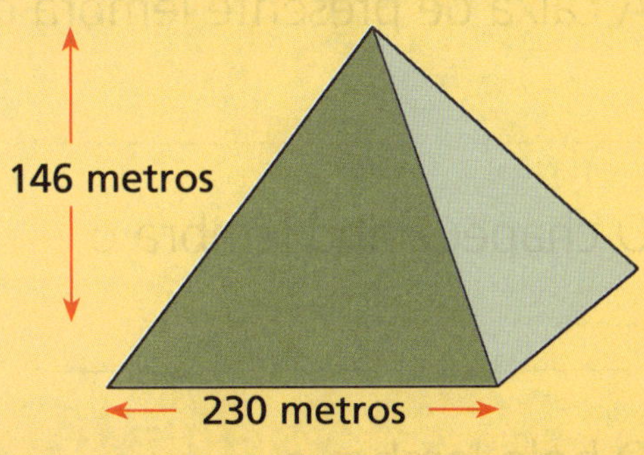

Arnaldo Klajn/Arquivo da editora

Pirâmide de Quéops, no Egito.

A construção das pirâmides foi possível porque os egípcios dominavam muitos conhecimentos de geometria.

1. Observe os objetos e marque suas características com um **X**.

objeto	rola	não rola	tem superfície plana	tem superfície não plana
 Kokhanchikov/Shutterstock/Imageplus				
 Aaron Stein/Shutterstock/Imageplus				
 J. Helgason/Shutterstock/Imageplus				
 saiko3p/Shutterstock/Imageplus				

2. Complete os espaços com os nomes dos sólidos geométricos.

Ilustra Cartoon/Arquivo da editora

a) A caixa de presente lembra o

______________________________.

b) O chapeuzinho lembra o

______________________________.

c) O bolo lembra o

______________________________.

d) As bexigas lembram a

______________________________.

3. É comum vermos nas construções formas que lembram figuras geométricas. Veja:

Zoran Karapancev/Shutterstock/Glow Images

Museu do Louvre, na França.

Petr Jilek/Shutterstock/Glow Images

Torre de Pisa, na Itália.

- Responda:

a) Que sólido geométrico lembra a Torre de Pisa?

____

b) Que sólido geométrico lembra a entrada do Museu do Louvre?

____

4. Escolha um sólido geométrico e faça um desenho de alguma construção baseado nesse sólido.

Arestas e vértices

O dado lembra um cubo.

O cubo tem 8 vértices e 12 arestas.

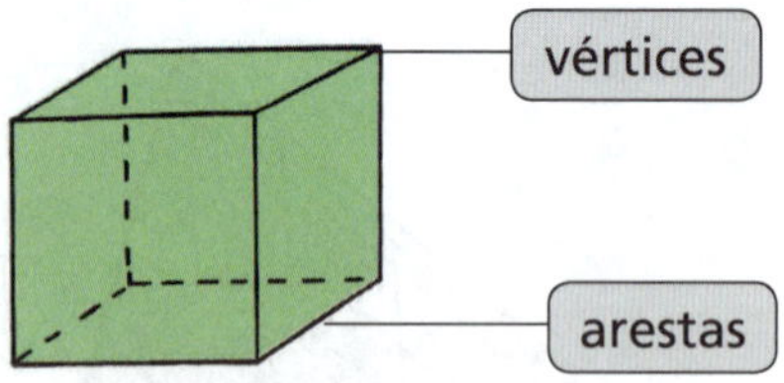

Vistas de objetos

Ilustra Cartoon/Arquivo da editora

A menina de amarelo está vendo o aquário de frente (visão frontal). A menina de vermelho está vendo de lado (visão lateral). E o menino de azul está vendo o aquário de cima (visão superior).

1. Complete as informações do quadro abaixo.

sólido		número de faces	número de vértices	número de arestas
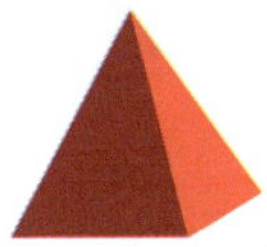	pirâmide de base quadrada			
	paralelepípedo			

2. Observe os sólidos e analise se as afirmativas abaixo são verdadeiras (**V**) ou falsas (**F**).

☐ O paralelepípedo tem o mesmo número de vértices que o cubo.

☐ A esfera tem 2 arestas.

☐ O cubo tem o mesmo número de faces que o paralelepípedo.

☐ A esfera não tem base.

3. Ligue cada sólido à sua vista superior.

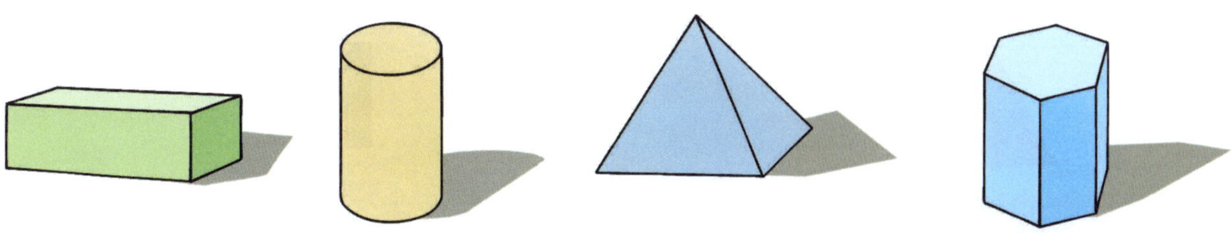

4. Observe a cena.

Ilustra Cartoon/Arquivo da editora

a) Assinale a vista que a menina tem das caixas que aparecem na cena acima.

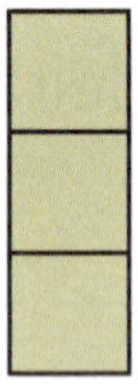 ☐ 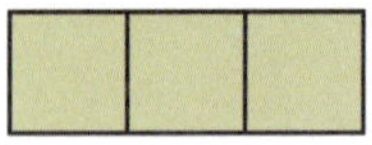 ☐ 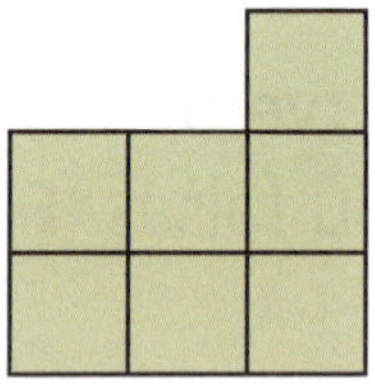 ☐

b) Agora assinale a vista que o menino tem.

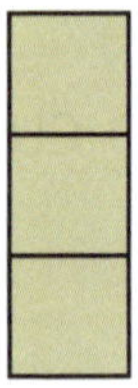 ☐ 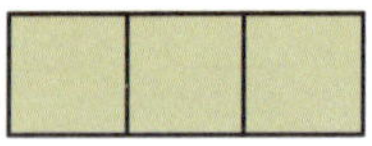 ☐ 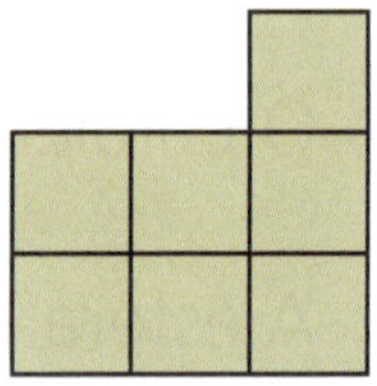 ☐

5. Relacione as colunas.

sólidos		vista lateral	
1		☐	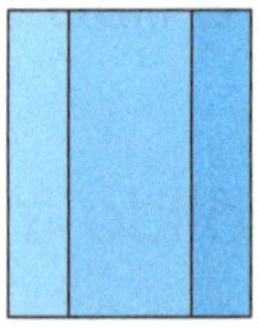
2	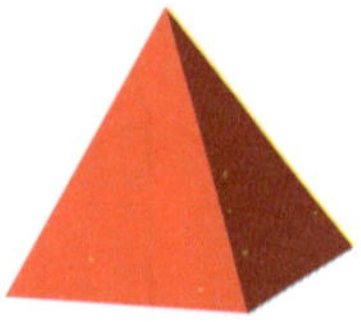	☐	
3		☐	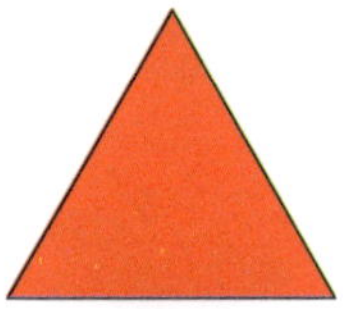
4		☐	

6. Observe a embalagem desmontada.

Ilustra Cartoon/ Arquivo da editora

- Agora, enumere a 2ª coluna de acordo com a 1ª.

1 	( ) 
2 	( ) 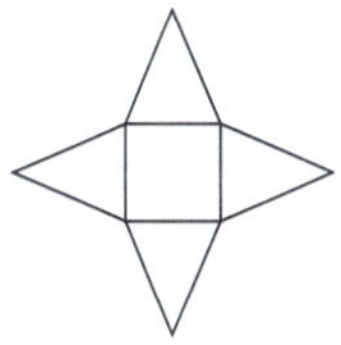
3 	( ) 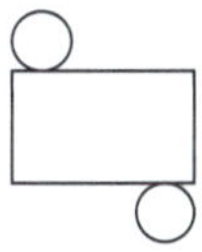
4 	( ) 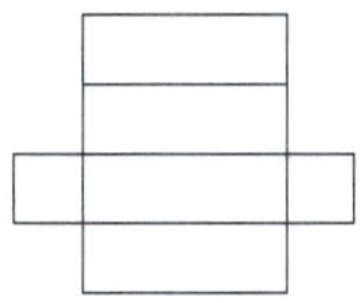
5 	( ) 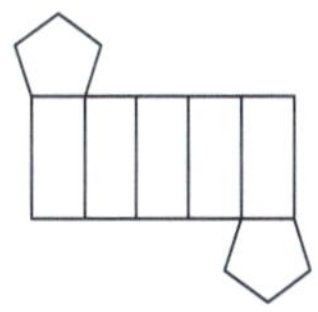

7. Observe a planta da casa de Verônica, vista de cima, sem telhado:

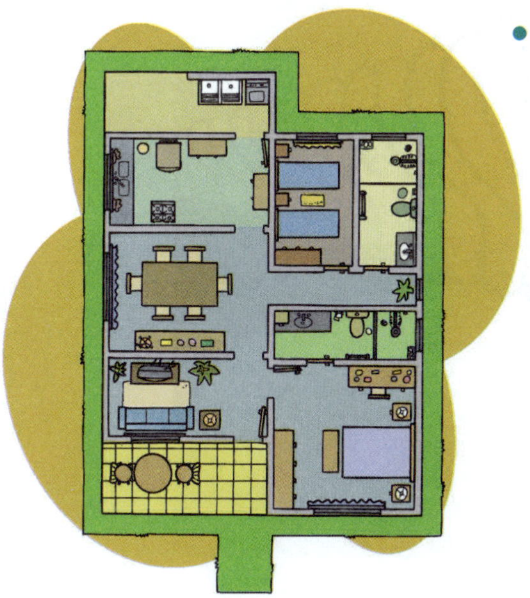

Ilustrações: MW Editora Ilustrações Ltda./Arquivo da editora

- Agora, responda:

a) Quantos quartos há na casa? ______

b) Quantas cadeiras há em volta da mesa da sala? ______

c) Quantas camas há no quarto das crianças? ______

d) A mesa da varanda é quadrada ou redonda? ____________________

Linhas abertas e linhas fechadas

Observe os quadros e tente descobrir onde há linhas abertas e onde há linhas fechadas.

Fotos: Reprodução/cedida por Tarsila Educação/<www.tarsiladoamaral.com.br>

Paisagem rural, de Tarsila do Amaral, 1924.

O sono, de Tarsila do Amaral, 1928.

Linhas abertas simples e linhas abertas não simples

As **linhas abertas simples** não apresentam cruzamentos.

As **linhas abertas não simples** apresentam cruzamentos.

Linhas fechadas simples e linhas fechadas não simples

As **linhas fechadas simples** não apresentam cruzamentos.

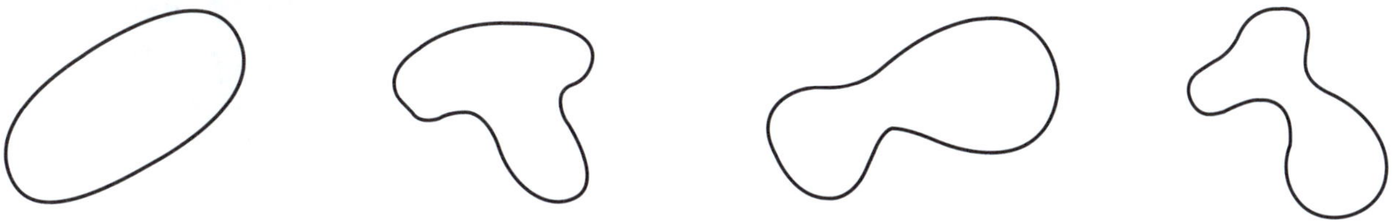

As **linhas fechadas não simples** apresentam cruzamentos.

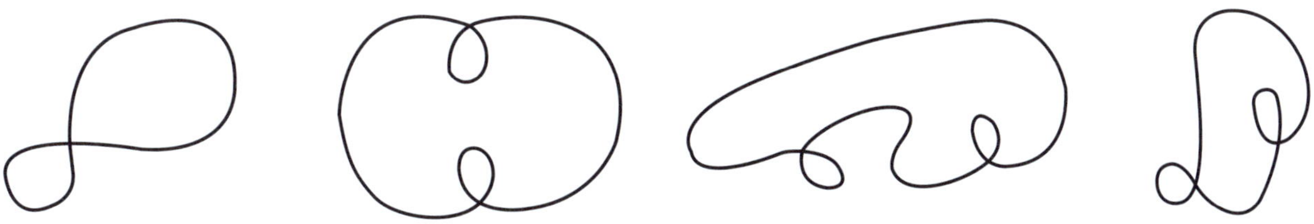

Região interna e região externa de uma linha fechada simples

O professor pediu à classe que desenhasse uma estrela no interior de uma linha fechada simples e uma flor no exterior.

Observe o trabalho de Jaqueline.

MW Editora Ilustrações Ltda./Arquivo da editora

1. Classifique os tipos de linhas em abertas ou fechadas.

Avalone/Arquivo da editora

____

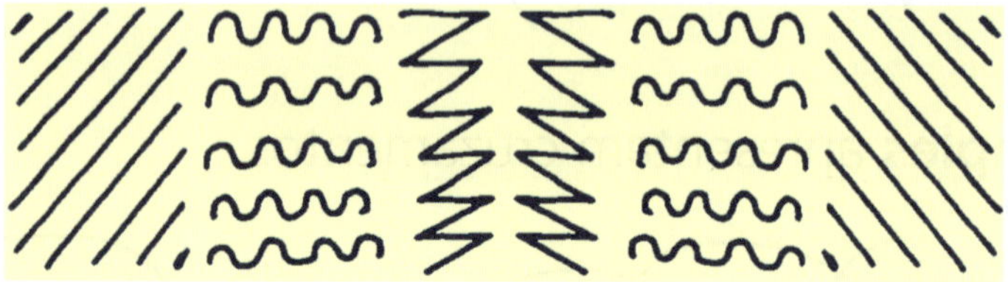

____

2. Complete.

Dynamic Graphics/Arquivo da editora

Flávia está pulando corda. Observe a corda.

Ela está formando uma linha ______________

______________________________.

3. Numere corretamente.

[1] linha aberta não simples

[2] linha fechada não simples

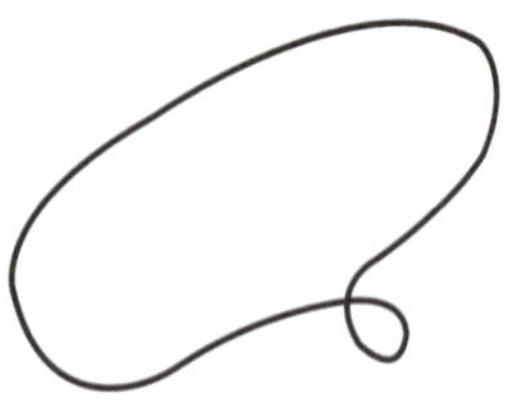
[ ]

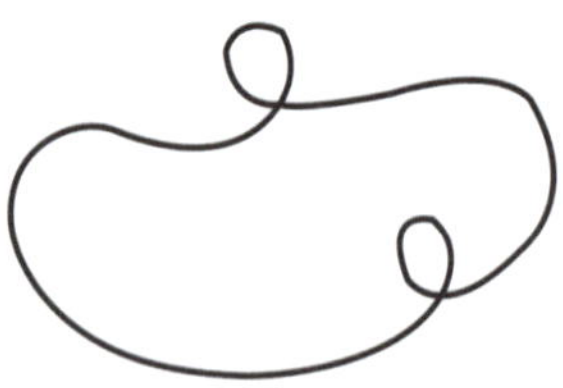
[ ]

[ ]

[ ]

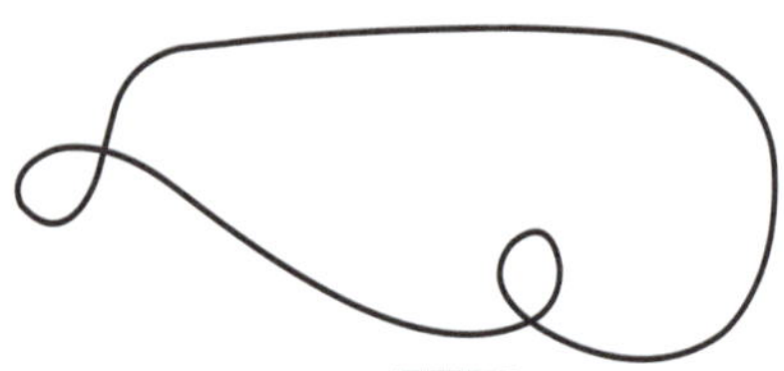
[ ]

4. Pinte a região externa de cada linha fechada simples.

5. Pinte a região interna de cada linha fechada simples.

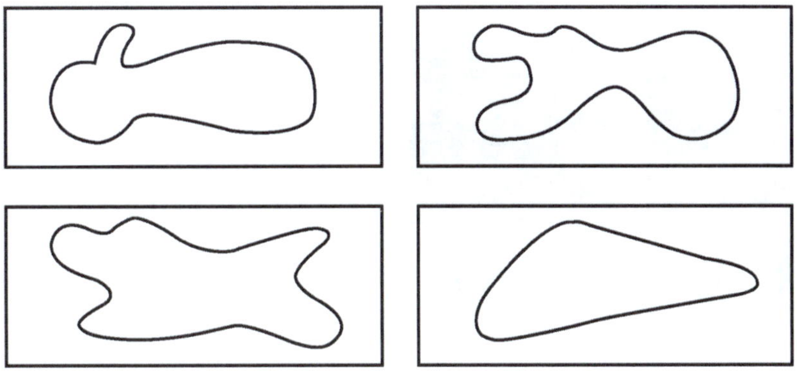

6. Coloque na tabela correspondente o nome das figuras que estão no **interior** da linha fechada simples e das que estão no **exterior** dessa linha.

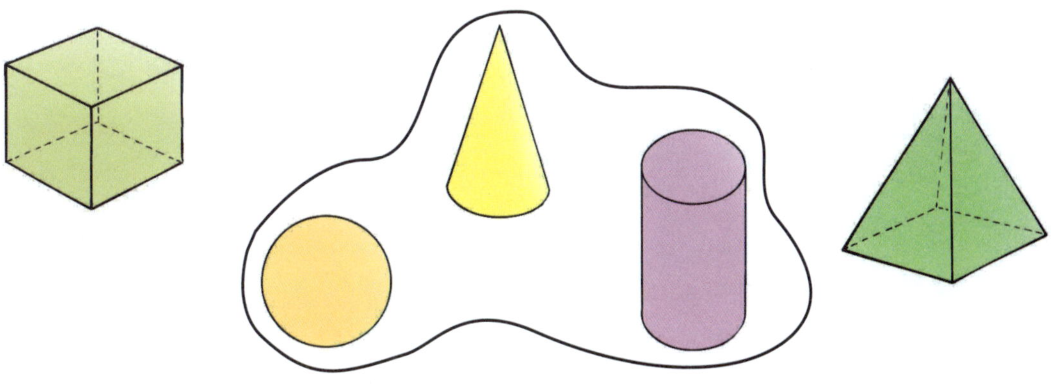

interior	exterior

Linhas retas e linhas curvas

Ilustrações: Ilustra Cartoon/Arquivo da editora

Uma corda bem esticada nos dá a ideia de **linha reta**.

Dex Image/Getty Images

Agora a corda nos dá a ideia de **linha curva**.

Veja Ofélia e Tadeu voltando da escola a pé.

- Responda:

a) O caminho que Ofélia percorre é uma linha:

☐ reta ☐ curva

b) O caminho que Tadeu percorre é uma linha:

☐ reta ☐ curva

1. Continue desenhando e pintando os mosaicos.

2. Adriano fez desenhos usando apenas linhas curvas. Betânia usou apenas linhas retas. Circule de vermelho os desenhos de Adriano e de preto os desenhos de Betânia.

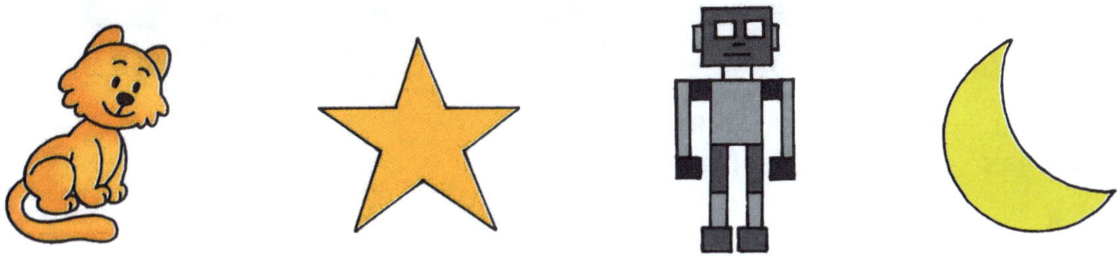

Ilustrações: MW Editora Ilustrações Ltda./ Arquivo da editora

3. Faça um desenho usando linhas retas e outro desenho usando linhas curvas.

4

Sistema monetário brasileiro

Cada povo tem seu dinheiro. Nos Estados Unidos, por exemplo, usa-se o dólar. O euro é usado em vários países da Europa.

No Brasil usamos o **real**. Nosso dinheiro se apresenta de duas formas: cédulas e moedas.

Cédulas

R$ 2,00
dois reais

R$ 5,00
cinco reais

R$ 10,00
dez reais

R$ 20,00
vinte reais

R$ 50,00
cinquenta reais

R$ 100,00
cem reais

Moedas

R$ 0,01
um centavo

R$ 0,05
cinco centavos

R$ 0,10
dez centavos

R$ 0,25
vinte e cinco centavos

R$ 0,50
cinquenta centavos

R$ 1,00
um real

Fotos: Reprodução/Casa da Moeda do Brasil/Ministério da Fazenda

Observe que antes do valor das cédulas e moedas usamos **R$**.

R$ é o símbolo do real.

1 real é dividido em 100 partes iguais.

Cada uma dessas partes chama-se **centavo**.

100 centavos correspondem a 1 real.

- Observe a tabela da cantina da escola de Marcos.

cachorro-quente.	R$ 1,50	chocolate	R$ 1,20
misto-quente......	R$ 1,80	suco de laranja ...	R$ 1,50
biscoito	R$ 1,60	outros sucos	R$ 2,50
maçã....................	R$ 1,00	chiclete................	R$ 0,20

MW Editora Ilustrações Ltda./Arquivo da editora

a) Escreva por extenso os preços:

- do suco de laranja: ______________________
- do biscoito: ______________________
- da maçã: ______________________
- do chiclete: ______________________

b) Marcos levou estas moedas para comprar seu lanche na cantina:

Fotos: Reprodução/Casa da Moeda do Brasil/Ministério da Fazenda

- Quanto reais Marcos levou? ______________________
- Marcos comeu um cachorro-quente e tomou um suco de laranja. Quanto ele gastou? ______________________
- Marcos também queria comprar um chiclete. Quanto lhe falta? ________

c) Agora veja a quantia que Renata levou para o lanche e responda:

- Quanto Renata levou? ______________________
- Renata comprou um pacote de biscoito e uma maçã. Com a quantia que restou ela poderá pedir um suco de laranja? ________
- Quanto falta para ela poder comprar o suco de laranja? ________

5

Operações com números naturais

Adição (sem reagrupamento)

Vamos lembrar as ideias da adição?

- Juntar quantidades.

Quantos pontos eu marquei jogando dois dados?

Veja como podemos registrar:

5 pontos mais 3 pontos são 8 pontos.	Adição $5 + 3 = 8$

- Acrescentar uma quantidade a outra já existente.

Quantos ovos há na caixa?

Ilustrações: Ilustra Cartoon/Arquivo da editora

Quantos ovos é preciso acrescentar para formar uma dúzia, ou seja, 12 ovos?

Veja como se escreve essa adição:

$9 + 3 = 12$ ou $3 + 9 = 12$

A ideia de juntar

Amélia é dona de uma banca de jornais. Pela manhã ela recebeu muitos exemplares de revistas. Ela vendeu 34 e ainda sobraram 25. Quantas revistas Amélia recebeu de manhã?

- Esse problema pode ser resolvido por meio de uma adição:

  34 + 25 = 59

  Usando o material dourado:

	dezenas	unidades
34	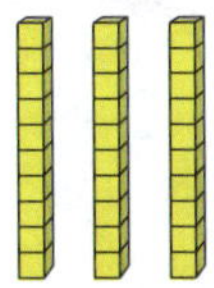	
25	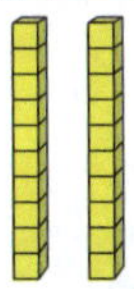	
total	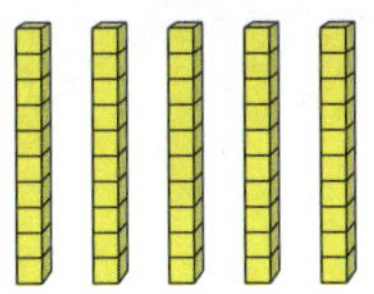	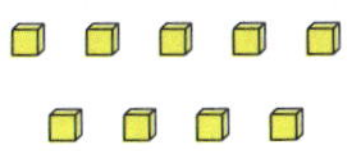
	50	9

→ 59

Veja, agora, o cálculo dessa soma de outro modo:

D	U
3	4
+ 2	5
5	9

$$\begin{array}{r} 3\ 4 \\ +\ 2\ 5 \\ \hline 5\ 9 \end{array}$$

3 4 — parcela
+ 2 5 — parcela
5 9 — soma ou total

> A adição é uma operação matemática.
> É indicada pelo sinal +, que quer dizer **mais**.

Nesse exemplo, 34 e 25 são as **parcelas**, isto é, os elementos que são somados. E 59 é o resultado, ou seja, a **soma** ou o **total**.

A ideia de acrescentar

Uma das tarefas da gincana realizada na escola de Mariana era recolher brinquedos para serem doados a um abrigo. A turma do 3º ano A arrecadou 43 brinquedos e a do 3º ano B conseguiu 52. Quantos brinquedos foram doados ao abrigo?

Ilustra Cartoon/Arquivo da editora

Para saber quantos brinquedos foram doados, é preciso juntar o número de brinquedos arrecadados pelo 3º ano A com o número de brinquedos recolhidos pelo 3º ano B.

Representando as quantidades:

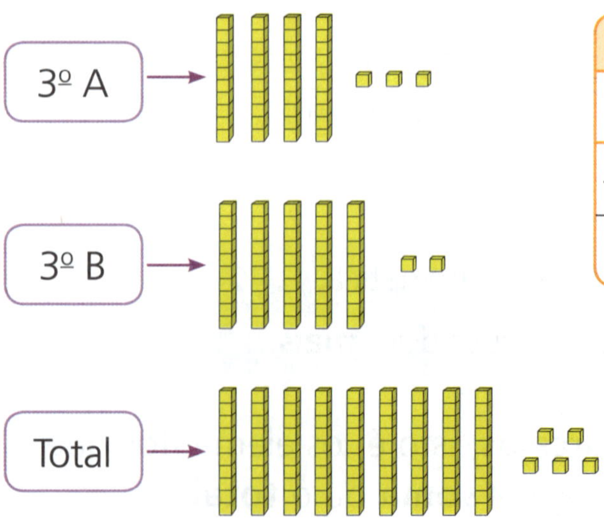

No quadro de ordens:

D	U
4	3
+ 5	2
9	5

Na prática:

$$\begin{array}{r} 43 \\ +\ 52 \\ \hline 95 \end{array}$$

Outra tarefa da gincana era recolher alimentos não perecíveis para serem doados.

As turmas do 4º ano recolheram 95 quilos de alimento, e as do 5º ano, 103 quilos. Quantos quilos de alimento serão doados ao todo?

Ilustra Cartoon/Arquivo da editora

Representando as quantidades:

4º ano →

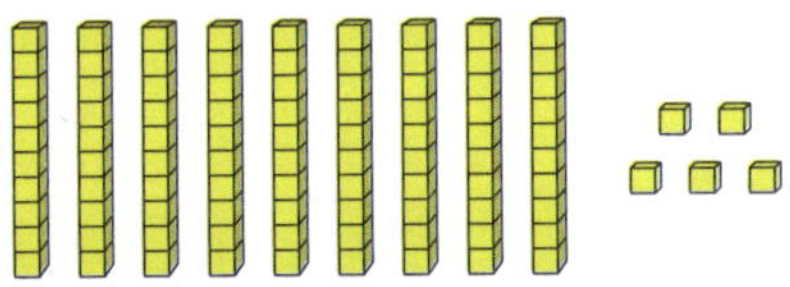

5º ano →

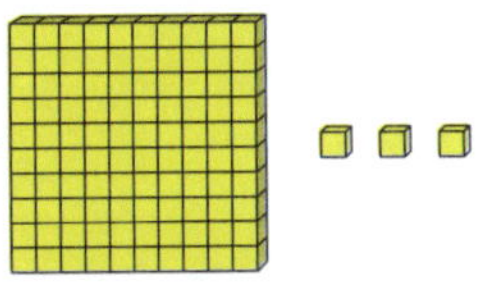

Total →

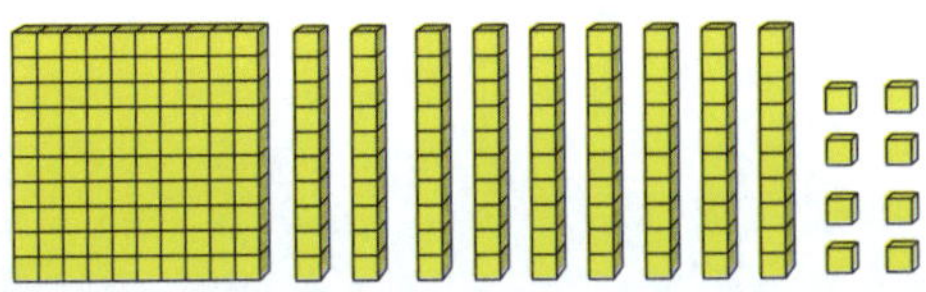

No quadro de ordens:

C	D	U
	9	5
+ 1	0	3
1	9	8

Na prática:

$$\begin{array}{r} 95 \\ +103 \\ \hline 198 \end{array}$$

Para efetuar uma adição, colocamos unidade embaixo de unidade, dezena embaixo de dezena, centena embaixo de centena. Em seguida, somamos unidade com unidade, dezena com dezena e centena com centena.

1. Arme e efetue no quadro de ordens.

6 + 3 = ______

C	D	U
+		

65 + 23 = ______

C	D	U
+		

135 + 223 = ______

C	D	U
+		

2. Arme e efetue as adições.

a) 4 + 8 + 6 = ______

b) 632 + 130 + 25 = ______

c) 132 + 42 + 4 = ______

d) 450 + 121 + 218 = ______

e) 223 + 42 + 4 = ______

f) 812 + 151 + 23 = ______

g) 417 + 202 = ______

h) 246 + 203 = ______

i) 43 + 21 + 12 = ______

j) 5 + 341 + 232 = ______

3. A tabela a seguir mostra as frutas que há na barraca de um feirante.

graviola	cajá	abacaxi
121	232	343

- Escreva no quadro de ordens quantas graviolas, cajás e abacaxis há na barraca. Em seguida, calcule quantas frutas há no total.

  Há ________ frutas no total.

	C	D	U
graviola			
cajá			
abacaxi			
total			

4. Observe a seguinte conta que a professora de Lucas deu à turma como lição de casa.

52 + 46

Ilustra Cartoon/Arquivo da editora

Para resolver a conta Lucas decompôs os números. Somou dezena com dezena e unidade com unidade.

a) Registre a estratégia que Lucas usou para fazer a adição.

b) Usando a mesma estratégia de Lucas, efetue as adições:

- 26 + 12
- 71 + 15
- 42 + 55

Adição (com reagrupamento)

Eduardo comprou 65 bolinhas de gude e Márcia comprou 26. Eles compraram ao todo:

65 + 26 = 91 (bolinhas de gude)

Rubens Chaves/Arquivo da editora

Vamos usar o material dourado para representar a quantidade de bolinhas que cada criança comprou. Em seguida, podemos fazer a adição.

Ilustra Cartoon/Arquivo da editora

	C	D	U
65 → 6 D + 5 U		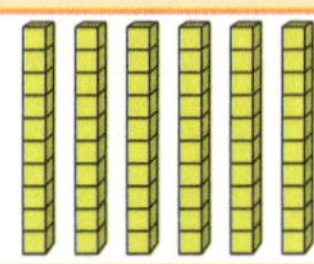	
26 → 2 D + 6 U		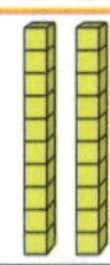	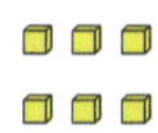
8 D + 11 U		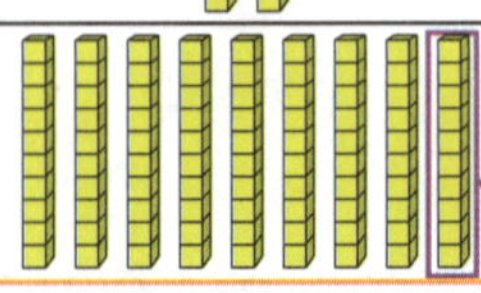	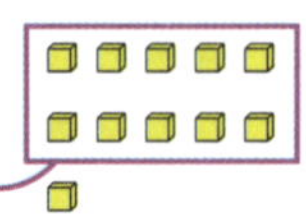
91		9	1

Ao somar as unidades (5 + 6), obtivemos 11. E então 10 unidades foram trocadas por 1 dezena.

Veja como essa adição é feita na prática.

$5 + 6 = 11$

11 unidades ⟶ 1 dezena e 1 unidade

Colocamos 1 unidade na ordem das unidades. E 1 dezena vai para a ordem das dezenas.

Adicionamos 1 dezena do "vai 1" + 6 dezenas + 2 dezenas ⟶ ⟶ 9 dezenas.

C	D	U
	①6	5
+	2	6
	9	1

Na prática:

```
 ①
  6 5
+ 2 6
-----
  9 1
```

10 unidades ⟶ 1 dezena

Ao completar 10 unidades, 1 dezena vai para a ordem das dezenas.

10 dezenas ⟶ 1 centena

Ao completar 10 dezenas, 1 centena vai para a ordem das centenas.

1. Agora é a sua vez. Efetue as adições desta corrida. Vence o carro que primeiro ultrapassar o número 100.

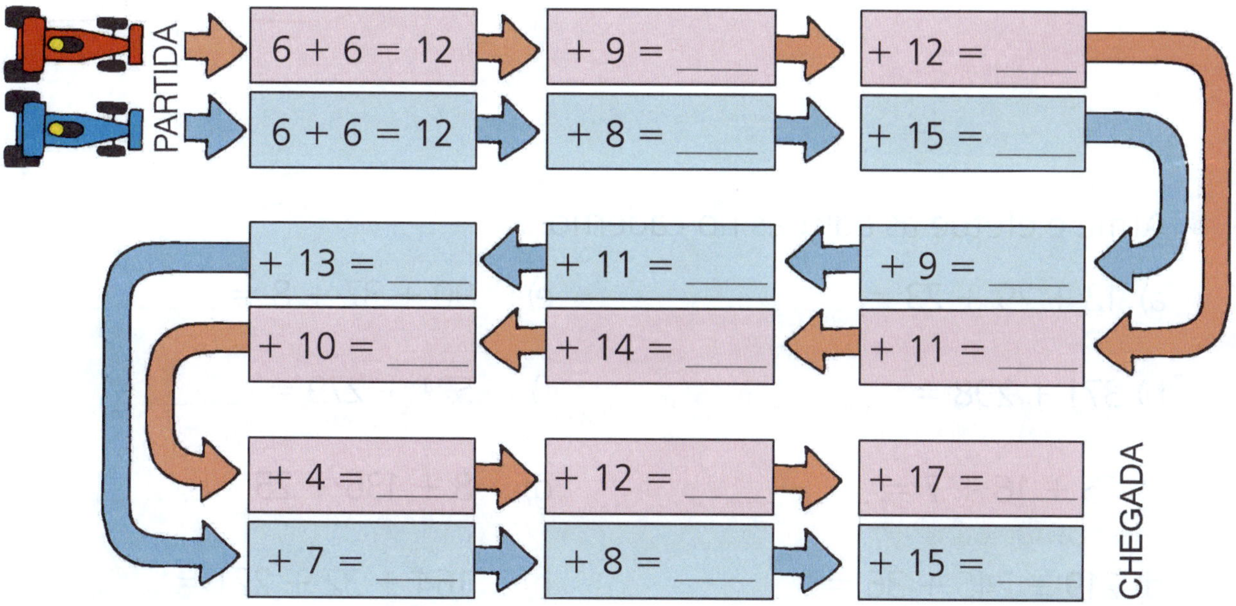

Avalone/Arquivo da editora

2. Faça as trocas necessárias e efetue as adições.

33 → 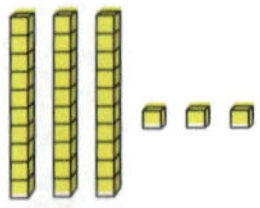

38 → 

D	U
3	3
+ 3	8

234 → 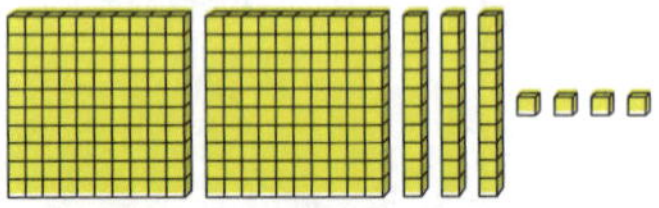

173 → 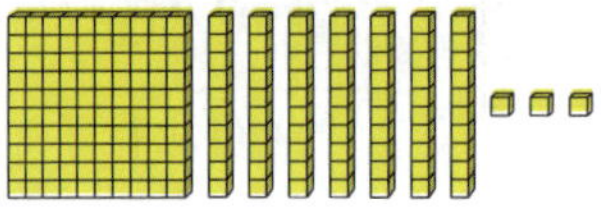

C	D	U
2	3	4
+ 1	7	3

167 → 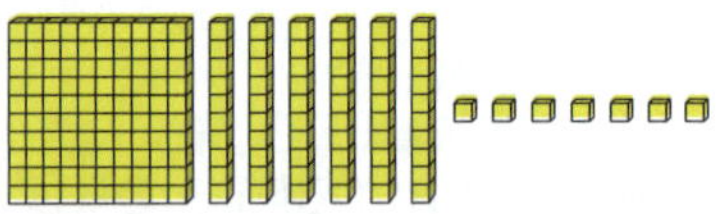

36 → 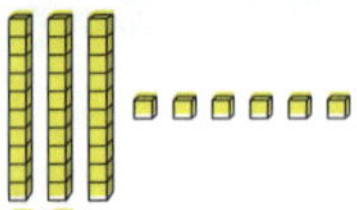

29 → 

C	D	U
1	6	7
	3	6
+	2	9

3. Arme e efetue as adições no caderno.

a) $12 + 29 + 23 =$ ________

b) $371 + 298 =$ ________

c) $75 + 16 + 7 =$ ________

d) $219 + 245 + 36 =$ ________

e) $90 + 37 + 8 =$ ________

f) $521 + 279 =$ ________

g) $8 + 136 + 25 =$ ________

h) $164 + 32 + 221 =$ ________

4. Leve o cachorro até o osso passando somente pelas casas numeradas com os resultados encontrados nas adições da atividade 3 da página anterior.

MW Editora Ilustrações Ltda./Arquivo da editora

Se o cachorro chegou até o osso, você acertou todas as adições. Se parou em algum lugar, refaça as contas que você errou para encontrar os números que indicam o caminho.

Subtração (sem reagrupamento)

Você já sabe que usamos a operação chamada **subtração** para tirar uma quantidade de outra.

Ao resolver problemas do dia a dia, é possível perceber que a subtração liga-se a três ideias:

Ideia de retirar

QUANTO RESTA?

De uma embalagem com 12 ovos, 2 estavam quebrados. Quantos ovos foram aproveitados?

Ilustrações: MW Editora Ilustrações Ltda./Arquivo da editora

$12 - 2 = 10$

Foram aproveitados 10 ovos.

Ideia de completar

QUANTO FALTA?

Nesta página do álbum cabem 8 figurinhas. Danilo colou 2 figurinhas. Quantas faltam para a página ficar completa?

$8 - 2 = 6$

Faltam 6 figurinhas para a página ficar completa.

Ideia de comparar

QUANTO A MAIS?

Juca tem 13 bolinhas de gude. Luís tem 11. Quantas bolinhas Juca tem a mais que Luís?

$13 - 11 = 2$

Juca tem 2 bolinhas a mais que Luís.

Veja agora um cálculo de subtração no quadro de ordens e no modo prático:

28 →

15 →

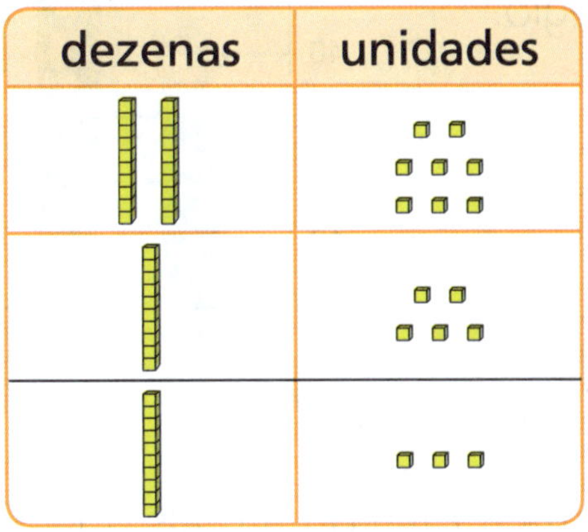

Depois de subtrair as quantidades, encontramos o resto ou a diferença.

1 3

D	U
2	8
− 1	5
1	3

$$\begin{array}{r} 2\ 8 \\ -\ 1\ 5 \\ \hline 1\ 3 \end{array}$$

2 8 — minuendo

− 1 5 — subtraendo

1 3 — diferença

Em uma subtração, ao armar a operação na vertical, as unidades devem ficar embaixo das unidades, as dezenas embaixo das dezenas, as centenas embaixo das centenas.

Para fazer a operação, subtraia unidades de unidades, dezenas de dezenas e centenas de centenas.

Veja os exemplos:

7 − 5

C	D	U
		7
−		5
		2

26 − 15

C	D	U
	2	6
−	1	5
	1	1

248 − 136

C	D	U
2	4	8
−1	3	6
1	1	2

1. Agora é a sua vez de testar seus conhecimentos. Calcule e escreva os resultados.

MW Editora Ilustrações Ltda./Arquivo da editora

a) 60 − 40 = ________

b) 25 − 10 = ________

c) 58 − 8 = ________

d) 65 − 40 = ________

e) 86 − 36 = ________

f) 47 − 7 = ________

2. Observe no gráfico os pontos marcados na gincana pelas turmas de 3º ano de um colégio.

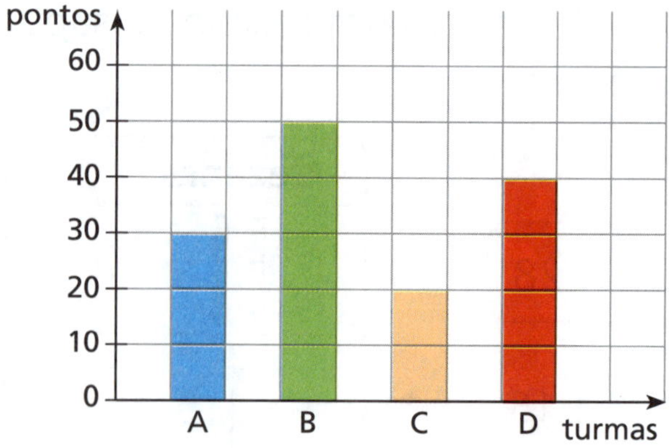

- Responda:

a) Que turma venceu a gincana? ________

b) Que turma marcou menos pontos? ________

c) Quantos pontos a turma B marcou a mais que a turma C?

____

d) Quantos pontos faltaram para a turma D empatar com a vencedora?

____

3. Tábata quer comprar uma boneca para sua filha, mas antes pesquisou o preço em três lojas diferentes.

MW Editora Ilustrações Ltda./Arquivo da editora

- Responda:

a) Que loja oferece o melhor preço? ________________

b) Tábata comprou a boneca na loja B, porque na loja C já havia acabado. Mas, se comprasse na loja A, quanto pagaria a mais pela boneca? ________________

c) Se, em vez de comprar na loja B, ela tivesse comprado a boneca na loja C, quanto teria economizado? ________________

4. Observe como Aline calcula as subtrações mentalmente.

Ilustrações: Ilustra Cartoon/Arquivo da editora

- Agora é a sua vez! Calcule mentalmente:

a) 485 – 242 = ________

b) 568 – 156 = ________

c) 737 – 204 = ________

d) 998 – 742 = ________

e) 645 – 321 = ________

f) 821 – 210 = ________

Subtração (com reagrupamento)

Sara tinha 45 chaveiros em sua coleção. Deu 17 a seu primo. Com quantos chaveiros Sara ficou?

$45 - 17 = (28)$ — chaveiros

Observe a seguir como Sara fez a subtração usando o material dourado.

45	4 D + 5 U
17	1 D + 7 U

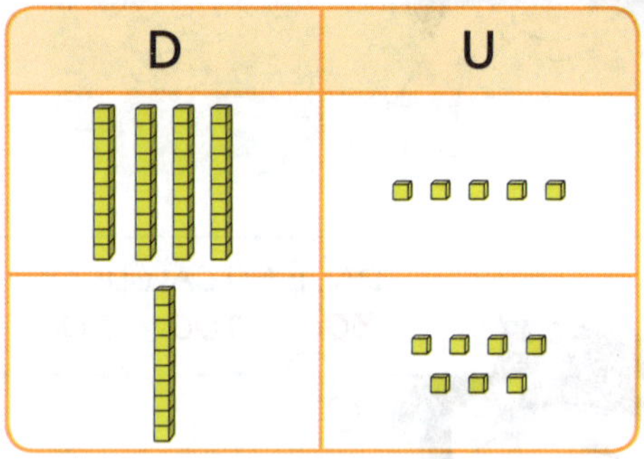

Ilustra Cartoon/Arquivo da editora

Veja como fazer a subtração de maneira prática:

D	U
4	5
−1	7
	?

→

D	U
(−1) 4	(10) 5
−1	7

→

D	U
3	15
−1	7
2	8

$$\begin{array}{r} {\scriptstyle (3)\,(1)} \\ \not{4}\,5 \\ -\;1\,7 \\ \hline 2\,8 \end{array}$$

Agora veja como Sara fez a subtração 965 – 494:

Ilustrações: Ilustra Cartoon/Arquivo da editora

C	D	U
9	6	5
– 4	9	4
	?	

$5 - 4 = 1$

C	D	U
(-1) 9	(10) 6	5
– 4	9	4
		1

C	D	U
8	16	5
– 4	9	4
4	7	1

1. Faça as trocas necessárias e efetue as subtrações.

C	D	U
	8	5
−	1	9

C	D	U
3	7	6
−	4	8

C	D	U
5	9	5
− 1	3	7

C	D	U
4	6	5
− 2	8	3

C	D	U
6	3	9
− 3	6	5

C	D	U
7	0	5
− 4	8	3

2. Qual é o balão de Eduardo? Faça as subtrações e siga as pistas para descobrir.

Ilustrações: Ilustra Cartoon/Arquivo da editora

a) O número do balão de Eduardo é maior que 200.

b) O número está entre 250 e 350.

c) O algarismo da ordem das dezenas é 8.

3. Vamos ver quem conseguirá levar Diana até a cesta resolvendo as subtrações corretamente? Seu professor vai estabelecer o tempo. Se terminar antes do tempo, levante o braço.

Sentimental Photos/Shutterstock/Glow Images

Aleksandr Markin/Shutterstock/Glow Images

4. Arme e efetue as subtrações no caderno. Depois, complete com as respostas.

a) 185 − 65 = ________

b) 240 − 130 = ________

c) 70 − 8 = ________

d) 421 − 265 = ________

e) 826 − 419 = ________

f) 952 − 90 = ________

g) 807 − 636 = ________

h) 700 − 226 = ________

Prova real da adição e da subtração

É possível usar a adição para conferir o resultado de uma subtração. E usar a subtração para conferir o resultado de uma adição.

Ilustrações: Ilustra Cartoon/Arquivo da editora

	C	D	U	
	2	4	3	minuendo
−	1	2	1	subtraendo
	1	2	2	resto ou diferença

	C	D	U	
	1	2	2	parcela
+	1	2	1	parcela
	2	4	3	soma ou total

C	D	U
2	5	6
+1	3	3
3	8	9

ou

C	D	U
3	8	9
−2	5	6
1	3	3

ou

C	D	U
3	8	9
−1	3	3
2	5	6

Agora é a sua vez! Efetue as operações e depois use a prova real para conferir os resultados.

$$\begin{array}{r} 426 \\ +135 \\ \hline \end{array}$$

$$\begin{array}{r} 123 \\ +234 \\ \hline \end{array}$$

$$\begin{array}{r} 248 \\ -136 \\ \hline \end{array}$$

$$\begin{array}{r} 325 \\ -118 \\ \hline \end{array}$$

Matemática e diversão

Conhecendo a calculadora

1. Responda oralmente:

Você já conhece esta pequena máquina que faz contas bem depressa, não?

Você já viu alguém usando calculadora? Em que situação?

Imagine que você aperte estas teclas da calculadora:

9 + 3 =

O que vai aparecer no visor? ______

Ingvar Bjork/Shutterstock/Glow Images

Aponte na calculadora acima a tecla que liga a máquina e a que desliga.

2. Pegue uma calculadora, pressione as teclas indicadas e complete a tabela abaixo com o número que aparece no visor. Os resultados obtidos só deverão ser apagados quando a tabela estiver totalmente preenchida.

teclas pressionadas	resultado obtido no visor
1 0 0 =	
+ 1 0 0 =	
+ 1 0 0 =	
+ 1 0 0 =	
+ 1 0 0 =	
+ 1 0 0 =	

De olho na resolução de problemas

Faça em seu caderno

Reprodução/Casa da Moeda do Brasil/Ministério da Fazenda

1. Este é o dinheiro que Vanessa tem:

- Responda por extenso:

a) Quantos reais Vanessa tem? ______

b) Se ela gastar 20 reais, com quanto ficará? ______

c) Em vez de gastar, se Vanessa ganhar mais 20 reais, com quanto ela ficará? ______

2. Na festa de encerramento da escola estavam presentes 304 pais, 160 alunos e 12 professores. Quantas pessoas foram a essa festa?

______

3. Para ganhar uma boneca no jogo de argolas de um parque de diversões, é preciso fazer 100 pontos ou mais jogando apenas 3 argolas. Observe o jogo de Natacha. Ela ganhou a boneca? Por quê?

MW Editora Ilustrações Ltda./Arquivo da editora

______

4. Gabriela comprou um tênis por R$ 90,00 e um relógio por R$ 70,00. Pagou com 4 cédulas de 50 reais. Quanto ela recebeu de troco?

______

5. No estacionamento de um supermercado, havia 285 carros. Na primeira hora, saíram 123 e chegaram 85. Quantos carros permaneceram estacionados?

______

Unidade

3

Geometria e operações com números naturais

Hagaquezart/Arquivo da editora

O QUE VOU ESTUDAR?

- Figuras geométricas
- Operações com números naturais (multiplicação e divisão)

6
Figuras geométricas

Observe estes objetos:

Ilustra Cartoon/Arquivo da editora

Que formas geométricas eles lembram?

Noção de polígono

Alguns objetos de nosso dia a dia lembram formas geométricas.

- Ligue os pontos seguindo a ordem alfabética. Use uma régua.

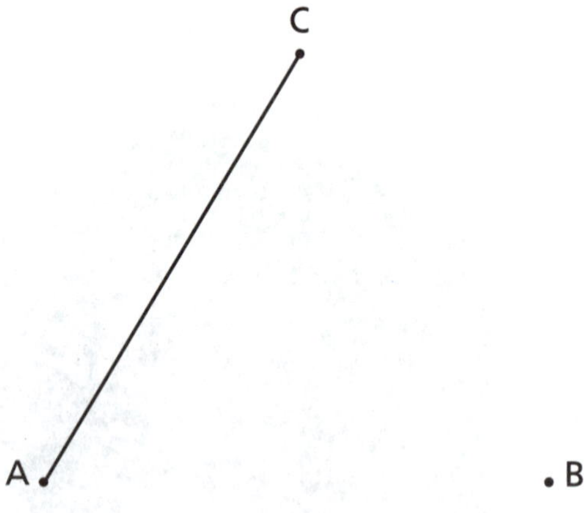

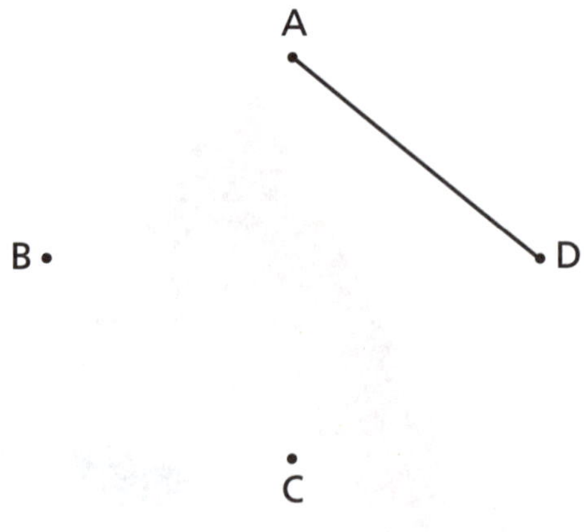

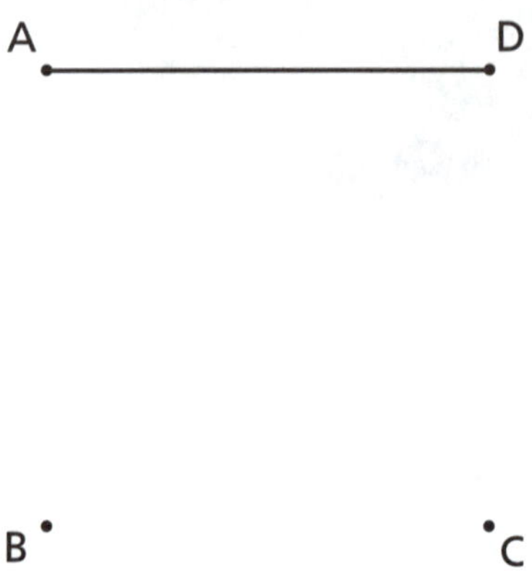

As figuras que você desenhou são chamadas **polígonos**.

Os pontos A, B, C e D são vértices dos polígonos.

Os polígonos recebem nomes diferentes de acordo com o número de lados.

Triângulos: polígonos de 3 lados e 3 vértices.

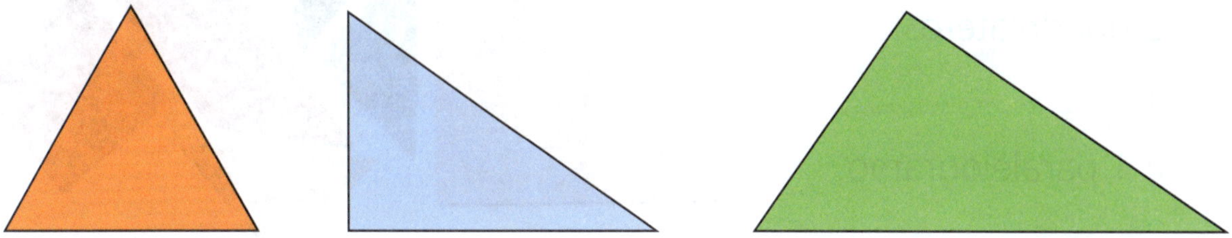

Quadriláteros: polígonos de 4 lados e 4 vértices.

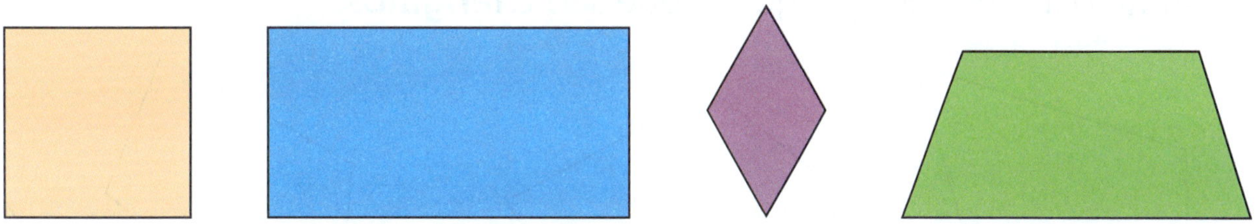

quadrado retângulo losango trapézio

Circunferência e círculo

Veja esta moeda:

Traçando seu contorno, temos:

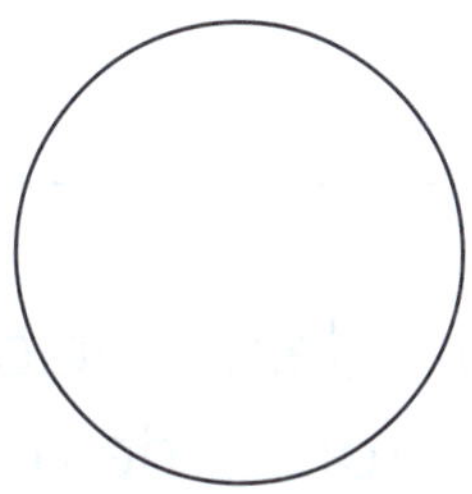

Esse contorno forma a **linha fechada simples** chamada **circunferência**.

A circunferência e sua região interior formam o **círculo**.

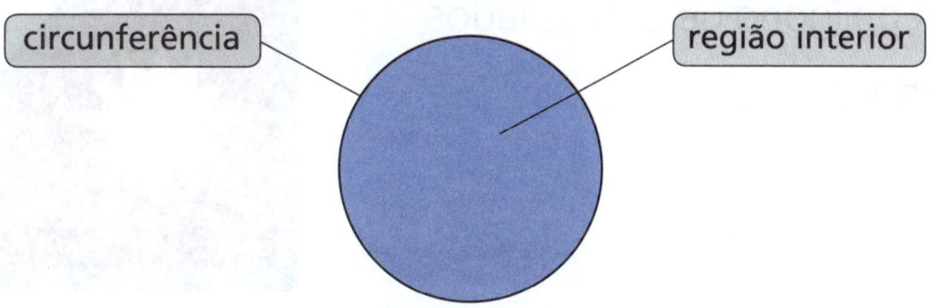

1. O tangram é um quebra-cabeça formado por 7 figuras geométricas planas. Observe-o e complete.

O tangram é formado

por ______ triângulos e

2 quadriláteros:

1 ________________

e 1 paralelogramo.

Peças do tangram

2. Pinte o interior dos polígonos que são **triângulos**.

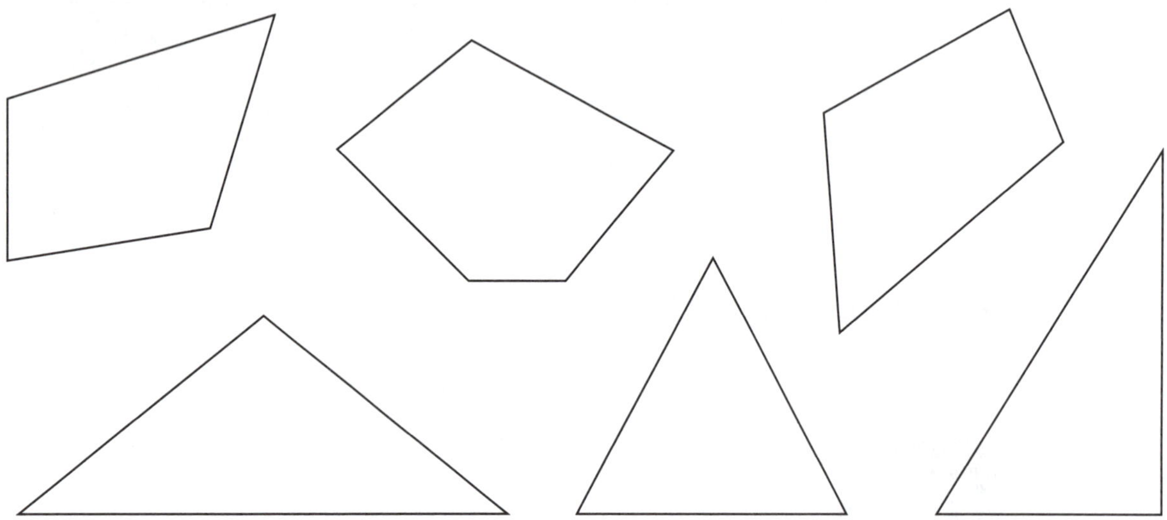

3. A única bandeira nacional que não tem a forma de um quadrilátero é a do Nepal, um país que fica na Ásia. Observe-a.

- A bandeira do Nepal é formada por um polígono de ______ lados chamado ________________.

4. Onde estão as figuras?

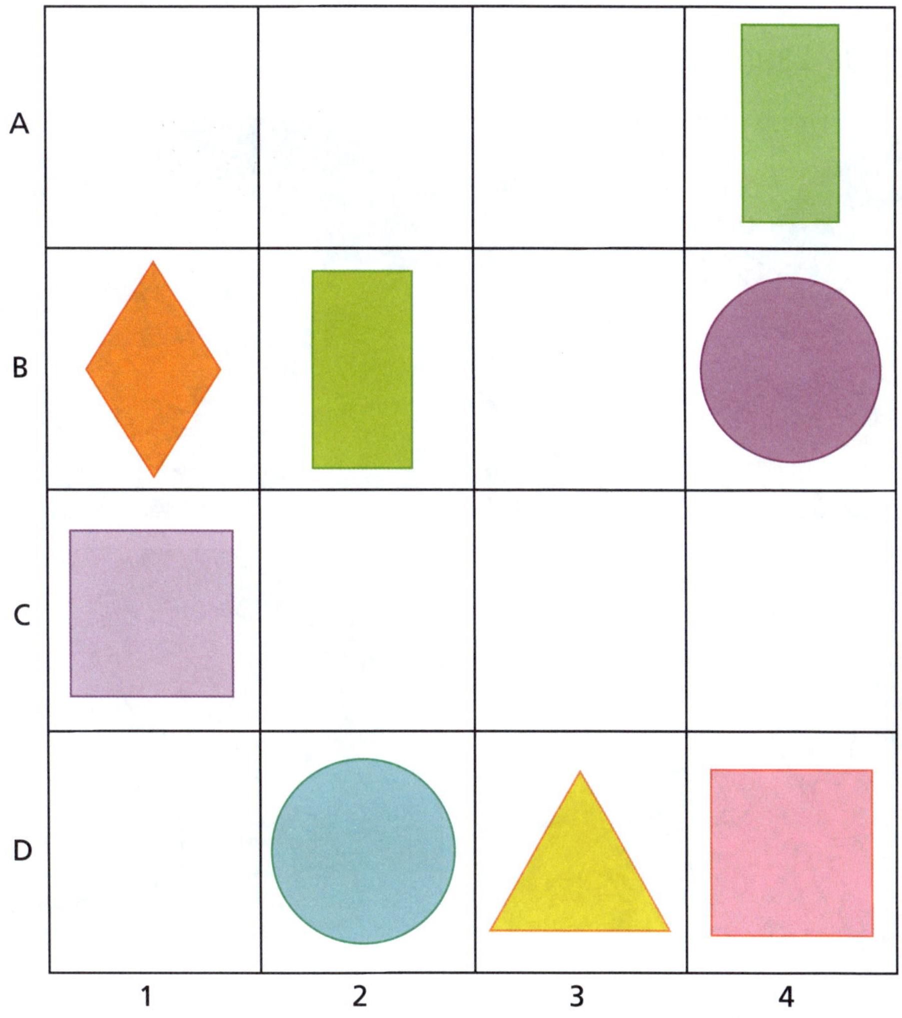

a) Em (2B) temos um retângulo. O outro está em ________.

b) O retângulo tem ________ lados e ________ vértices.

c) Em (3D) temos um ____________________. Desenhe outro triângulo em (2A).

d) O triângulo tem ________ lados e ________ vértices.

e) Em (2D) temos um ____________________. O outro está em ________.

f) Em (1C) temos um quadrado. O outro está em ________.

g) Em (1B) temos um losango. Desenhe outro losango em (3C).

h) O retângulo e o losango têm ________ lados e ________ vértices.

Simetria

Veja o que Laurinha aprendeu na aula de hoje:

Ilustrações: Ilustra Cartoon/Arquivo da editora

Laurinha levou seu trabalho para casa e mostrou a seu irmão.

Ao dobrar a figura dessa flor ao meio, as metades ficaram exatamente uma sobre a outra. Quando isso acontece, dizemos que a figura é simétrica ou que ela apresenta simetria.

A dobra (a linha azul) é o eixo de simetria.

1. Nas figuras abaixo há simetria?

Roberto Loffet/Arquivo da editora

PhotoDisc/Arquivo da editora

Rubens Chaves/Arquivo da editora

PhotoDisc/Arquivo da editora

2. A primeira figura já está com seu eixo de simetria traçado. Com o auxílio de uma régua trace o eixo de simetria das outras.

Ilustrações: Ilustra Cartoon/Arquivo da editora

7

Operações com números naturais

Multiplicação

Dona Bárbara comprou 5 cartelas com 6 botões em cada uma. Como fazer para calcular quantos botões ela comprou?

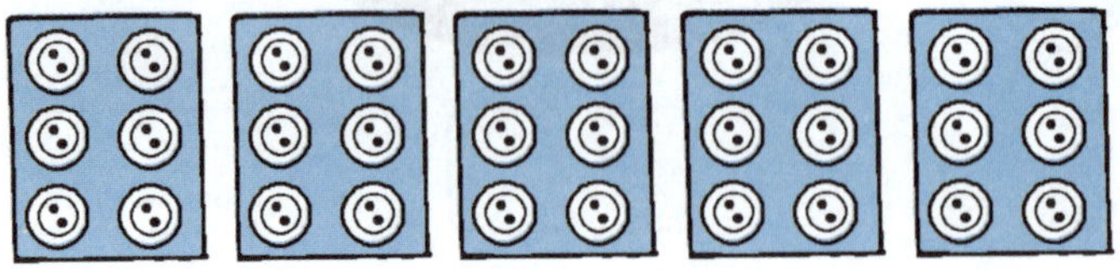

Avalone/Arquivo da editora

$$6 + 6 + 6 + 6 + 6 = 30$$

Nessa adição, as parcelas são iguais. Uma adição de parcelas iguais pode ser transformada em **multiplicação**:

$$5 \times 6 = 30$$

Toda adição de parcelas iguais pode ser representada por uma multiplicação.

$4 + 4 + 4 = 12$ → $3 \times 4 = 12$

A multiplicação é indicada pelo sinal ×, que quer dizer **vezes**.

Os termos da multiplicação são:

4	→ **multiplicando**	fatores
× 3	→ **multiplicador**	fatores
12	→ **produto**	

O **multiplicando** indica a quantidade que vai ser repetida, isto é, a parcela.

O **multiplicador** indica quantas vezes a quantidade vai ser repetida, isto é, o número de vezes que a parcela se repete.

O **produto** é o resultado da multiplicação.

O multiplicando e o multiplicador são chamados **fatores da multiplicação**.

1. Efetue as adições e transforme-as em multiplicações.

a) $3 + 3 =$ ______ ou ______ $\times$ ______ $=$ ______

b) $5 + 5 + 5 =$ ______ ou ______ $\times$ ______ $=$ ______

c) $7 + 7 + 7 + 7 =$ ______ ou ______ $\times$ ______ $=$ ______

d) $4 + 4 + 4 + 4 + 4 + 4 =$ ______ ou ______ $\times$ ______ $=$ ______

e) $8 + 8 + 8 + 8 + 8 =$ ______ ou ______ $\times$ ______ $=$ ______

f) $9 + 9 + 9 + 9 =$ ______ ou ______ $\times$ ______ $=$ ______

2. Observe as imagens e escreva as adições e as multiplicações correspondentes.

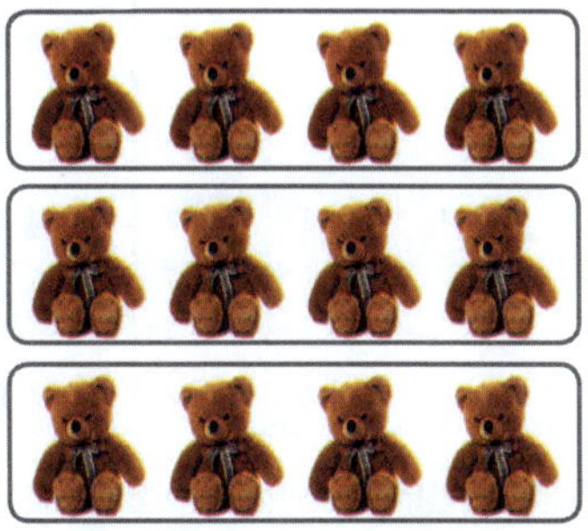

Maksim Toome/Shutterstock/Glow Images

______ $+$ ______ $+$ ______ $=$ ______

ou ______ $\times$ ______ $=$ ______

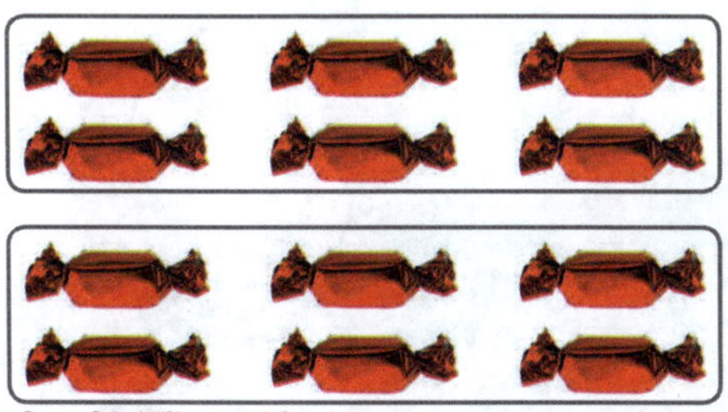

Renata Osinska/Shutterstock/Glow Images

______ $+$ ______ $=$ ______

ou ______ $\times$ ______ $=$ ______

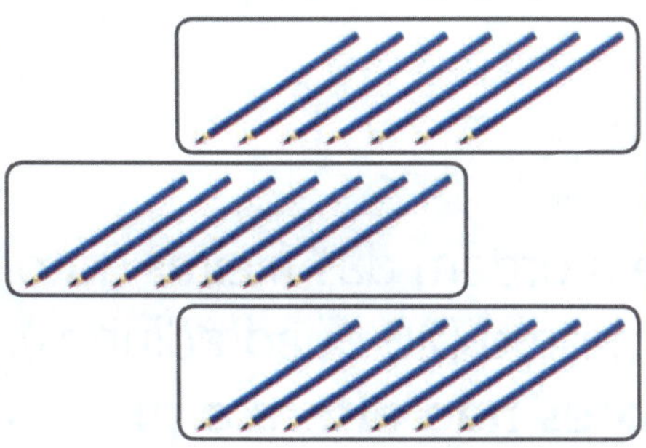

Aleksandr Bryliaev/Shutterstock/Glow Images

______ $+$ ______ $+$ ______ $=$ ______

ou ______ $\times$ ______ $=$ ______

Multiplicação: organização retangular

Na sala de aula de Fabrício, há 4 fileiras com 6 carteiras em cada uma. Quantas carteiras há na sala de aula?

$$6 + 6 + 6 + 6 = 24$$

ou

$$4 \times 6 = 24$$

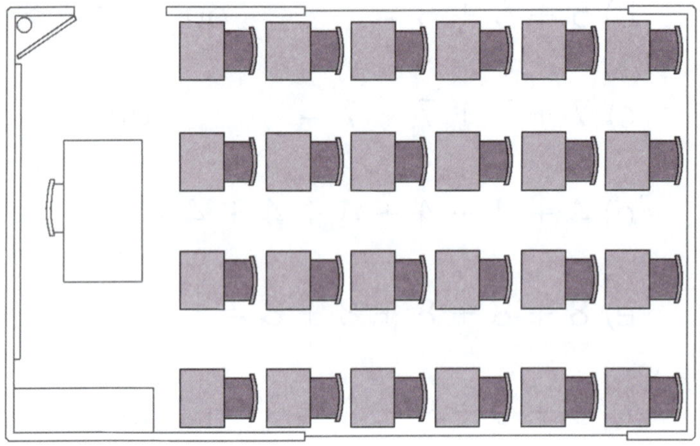

Há 24 carteiras na sala de aula.

Ordem dos fatores na multiplicação

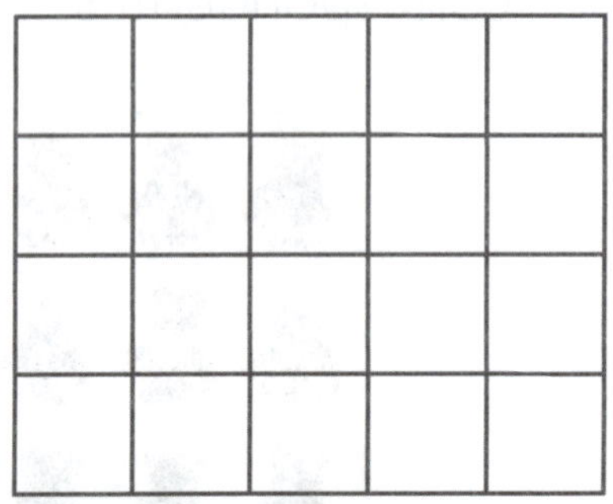

A professora pediu à classe que usasse a multiplicação para descobrir o número de quadradinhos da figura.

Juca e Mônica mostraram suas multiplicações para a classe:

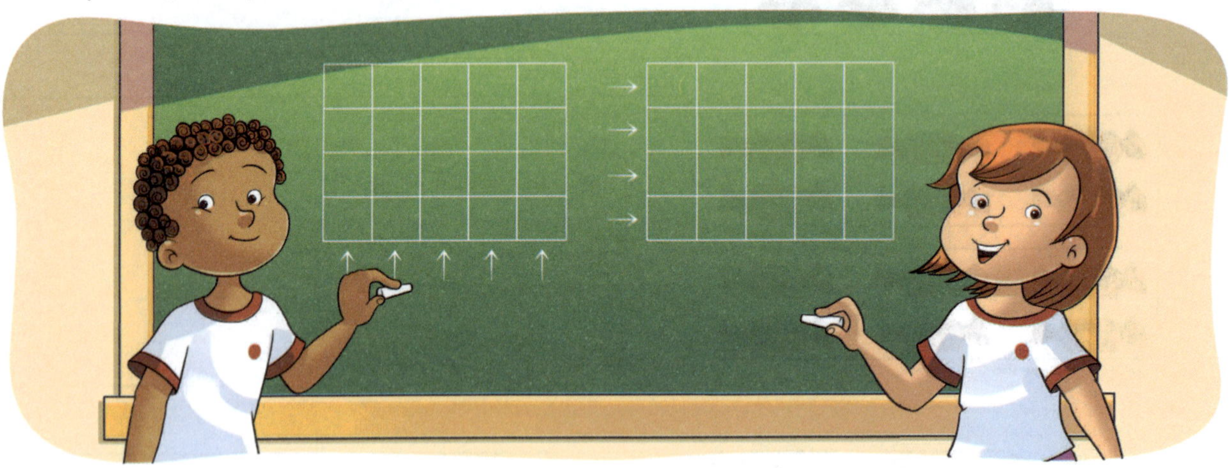

Ilustra Cartoon/Arquivo da editora

$5 \times 4 = 20$ $\quad$ $4 \times 5 = 20$

Seus colegas de classe observaram que a ordem das fileiras (fatores) foi trocada, mas o resultado continuou o mesmo (20 quadradinhos). Perceberam, assim, que **a ordem dos fatores não altera o produto**.

1. Complete e escreva a multiplicação adequada.

a) Quantas janelas há no prédio?

Ilustrações: Ilustra Cartoon/Arquivo da editora

_______ andares

_______ janelas por andar

_______ × _______ = _______

Há _______ janelas no prédio.

b) Quantos bombons há na caixa?

_______ fileiras

_______ bombons por fileira

_______ × _______ = _______

Há _______ bombons na caixa.

c) Quantos alunos há na classe?

_______ fileiras

_______ alunos por fileira

_______ × _______ = _______

Há _______ alunos na classe.

2. Escreva uma multiplicação para cada figura.

_______ × _______ = _______

_______ × _______ = _______

3. Descubra o número de quadradinhos de cada figura usando uma multiplicação.

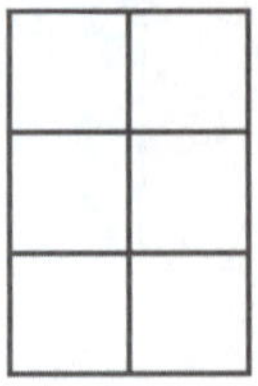

____ × ____ = ____

ou

____ × ____ = ____

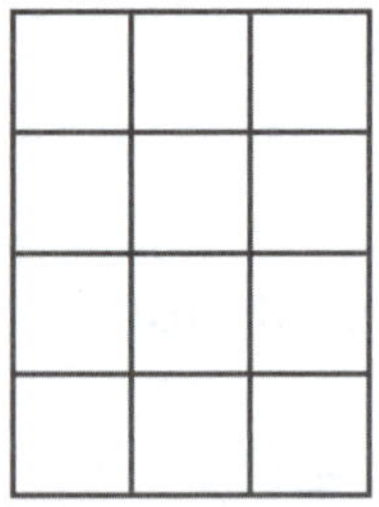

____ × ____ = ____

ou

____ × ____ = ____

4. Quantas figuras há no quadro? Calcule escrevendo as duas multiplicações correspondentes.

Ilustrações: Ilustra Cartoon/Arquivo da editora

____ × ____ = ____

ou

____ × ____ = ____

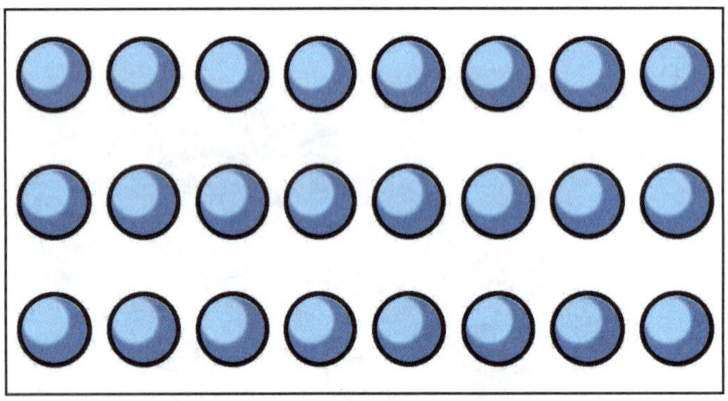

____ × ____ = ____

ou

____ × ____ = ____

5. Pinte os quadradinhos de acordo com a multiplicação indicada.

8×4

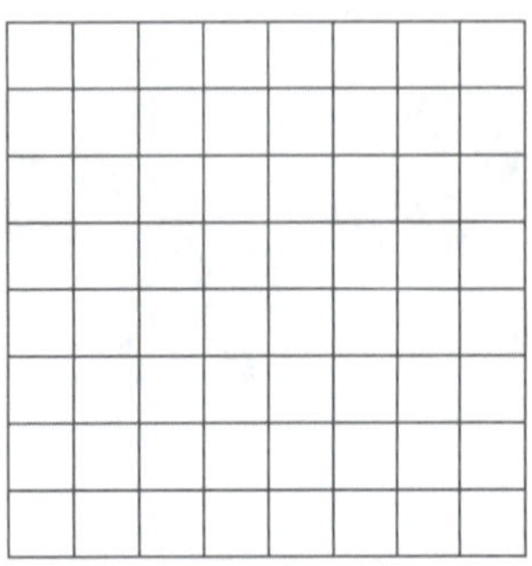

5×6

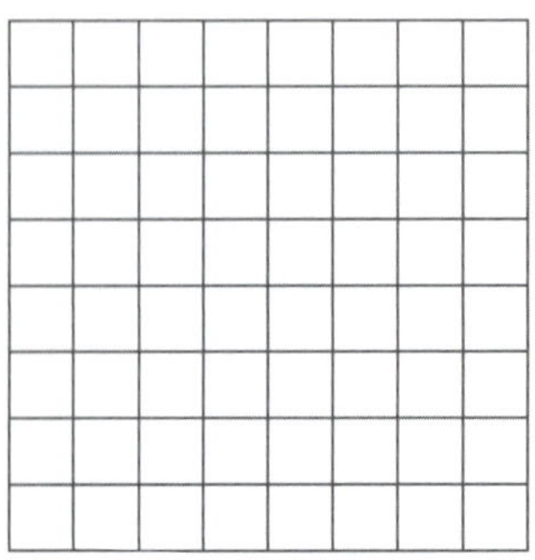

3×5

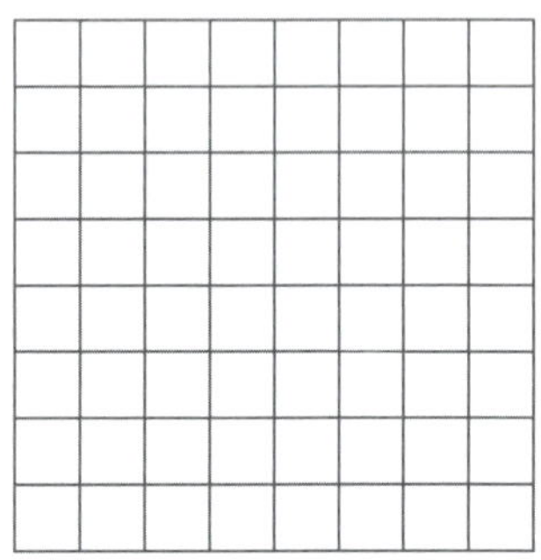

6. Escreva uma multiplicação para indicar o número de quadradinhos de cada cor.

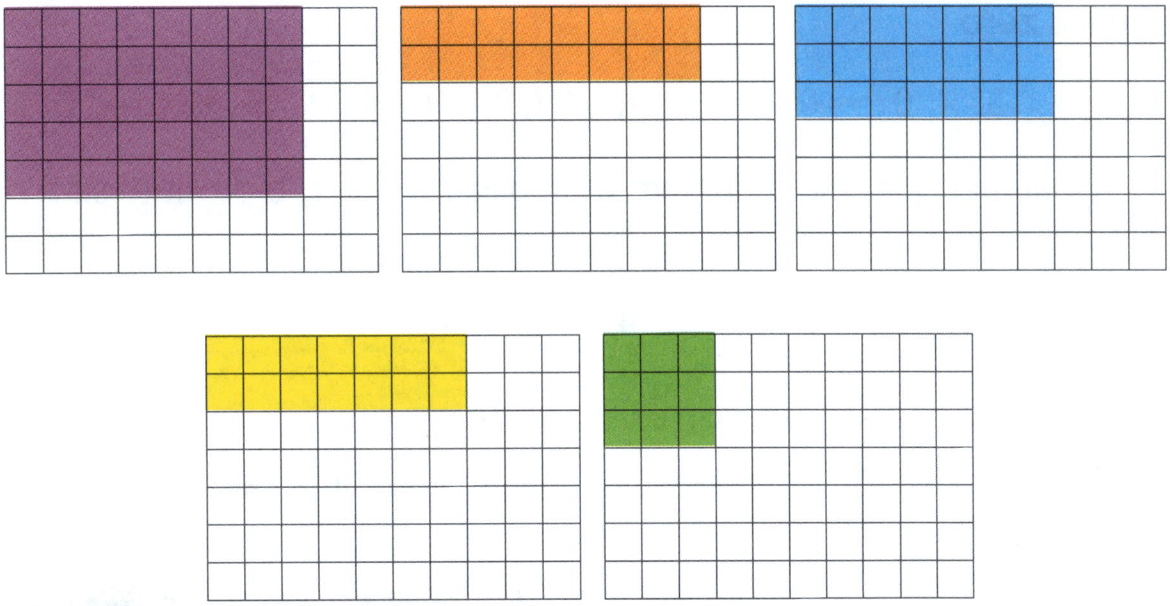

7. Desafio! Quantos quadradinhos foram apagados? Mostre como você descobriu.

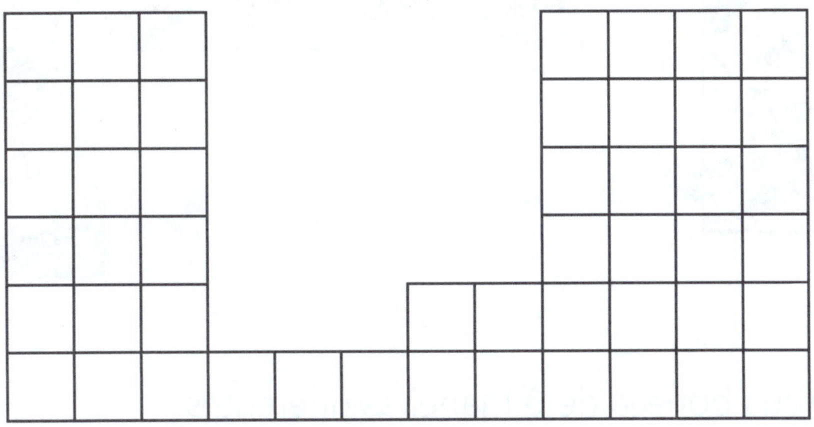

O zero e o um na multiplicação

Qualquer que seja o número multiplicado por zero, o produto será igual a **zero**.

$3 \times 0 = 0$ $4 \times 0 = 0$ $5 \times 0 = 0$

Qualquer que seja o número multiplicado por 1, o produto será o próprio número.

$2 \times 1 = 2$ $4 \times 1 = 4$ $5 \times 1 = 5$

Multiplicação: ideia combinatória

Regiane ganhou uma boneca que vem com uma cartela de roupas para serem trocadas.

Veja de quantas maneiras Regiane vestiu sua boneca:

Ilustrações: Ilustra Cartoon/Arquivo da editora

$$2 \times 3 = 6$$

Regiane vestiu sua boneca de 6 maneiras diferentes.

1. O time de futebol da escola de Gustavo tem 3 calções e 2 camisas diferentes. De quantas maneiras o time poderá se apresentar? Complete a tabela.

peças	camisa branca	camisa azul
calção branco		
calção azul		
calção vermelho		

O time poderá se apresentar de ______ maneiras diferentes.

2. Cristiane comprou um estojo de relógios com 3 mostradores e 5 pulseiras diferentes.

Ilustra Cartoon/Arquivo da editora

- Quantos relógios diferentes Cristiane poderá usar?

____

Multiplicação (sem reagrupamento)

Em cada uma destas 3 estantes de uma biblioteca estão guardados 123 livros.

Ilustrações: Ilustra Cartoon/Arquivo da editora

Quantos livros há nessa biblioteca?

Vamos resolver esse problema usando o quadro de ordens:

C	D	U
1	2	3
×		3
3	6	9

1º Multiplica-se 3 pela unidade: 3 × 3 U = 9 U

2º Multiplica-se 3 pela dezena: 3 × 2 D = 6 D

3º Multiplica-se 3 pela centena: 3 × 1 C = 3 C

Na prática:

$$\begin{array}{r} 1\,2\,3 \\ \times \quad\;\; 3 \\ \hline 3\,6\,9 \end{array}$$

Nessa biblioteca há 369 livros.

1. Agora é a sua vez de resolver algumas operações.

D	U
3	4
×	2

C	D	U
	9	2
×		2

C	D	U
2	1	2
×		4

2. Reciclar quer dizer transformar algo velho em novo.
Veja quantas garrafas de plástico uma fábrica recolheu para reciclar. Use a multiplicação para encontrar o total de garrafas em cada grupo.

a)  ____________________

b)  ____________________

c) 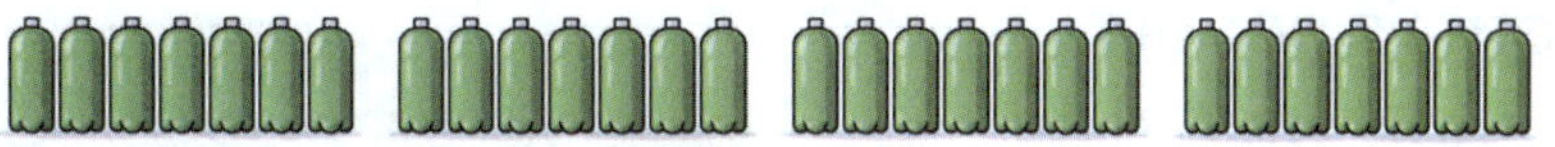 ____________________

d) 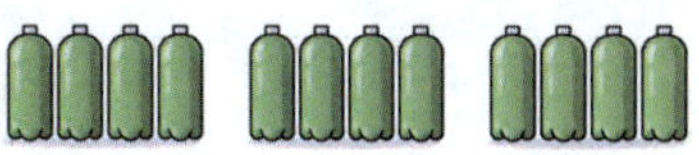 ____________________

3. Carlinha coleciona tampinhas coloridas de garrafas plásticas. Veja a coleção.

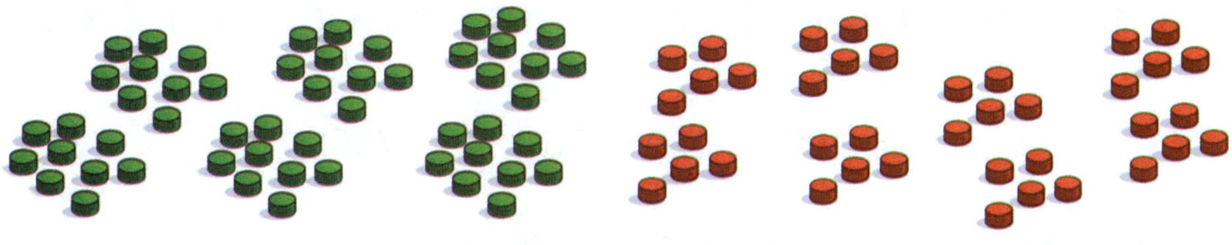

Ilustrações: Ilustra Cartoon/ Arquivo da editora

a) Há quantas tampinhas verdes? ____________________

b) E há quantas tampinhas vermelhas? ____________________

c) Quantas tampinhas verdes há a mais que vermelhas? ____________________

____

Multiplicação (com reagrupamento)

Jairo ganhou 24 pacotes com 3 figurinhas cada um.

Quantas figurinhas Jairo ganhou?

Vamos calcular 3 × 24 usando o quadro de ordens e o modo prático.

D	U
2	4
×	3
	?

$$\begin{array}{r} \textbf{D}\ \textbf{U} \\ 2\ 4 \\ \times\ \ \ 3 \\ \hline 1\ 2 \\ +\ 6\ 0 \\ \hline 7\ 2 \end{array}$$

3 × 4 U = 12 U → 1 D + 2 U

3 × 2 D = 6 D

$$\begin{array}{r} 2\ 4 \\ \times\ \ \ 3 \\ \hline 7\ 2 \end{array}$$

Juca vende 126 jornais por dia. Quantos jornais ele vende em 6 dias?

Ilustrações: MW Editora Ilustrações Ltda./ Arquivo da editora

Veja como podemos efetuar a multiplicação 6 × 126.

Decompondo o número 126, temos 126 = 100 + 20 + 6.

6 × 126 = 6 × (100 + 20 + 6) = 6 × 100 + 6 × 20 + 6 × 6 =

= 600 + 120 + 36 = 756

Usando o quadro de ordens e o modo prático:

C	D	U
①1	③2	6
×		6
7	5	6

$$\begin{array}{r} ^{①}1\ ^{③}2\ 6 \\ \times\ \ \ \ \ \ 6 \\ \hline 7\ 5\ 6 \end{array}$$

1. Efetue os cálculos a seguir decompondo os números. Veja o exemplo.

a) 4×12

$4 \times (10 + 2)$

$$\begin{array}{r} 10 + 2 \\ \times \quad 4 \\ \hline 40 + 8 \end{array} = 48$$

b) 3×16

c) 3×15

d) 5×25

2. Calcule o resultado. Multiplique e depois some.

a) $2 \times 12 + 3 \times 8$

☐ + ☐

☐

b) $4 \times 15 + 2 \times 3$

☐ + ☐

☐

c) $3 \times 26 + 4 \times 34$

☐ + ☐

☐

d) $5 \times 2 + 7 \times 3$

☐ + ☐

☐

3. Encontre o resultado das seguintes multiplicações.

$$\begin{array}{r} 313 \\ \times \quad 5 \\ \hline \end{array} \qquad \begin{array}{r} 121 \\ \times \quad 7 \\ \hline \end{array} \qquad \begin{array}{r} 483 \\ \times \quad 2 \\ \hline \end{array}$$

Multiplicação por 10 e 100

Multiplicando por 10

Monkey Business Images/Ingimages/Other Images

$$\begin{array}{r} 10 \\ 10 \\ +\ 10 \\ \hline 30 \end{array}$$

ou

$3 \times 10 = 30$

Para multiplicar por **10**, basta acrescentar **um zero** à direita do número multiplicado.

Multiplicando por 100

$100 + 100 + 100 + 100 = 400$ ou $4 \times 100 = 400$

Para multiplicar por **100**, basta acrescentar **dois zeros** à direita do número multiplicado.

1. Resolva as multiplicações.

a) $3 \times 10 =$ ____________

b) $45 \times 10 =$ ____________

c) $81 \times 10 =$ ____________

d) $70 \times 10 =$ ____________

e) $8 \times 100 =$ ____________

f) $5 \times 100 =$ ____________

g) $32 \times 100 =$ ____________

h) $18 \times 100 =$ ____________

2. Calcule mentalmente.

- Quantos CDs há na estante de Angélica?

Há ____________ CDs na estante de Angélica.

3. Descubra quantos tijolos seu Manoel usará para recuperar a parte do muro que caiu.

Ilustrações: MW Editora Ilustrações Ltda./Arquivo da editora

Multiplicação por 20, 30, 40...

Multiplicar por 20 é o mesmo que multiplicar por **2** $\times$ **10**.

Para saber quanto é 7×20, multiplicamos $7 \times 2 = 14$.

$$\begin{array}{r} 7 \\ \times\ 2\ 0 \\ \hline 1\ 4\ 0 \end{array}$$

Quando existe um zero à direita do número, significa que o estamos multiplicando por 10.

> Assim, multiplicar por 20 é o mesmo que multiplicar por 2×10. Multiplicar por 30 é o mesmo que multiplicar por 3×10. Por 40, é o mesmo que multiplicar por 4×10, e assim sucessivamente.

Outros exemplos:

$$\begin{array}{r} {}^{1}2\ 5 \\ \times\ 3\ 0 \\ \hline 7\ 5\ 0 \end{array} \qquad \begin{array}{r} {}^{2}1\ 6 \\ \times\ 4\ 0 \\ \hline 6\ 4\ 0 \end{array}$$

- Agora chegou a sua vez de efetuar algumas dessas multiplicações:

$$\begin{array}{r} 3\ 2 \\ \times\ \ 2\ 0 \\ \hline \end{array} \qquad \begin{array}{r} 2\ 6 \\ \times\ \ 3\ 0 \\ \hline \end{array} \qquad \begin{array}{r} 1\ 7 \\ \times\ \ 5\ 0 \\ \hline \end{array} \qquad \begin{array}{r} 1\ 8 \\ \times\ \ 4\ 0 \\ \hline \end{array}$$

$$\begin{array}{r} 1\ 2 \\ \times\ \ 5\ 0 \\ \hline \end{array} \qquad \begin{array}{r} 1\ 1 \\ \times\ \ 6\ 0 \\ \hline \end{array} \qquad \begin{array}{r} 1\ 2 \\ \times\ \ 7\ 0 \\ \hline \end{array} \qquad \begin{array}{r} 1\ 1 \\ \times\ \ 9\ 0 \\ \hline \end{array}$$

$$\begin{array}{r} 2\ 1 \\ \times\ \ 2\ 0 \\ \hline \end{array} \qquad \begin{array}{r} 3\ 4 \\ \times\ \ 3\ 0 \\ \hline \end{array} \qquad \begin{array}{r} 1\ 7 \\ \times\ \ 4\ 0 \\ \hline \end{array} \qquad \begin{array}{r} 2\ 3 \\ \times\ \ 5\ 0 \\ \hline \end{array}$$

Dobro e triplo

Os alunos de uma classe formaram equipes e doaram livros e jogos para o Cantinho da Leitura de uma instituição da cidade.

A equipe A doou 7 livros.

7 livros

A equipe B doou o dobro.

14 livros

Ilustrações: Ilustra Cartoon/ Arquivo da editora

O dobro de 7 é $2 \times 7 = 14$. A equipe B doou 14 livros.

Para encontrar o **dobro** de um número, basta multiplicá-lo por 2.

A equipe C doou 4 jogos.

4 jogos

A equipe D doou o triplo.

12 jogos

O triplo de 4 é $3 \times 4 = 12$. A equipe D doou 12 jogos.

Para encontrar o **triplo** de um número, basta multiplicá-lo por 3.

- Complete.

a) O dobro de 7 é ________ × ________ = ________

b) O triplo de 8 é ________ × ________ = ________

c) O dobro de 9 é ________ × ________ = ________

d) O triplo de 7 é ________ × ________ = ________

e) O dobro de 4 é ________ × ________ = ________

f) O dobro de 8 é ________ × ________ = ________

Multiplicação com três fatores

A professora dividiu a classe em equipes e pediu aos alunos que resolvessem este problema:

Ilustrações: Ilustra Cartoon/Arquivo da editora

A classe concluiu que, na multiplicação com 3 ou mais fatores, podemos substituir 2 fatores quaisquer por seu produto.

$(3 \times 2) \times 4 =$
$6 \times 4 = 24$

← $3 \times 2 \times 4$ →

$3 \times (2 \times 4) =$
$3 \times 8 = 24$

1. Complete e resolva.

a) $2 \times 3 \times 4 =$

$(\_\_\_\_ \times 3) \times 4 =$

$\_\_\_\_ \times \_\_\_\_ = \_\_\_\_$

b) $4 \times 5 \times 2 =$

$4 \times (5 \times \_\_\_\_) =$

$\_\_\_\_ \times \_\_\_\_ = \_\_\_\_$

c) $5 \times 3 \times 2 =$

$(5 \times \_\_\_\_) \times \_\_\_\_ =$

$\_\_\_\_ \times \_\_\_\_ = \_\_\_\_$

d) $3 \times 4 \times 5 =$

$(\_\_\_\_ \times 4) \times \_\_\_\_ =$

$\_\_\_\_ \times \_\_\_\_ = \_\_\_\_$

2. Efetue as multiplicações:

a) $2 \times 4 \times 5 = \_\_\_\_$

b) $6 \times 2 \times 3 = \_\_\_\_$

c) $5 \times 3 \times 1 = \_\_\_\_$

d) $3 \times 1 \times 7 = \_\_\_\_$

e) $4 \times 6 \times 2 = \_\_\_\_$

f) $9 \times 2 \times 4 = \_\_\_\_$

3. Observe o quadro e escolha o número que completa corretamente cada multiplicação.

1	2	3
4	5	6

a) $4 \times \square \times 5 = 60$

b) $8 \times \square \times 2 = 80$

c) $2 \times \square \times 8 = 96$

d) $4 \times \square \times 2 = 32$

e) $9 \times \square \times 8 = 72$

f) $9 \times \square \times 3 = 54$

g) $3 \times \square \times 5 = 45$

h) $9 \times \square \times 2 = 72$

4. Veja como Paula resolveu o seguinte desafio:

Ilustrações: Ilustra Cartoon/Arquivo da editora

- Agora é a sua vez! Sem contar, descubra quantas bolinhas de gude João tem.

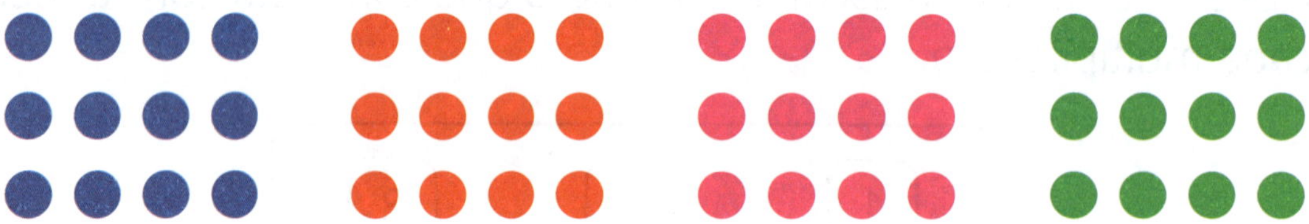

______ × ______ × ______ = ______

ou

______ × ______ × ______ = ______

5. Resolva as multiplicações a seguir de duas maneiras diferentes.

a) $5 \times 7 \times 2 =$ ______

b) $9 \times 0 \times 4 =$ ______

Saiba mais

Multiplicação com dois algarismos no multiplicador

A professora propôs aos alunos que resolvessem este problema:

Os alunos mostraram que poderiam somar 12 vezes o número de livros (43) ou fazer 12 × 43, porque as parcelas da adição eram iguais.

$$\begin{array}{r} 4\ 3 \\ \times\ 1\ 2 \\ \hline \end{array}$$

A professora, então, explicou:

Observem:

$$\begin{array}{r} 43 \\ \times\ 12 \\ \hline 86 \\ +\ 430 \\ \hline 516 \end{array}$$

86 → 2 × 43 — Multiplicamos 2 × 43

430 → 10 × 43 — Multiplicamos 10 × 43

516 → Somando os produtos, temos 12 × 43.

Na prática, fazemos:

$$\begin{array}{r} 43 \\ \times\ 12 \\ \hline 86 \\ +\ {}^{1}43\ \ \\ \hline 516 \end{array}$$

86 → 2 × 43

43 → 1 × 43

Resposta: Há 516 livros na estante de Leandro.

Divisão

Repartir igualmente

Ilustrações: Ilustra Cartoon/Arquivo da editora

Tio Marcelo trouxe 8 livros de histórias infantis para dividir entre seus sobrinhos Caio e Lia.

Quantos livros cada um receberá?

Veja a distribuição dos livros um a um:

Cada um receberá 4 livros.

8 dividido por 2 é 4.

$$8 \div 2 = 4$$

- 8 — dividendo — número que se divide
- 2 — divisor — número pelo qual se divide
- 4 — quociente — resultado da divisão

A divisão é indicada pelos sinais **:** ou **÷**, que significam **dividido por**.

Veja agora essa divisão usando a subtração:

$$\begin{array}{r l}
8 & \\
-\ 2 & \\
\hline
6 & \longrightarrow \text{Cada criança recebe 1 livro e sobram 6.} \\
-\ 2 & \\
\hline
4 & \longrightarrow \text{Desses 6, é dado mais 1 livro para cada uma e sobram 4.} \\
-\ 2 & \\
\hline
2 & \longrightarrow \text{Mais 1 livro para cada criança e sobram 2.} \\
-\ 2 & \\
\hline
0 & \longrightarrow \text{Mais 1 livro para cada criança e não sobram mais livros.}
\end{array}$$

Veja agora na prática.

$$\begin{array}{r|l}
8 & 2 \\
\cline{2-2}
-\ 8 & 4 \\
\cline{1-1}
0 &
\end{array}$$

8 dividido por 2 dá 4, porque $4 \times 2 = 8$

Cada sobrinho receberá 4 livros.

Divisão: ideia de medida

Ilustrações: Ilustra Cartoon/Arquivo da editora

A turma, formada por 20 alunos, foi dividida em 5 grupos de 4 crianças.

Para saber quantas vezes o 4 cabe em 20, divida 20 por 4, ou seja, $20 \div 4$.

$$\begin{array}{r|l} 20 & 4 \\ \hline -20 & 5 \\ \hline 00 & \end{array}$$

dividendo: 20 — divisor: 4 — quociente: 5 — resto: 00

20 dividido por 5 dá 4, pois $4 \times 5 = 20$.

1. Complete:

Com _____ balões podemos formar _____ grupos de 4.

Ilustrações: Ilustra Cartoon/Arquivo da editora

Com _____ flores podemos formar _____ grupos de 7.

Com _____ lápis podemos formar _____ grupos de 3.

Com _____ balas podemos formar _____ grupos de 5.

2. Assinale com um **X** as alternativas verdadeiras. Copie as falsas, corrigindo-as.

- [ ] Em 36 cabem 4 grupos de 10.
- [ ] Em 16 cabem 8 grupos de 2.
- [ ] Em 27 cabem 9 grupos de 4.
- [ ] Em 45 cabem 5 grupos de 9.

____

____

____

____

3. Desenhe, resolva e complete.

a) Marta tem 6 flores para distribuir igualmente em 3 vasos. Quantas flores ela colocará em cada vaso?

$6 \div 3 = 2$, pois ______ $\times 2 = 6$

b) Márcia comprou 18 copos e vai embalá-los em 3 caixas. Quantos copos ela deverá colocar em cada caixa?

Ilustrações: Ilustra Cartoon/Arquivo da editora

______ $\div$ ______ $=$ ______, pois ______ $\times$ ______ $=$ ______

4. Calcule mentalmente e complete.

a) $8 \div 2 =$ ______, pois $2 \times$ ______ $= 8$

b) $6 \div 3 =$ ______, pois $3 \times$ ______ $= 6$

c) $10 \div 2 =$ ______, pois $2 \times$ ______ $= 10$

d) $9 \div 3 =$ ______, pois $3 \times$ ______ $= 9$

e) $12 \div 4 =$ ______, pois $4 \times$ ______ $= 12$

A divisão é a operação inversa da ____________________.

Métodos para efetuar a divisão

Quantas embalagens de 2 canetas posso formar com 8 canetas?

Para efetuarmos a operação da divisão, podemos usar os métodos longo e breve. Observe:

método longo

$$\begin{array}{r|l} 8 & 2 \\ \cline{2-2} -8 & 4 \\ \hline 0 & \end{array}$$

8 − 8 = 0

Procura-se o número que, multiplicado por 2, dê 8.

$2 \times 1 = 2$ $\quad 2 \times 3 = 6$

$2 \times 2 = 4$ $\quad 2 \times 4 = 8$

$8 \div 2 = 4$, pois $4 \times 2 = 8$

método breve

$$\begin{array}{r|l} 8 & 2 \\ \cline{2-2} 0 & 4 \end{array}$$

8 para 8 não falta nada

Ilustra Cartoon/Arquivo da editora

Assim, posso formar 4 embalagens de 2 canetas.

Agora é a sua vez de tentar efetuar, mentalmente, algumas divisões.

18 ÷ 3 = ____ → ____ × 3 = 18

15 ÷ 5 = ____ → ____ × 5 = 15

21 ÷ 3 = ____ → ____ × 3 = 21

16 ÷ 8 = ____ → ____ × 8 = 16

10 ÷ 5 = ____ → ____ × 5 = 10

27 ÷ 3 = ____ → ____ × 3 = 27

12 ÷ 6 = ____ → ____ × 6 = 12

36 ÷ 4 = ____ → ____ × 4 = 36

45 ÷ 5 = ____ → ____ × 5 = 45

32 ÷ 4 = ____ → ____ × 4 = 32

Dividindo dezenas e unidades

Divisão exata e divisão não exata

Vamos repartir 28 adesivos igualmente entre 2 meninas. Quantos adesivos cada uma receberá?

$$\begin{array}{r|l} 2\ 8 & 2 \\ \cline{2-2} -2 & 1\ 4 \\ \cline{1-1} 0\ 8 & \\ -\ \ 8 & \\ \cline{1-1} 0 & \end{array}$$

dividendo: 28; divisor: 2; quociente: 14; resto: 0

1º Dividimos as dezenas: 2 D ÷ 2 = 1 D, pois 1 D × 2 = 2 D.

2º Dividimos as unidades: 8 U ÷ 2 = 4 U, pois 4 U × 2 = 8 U.

Cada uma receberá 14 adesivos.

Quando o resto é 0, dizemos que a **divisão é exata**.

E se fossem 27 adesivos para repartir?

$$\begin{array}{r|l} 2\ 7 & 2 \\ \cline{2-2} -2 & 1\ 3 \\ \cline{1-1} 0\ 7 & \\ -\ \ 6 & \\ \cline{1-1} 1 & \end{array}$$

Cada uma receberia 13 adesivos e sobraria 1.

Quando o resto é diferente de 0, dizemos que a **divisão não é exata**.

1. Efetue as divisões e escreva se são exatas ou inexatas.

9 | 2 Divisão ____________.	2 4 | 3 Divisão ____________.	3 6 | 6 Divisão ____________.
1 9 | 3 Divisão ____________.	1 2 | 5 Divisão ____________.	2 7 | 3 Divisão ____________.

2. Efetue e escreva os nomes dos termos.

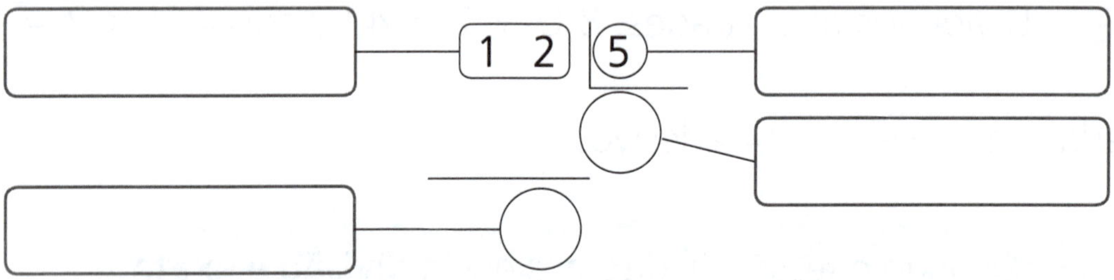

3. Efetue mais algumas divisões.

8 4 | 4

4 2 | 2

2 9 | 2

9 7 | 3

4. Calcule o quociente e o resto de cada divisão.

a) $18 \div 4$

quociente ____________

resto ____________

b) $26 \div 4$

quociente ____________

resto ____________

c) $16 \div 4$

quociente ____________

resto ____________

d) $29 \div 4$

quociente ____________

resto ____________

e) $27 \div 4$

quociente ____________

resto ____________

f) $32 \div 4$

quociente ____________

resto ____________

- Em uma divisão por 4, que números podem aparecer como resto?

____

5. Das divisões que Viviane efetuou, ela errou somente duas. Assinale as divisões erradas e reescreva-as corretamente.

a) $45 \div 9 = 5$ e resto 0 ☐

____

b) $38 \div 6 = 6$ e resto 1 ☐

____

c) $19 \div 2 = 9$ e resto 1 ☐

____

d) $25 \div 7 = 3$ e resto 4 ☐

____

e) $34 \div 4 = 8$ e resto 2 ☐

____

f) $40 \div 5 = 8$ e resto 0 ☐

____

g) $75 \div 8 = 9$ e resto 2 ☐

____

h) $15 \div 3 = 5$ e resto 0 ☐

____

Dividindo centenas, dezenas e unidades

Divisão exata e divisão não exata

Acompanhe como Bruno fez a seguinte divisão:

Ilustra Cartoon/Arquivo da editora

2 centenas ÷ 2 = 1 centena

5 dezenas ÷ 2 = 2 dezenas e resta 1 dezena

Ele trocou 1 dezena por 10 unidades e juntou com as 6 unidades existentes.

Ficou assim:

1 dezena = 10 unidades

10 unidades + 6 unidades = 16 unidades

Então ele dividiu 16 unidades por 2 e obteve 8.

- Efetue as divisões no caderno. Depois escreva o quociente e o resto de cada uma.

a) 246 ÷ 2

quociente ____________

resto ____________

b) 479 ÷ 4

quociente ____________

resto ____________

c) 832 ÷ 7

quociente ____________

resto ____________

d) 368 ÷ 3

quociente ____________

resto ____________

e) 640 ÷ 5

quociente ____________

resto ____________

f) 872 ÷ 6

quociente ____________

resto ____________

1. Efetue as divisões exatas a seguir.

$4\ 2\ 8 \,\big|\, \underline{2}$ $9\ 6\ 3 \,\big|\, \underline{3}$ $6\ 8\ 4 \,\big|\, \underline{2}$

$4\ 8\ 4 \,\big|\, \underline{4}$ $1\ 9\ 2 \,\big|\, \underline{3}$ $4\ 3\ 8 \,\big|\, \underline{3}$

2. Arme e efetue as divisões a seguir.

a) $212 \div 2 =$ ________

b) $735 \div 7 =$ ________

c) $108 \div 4 =$ ________

d) $186 \div 6 =$ ________

e) $428 \div 4 =$ ________

f) $252 \div 7 =$ ________

Prova real da multiplicação (pela divisão)

Ilustrações: Ilustra Cartoon/Arquivo da editora

Prova real da divisão (pela multiplicação)

Para verificar se a divisão está certa, multiplicamos o quociente pelo divisor e encontramos o dividendo.

$$\begin{array}{rr|l} 8 & 0 & 2 \\ \hline -8 & & 40 \\ \hline 0 & 0 & \\ - & 0 & \\ \hline & 0 & \end{array} \qquad \begin{array}{rr} & 40 \\ \times & 2 \\ \hline & 80 \end{array}$$

E se a divisão não for exata?

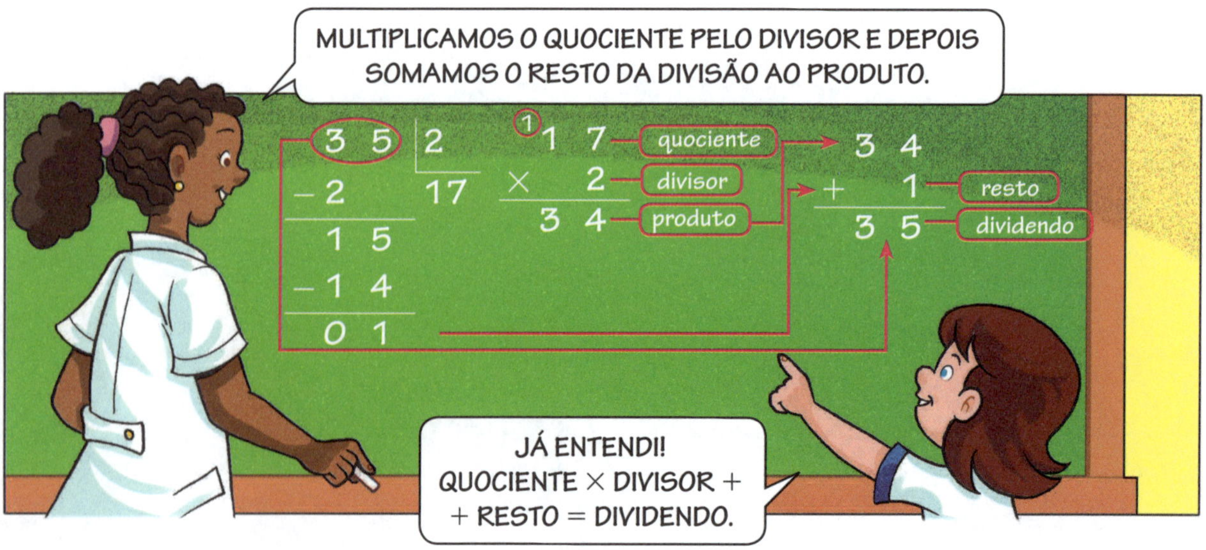

1. Efetue as multiplicações e tire a prova real.

$$\begin{array}{r} 26 \\ \times \quad 3 \\ \hline \end{array}$$

$$\begin{array}{r} 18 \\ \times \quad 4 \\ \hline \end{array}$$

$$\begin{array}{r} 123 \\ \times \quad 2 \\ \hline \end{array}$$

$$\begin{array}{r} 234 \\ \times \quad 3 \\ \hline \end{array}$$

2. Efetue as divisões e tire a prova real.

$86 \,\underline{|2\quad}$ **prova real**

$124 \,\underline{|2\quad}$ **prova real**

$81 \,\underline{|3\quad}$ **prova real**

$153 \,\underline{|3\quad}$ **prova real**

$248 \,\underline{|4\quad}$ **prova real**

$236 \,\underline{|5\quad}$ **prova real**

3. Somente uma das crianças abaixo acertou a conta do teste de Matemática. Tire a prova real e assinale quem acertou.

Ilustrações: Ilustra Cartoon/Arquivo da editora

4. Resolva o cálculo abaixo. Depois, encontre uma maneira de explicar por que você tem certeza de que o resultado está correto.

$$\begin{array}{r} 125 \\ \times \quad 4 \\ \hline \end{array}$$

Saiba mais

Divisão com dois algarismos no divisor

Para enfeitar as mesas de aniversário de sua avó, Rita Luísa precisava arrumar 69 bombons em 23 cestinhas.

No dia seguinte, Rita Luísa contou para a classe como havia arrumado as cestinhas.

Aproveitando a novidade, a professora pediu à menina que explicasse como havia resolvido o problema e mostrou outro exemplo.

Ilustrações: Ilustra Cartoon/Arquivo da editora

Sentenças matemáticas

Ilustra Cartoon/Arquivo da editora

Veja o que fazer para descobrir um valor desconhecido:

1º Representamos por ■ o valor a ser descoberto.

2º Para encontrar esse valor, aplicamos a operação inversa.

Na **adição**, aplicamos a **subtração**:

■ + 15 = 26
■ = 26 − 15
■ = 11

Na **subtração**, aplicamos a **adição**:

■ − 9 = 17
■ = 17 + 9
■ = 26

Na **multiplicação**, aplicamos a **divisão**:

■ × 3 = 27
■ = 27 ÷ 3
■ = 9

Na **divisão**, aplicamos a **multiplicação**:

■ ÷ 3 = 15
■ = 15 × 3
■ = 45

1. Encontre os valores nas sentenças matemáticas.

$\blacksquare - 8 = 17$

$\blacksquare + 15 = 36$

$\blacksquare \times 8 = 40$

$\blacksquare \div 6 = 7$

$\blacksquare + 36 = 45$

$\blacksquare - 15 = 40$

2. Agora, crie duas sentenças matemáticas para um colega calcular.

De olho na resolução de problemas

Faça em seu caderno

1. Um edifício tem 4 andares. Em cada andar, há 5 apartamentos. Quantos apartamentos há no edifício?

2. Para fazer um doce, Bruno comprou 2 sacos com 18 cajus cada um. Quantos cajus ele comprou?

3. Ricardo tem R$ 45,00 e Rita tem o dobro dessa quantia mais R$ 10,00. Quanto Rita tem?

4. Marcela comprou 3 caixas de canetas. Em cada caixa há 8 canetas. Se cada caneta custa R$ 2,00, quanto Marcela gastou?

5. Se 32 adesivos forem repartidos igualmente entre 5 crianças, quantos adesivos ganhará cada uma? Sobrarão adesivos?

6. Roberto comprou 4 camisas com preços iguais. Ele gastou R$ 164,00. Quanto custou cada camisa?

7. Carla tem 1 dúzia e meia de botões e Dalva tem o dobro de 1 dezena. Quem tem mais botões? Quantos a mais?

8. Marcos dividiu igualmente as figurinhas que tinha entre 4 amigos. Cada um recebeu 17 figurinhas. Quantas figurinhas ele tinha?

Unidade

4

Frações e sistemas de medida

Hagaquezart/Arquivo da editora

O QUE VOU ESTUDAR?

- Frações
- Medidas de tempo
- Medidas de comprimento
- Medidas de massa
- Medidas de capacidade

8

Frações

Metade ou meio

Durante o jogo de futebol, Marcelo comprou um chocolate e deu metade a seu irmão.

Para achar a metade ou o meio, dividimos o inteiro igualmente por 2.

MW Editora Ilustrações Ltda./Arquivo da editora

Cada uma dessas partes é um meio do chocolate.

Em Matemática, representa-se **um meio** assim: $\frac{1}{2}$. Lê-se: um meio, ou simplesmente meio.

Em $\frac{1}{2}$, o número que fica embaixo do traço (2) indica em quantas partes iguais o todo está sendo dividido. O número que fica em cima do traço (1) indica o número de partes consideradas.

Metade de uma quantidade

Ilustra Cartoon/Arquivo da editora

A metade de 6 é 3, porque 6 dividido por 2 dá 3.

$$6 \div 2 = 3$$

Representamos assim:

$\frac{1}{2}$ de 6 lápis = 3 lápis

1. Agora é a sua vez de testar o que aprendeu. Pinte metade dos elementos de cada conjunto e depois complete as frases.

$\frac{1}{2}$ de 8 é ______

$\frac{1}{2}$ de 6 é ______

2. Siga o exemplo e calcule:

$\frac{1}{2}$ de 16 bolas → 16 ÷ 2 = 8 bolas

a) $\frac{1}{2}$ de 50 fotos → ______________________________

b) $\frac{1}{2}$ de 100 árvores → ______________________________

c) $\frac{1}{2}$ de 28 estrelas → ______________________________

d) $\frac{1}{2}$ de 44 livros → ______________________________

3. Um dia tem 24 horas.

- Metade do dia corresponde a ________ horas.

Terça parte

Tadeu comprou um chocolate. Ele dividiu esse chocolate em três partes iguais:

Avalone/Arquivo da editora

Tadeu vai ficar com uma parte e dar as outras duas a dois primos.

Cada uma dessas partes é **um terço** do chocolate.

Tadeu ficou com $\frac{1}{3}$ do chocolate, e cada um dos primos também ganhou $\frac{1}{3}$ da barra.

> **Um terço** ou a **terça parte** representa-se assim: $\frac{1}{3}$.
> Lê-se: **um terço**.

Quarta parte

Raquel convidou suas melhores amigas para passar a tarde em sua casa.

Enquanto elas brincavam a mãe de Raquel preparou um bolo e dividiu-o em quatro partes iguais.

Ilustra Cartoon/Arquivo da editora

Cada criança vai receber uma das quatro partes.

Cada uma dessas partes é **um quarto** do bolo.

> **Um quarto** ou a **quarta parte** representa-se assim: $\frac{1}{4}$.
> Lê-se: **um quarto**.

1. Pinte $\frac{1}{3}$ de cada figura.

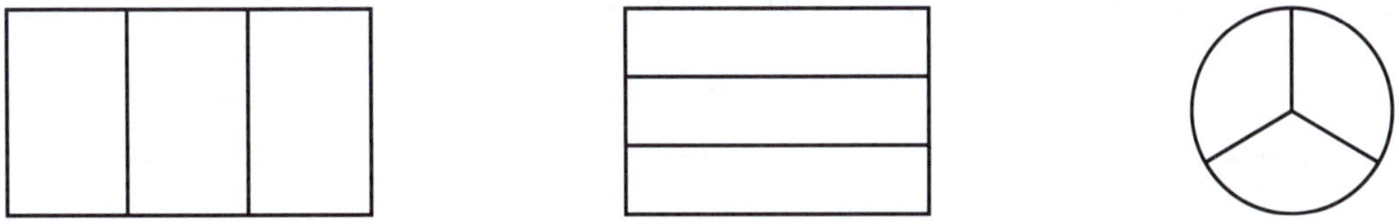

2. Ivo tem uma coleção com 18 bolinhas de gude. Um terço dessas bolinhas é verde. Desenhe a coleção de Ivo e pinte as bolinhas verdes.

3. Calcule.

$\frac{1}{3}$ de 36 revistas = _______ revistas

$\frac{1}{3}$ de 42 selos = _______ selos

4. Pinte a quarta parte do número de elementos de cada conjunto e complete.

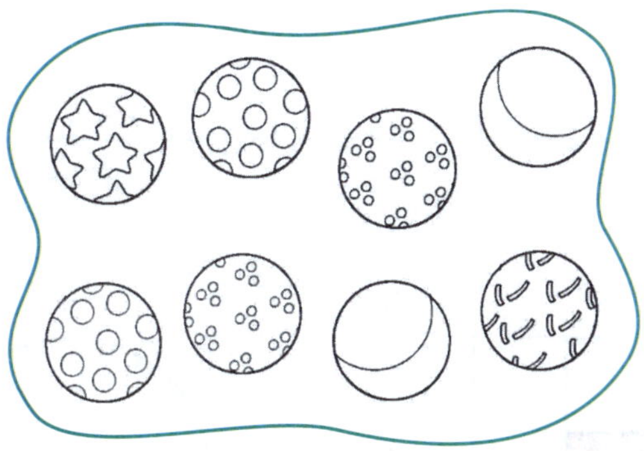

Avalone/Arquivo da editora

$\frac{1}{4}$ de 8 é _______.

$\frac{1}{4}$ de 12 é _______.

5. Calcule.

$\frac{1}{4}$ de 24 → ____________________

$\frac{1}{4}$ de 32 → ____________________

$\frac{1}{4}$ de 60 → ____________________

$\frac{1}{4}$ de 100 → ____________________

Outras partes do inteiro

Vamos dividir o inteiro por outros números. Observe:

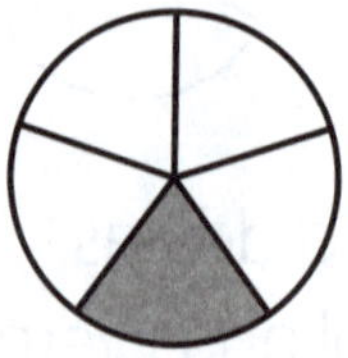

$\frac{1}{5}$

um quinto

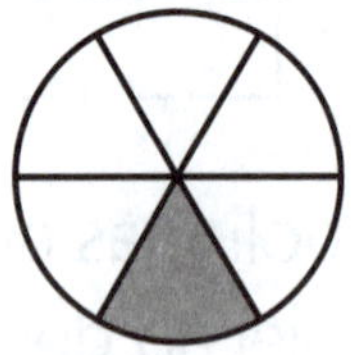

$\frac{1}{6}$

um sexto

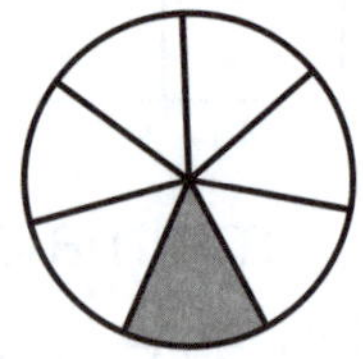

$\frac{1}{7}$

um sétimo

$\frac{1}{8}$

um oitavo

$\frac{1}{9}$

um nono

$\frac{1}{10}$

um décimo

Agora escreva as frações correspondentes às partes de cada figura a seguir:

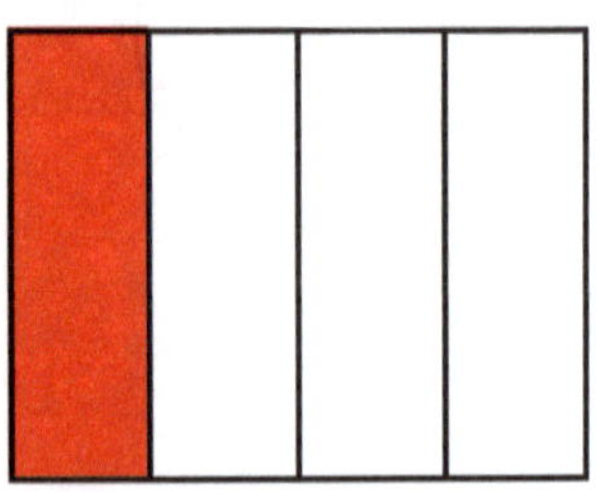

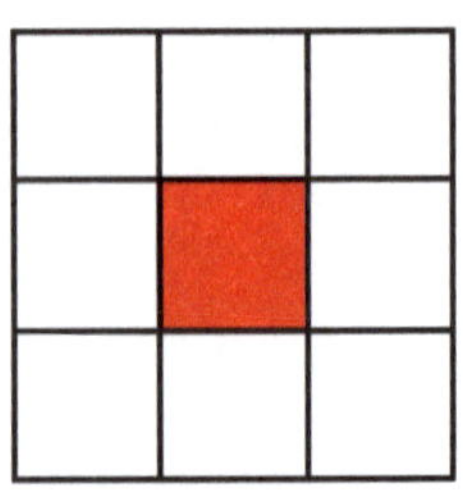

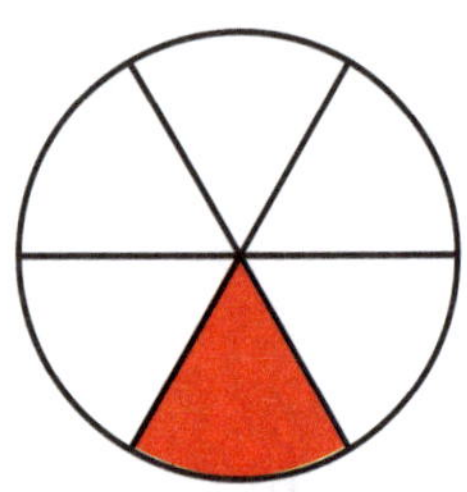

1. Pinte a fração correspondente.

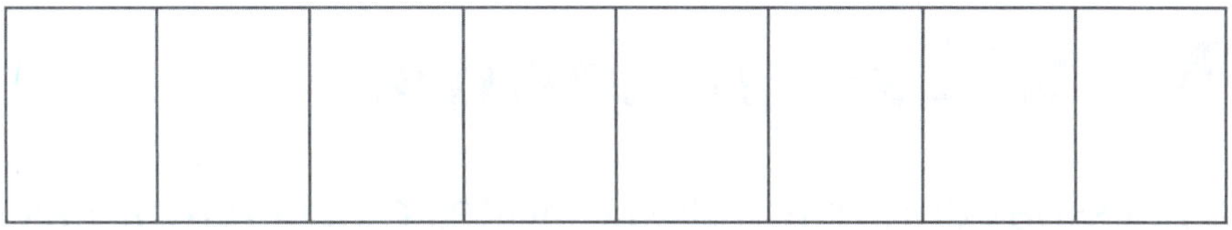

$\frac{1}{8}$

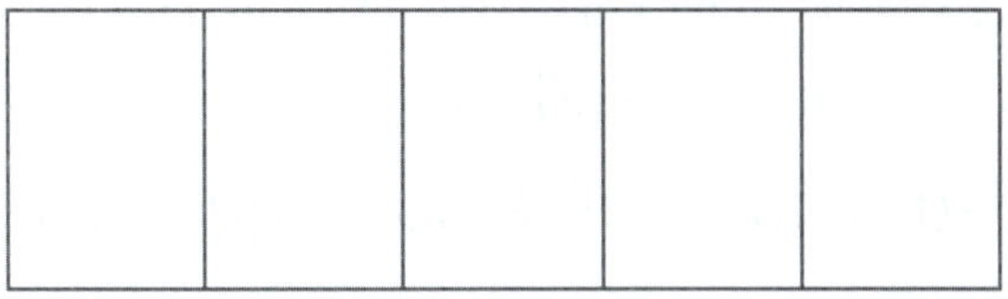

$\frac{1}{5}$

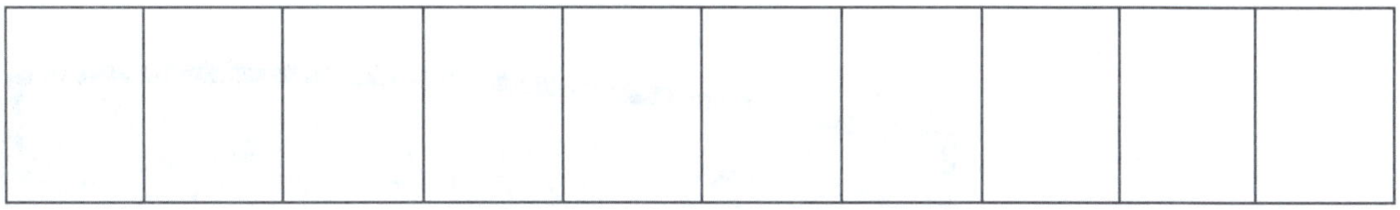

$\frac{1}{10}$

2. Para saber que tipo de suco as crianças preferem, foi feita uma pesquisa na escola de Sabrina. Cada aluno poderia escolher apenas um tipo de suco. Pinte o gráfico de acordo com a legenda.

- $\frac{1}{2}$ suco de laranja
- $\frac{1}{4}$ suco de melancia
- $\frac{1}{8}$ suco de melão
- $\frac{1}{8}$ suco de outras frutas

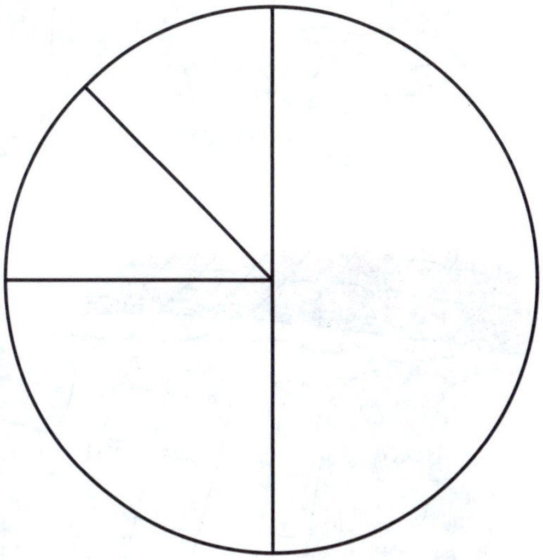

- Segundo a pesquisa, qual é o suco preferido da maioria dos alunos da escola?

____

____

9

Medidas de tempo

Antigamente, as pessoas contavam dias e noites e observavam as estações do ano somente para saber a época de plantar, o que não exigia que o tempo fosse medido com grande exatidão.

Hoje, a grande variedade de atividades que realizamos requer que o tempo seja medido com precisão.

Ilustrações: Ilustra Cartoon/Arquivo da editora

Como é que você passa as horas de seu dia?
E quando não há aula, como você passa as horas desse dia?

Noções de hora e minuto

O relógio é o instrumento mais usado para medir o tempo.

Observe o relógio abaixo. Ele tem dois ponteiros: o menor indica as **horas** e o maior, os **minutos**.

Fotos: Sérgio Dotta Jr./Arquivo da editora

O ponteiro maior está apontando para o **12**.

O ponteiro menor está apontando para o **8**.

São 8 horas.

> Sempre que o **ponteiro maior** estiver apontando para o número **12**, o relógio estará marcando **horas exatas**.

Observe este outro relógio.

O ponteiro maior está apontando para o **6**.

O ponteiro menor está entre o **9** e o **10**.

São 9 horas e meia.

> Sempre que o **ponteiro maior** estiver apontando para o número **6**, o relógio estará marcando **meia hora**.

Chegou a sua vez de ler que horas são. Escreva abaixo dos relógios.

Fotos: Sérgio Dotta Jr./Arquivo da editora

Observe o mostrador do relógio.

Cada algarismo do relógio corresponde a um número de minutos contados de 5 em 5.

O ponteiro menor está apontando para o número 3 (indica as horas).

O ponteiro maior está apontando para o número 2 (indica os minutos).

São 3 horas e 10 minutos.

Continue a ver as horas!

São 5 horas e 35 minutos.

São 8 horas e 25 minutos.

O mostrador do relógio está dividido em 60 partes iguais. Cada uma dessas partes corresponde a 1 minuto.

Uma hora tem **60 minutos**.

Meia hora tem **30 minutos**. → $60 \div 2 = 30$

Um quarto de hora tem **15 minutos**. → $60 \div 4 = 15$

1. Que horas são? Escreva abaixo dos relógios.

Fotos: Sérgio Dotta Jr./Arquivo da editora

_______________ _______________

_______________ _______________

_______________ _______________

_______________ _______________

2. Coloque os ponteiros nos relógios para indicar as horas.

11 horas

2 horas e 35 minutos

8 horas e 15 minutos

3 horas e 20 minutos

3. Em média, Rosana dá 10 pulos por minuto, sem errar. Veja as imagens abaixo e diga quantos pulos ela deu.

Ilustra Cartoon/Arquivo da editora

Resposta: ____

As horas em um relógio digital

Existem relógios que não têm ponteiros. Eles são chamados de **relógios digitais**.

Veja como são indicados as horas e os minutos:

São 12 horas.

São 7 horas e 45 minutos.

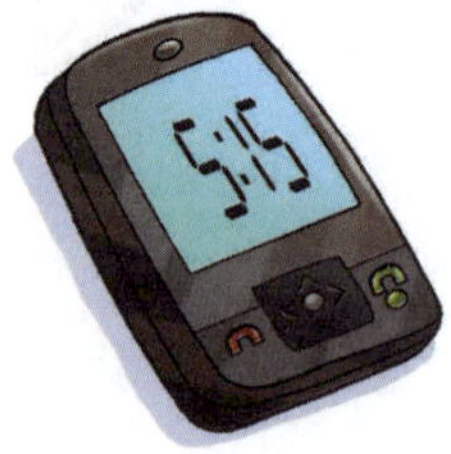

São 5 horas e 15 minutos.

As horas a partir do meio-dia

Ilustrações: Ilustra Cartoon/Arquivo da editora

A partir do meio-dia, as horas podem ser expressas da seguinte forma:

Sérgio Dotta Jr./Arquivo da editora

1. Observe os relógios e complete o quadro.

relógios	antes do meio-dia	depois do meio-dia
	São ______ ______ ______.	São ______ ______ ______.
	São ______ ______ ______.	São ______ ______ ______.
	São ______ horas.	São ______ horas.

Fotos: Sérgio Dotta Jr./Arquivo da editora

2. Responda às questões desenhando os ponteiros nos relógios.

a) Lúcio vai ao cinema ver um filme que vai passar às 16 horas. Mas, antes de ir, ele quer passar na casa de um amigo para convidá-lo. Por isso deve sair de casa 2 horas e 30 minutos antes da sessão. A que horas ele deve sair?

b) Fabiana entra na escola às 7 horas. Ela sai de casa todos os dias meia hora antes. A que horas Fabiana sai de casa?

c) O pai de Eduardo tem 1 hora e 30 minutos de almoço. Se ele sair para comer às 13 horas, a que horas deverá retornar?

Ilustrações: MW Editora Ilustrações Ltda./Arquivo da editora

Outras medidas de tempo

Dia, mês, semana, e quinzena também são medidas de tempo.

O dia tem 24 horas.
A semana tem 7 dias.
A quinzena tem 15 dias.
O mês tem 30 ou 31 dias.
O bimestre tem 2 meses.
O trimestre tem 3 meses.
O semestre tem 6 meses.
O ano tem 12 meses ou 365 dias.

Ilustra Cartoon/Arquivo da editora

Os dias da semana são:

domingo
segunda-feira
terça-feira
quarta-feira
quinta-feira
sexta-feira
sábado

Os meses do ano são:

meses	dias	meses	dias
janeiro	31	julho	31
fevereiro	28 ou 29	agosto	31
março	31	setembro	30
abril	30	outubro	31
maio	31	novembro	30
junho	30	dezembro	31

1. Ligue corretamente os quadros da esquerda aos da direita.

um dia	60 minutos
uma semana	24 horas
um ano	365 dias
uma hora	7 dias

2. Complete.

a) O sétimo mês do ano é ____________________.

b) O último mês do ano é ____________________.

c) O primeiro mês do ano é ____________________.

3. Escreva o nome do mês em que comemoramos as datas a seguir.

Seu aniversário: ____________________.

Dia dos Pais: ____________________.

Dia das Mães: ____________________.

Dia das Crianças: ____________________.

4. Observe um calendário deste ano e responda:

a) Em que ano estamos? ____________________

b) Em que mês estamos? ____________________

c) Quantas semanas completas há neste mês? ____________________

d) Em qual dia da semana o mês começou? ____________________

10

Medidas de comprimento

Unidade fundamental: o metro

Antigamente, para medir **comprimento**, o ser humano usava partes de seu corpo:

Ilustrações: Ilustra Cartoon/Arquivo da editora

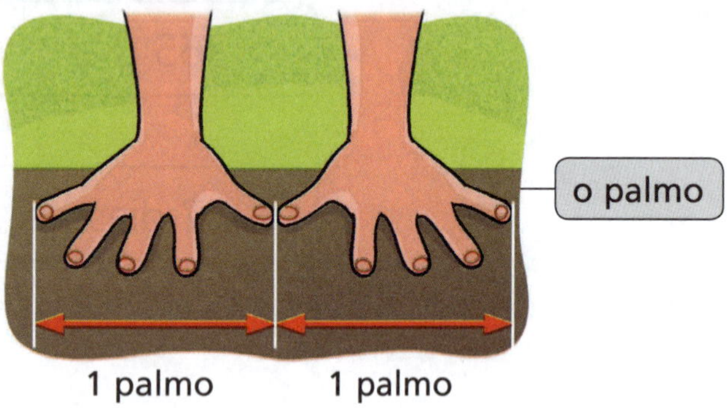

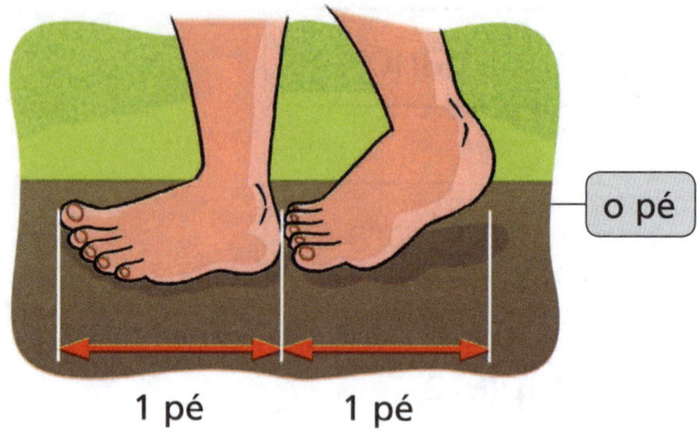

Vamos medir alguns objetos para você entender melhor?

1. Meça os comprimentos pedidos usando seus palmos e anote:

a) Sua carteira, na sala de aula, tem ________ palmos.

b) Seu livro de Matemática tem ________ palmos.

- Vocês encontraram o mesmo número de palmos?

☐ sim ☐ não

2. Meça o comprimento de sua sala de aula usando seus pés e anote:

Minha sala tem ________ pés.

Compare suas respostas com as de seus colegas.

As respostas são iguais?

☐ sim ☐ não

Você provavelmente assinalou "não" nas respostas, porque, como as pessoas têm tamanhos diferentes, as medidas que elas obtêm usando as partes do corpo apresentam diferenças.

Seu pé pode ser maior, menor do que os pés de seus colegas ou igual aos deles. Você pode comprovar isso observando a numeração dos sapatos que calçam.

Como você viu, ao **medir** usando partes do corpo (palmo, pé) podem surgir diferenças. Assim, para que não houvesse essas diferenças, os seres humanos escolheram unidades fundamentais, ou seja, unidades-padrão, para suas medidas.

Hoje, para medir comprimentos, usamos o **metro**. O metro serve para medir o comprimento de objetos, pessoas e animais, entre outras coisas.

Podemos usar vários tipos de instrumento para medir comprimentos:

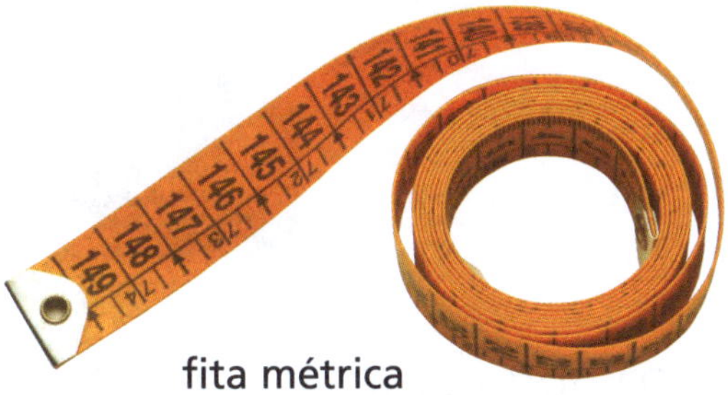

fita métrica

Dynamic Graphics/Arquivo da editora

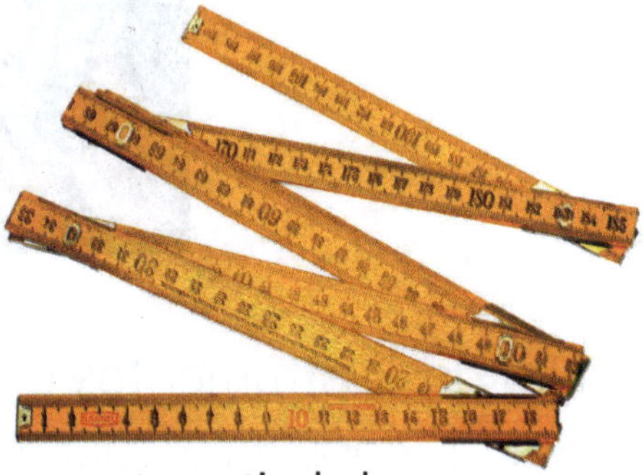

metro articulado

Alexandre Dotta/The Next/Arquivo da editora

trena

Dynamic Graphics/Arquivo da editora

metro rígido

Rubens Chaves/Arquivo da editora

O metro está dividido em 100 partes iguais.

Cada parte corresponde a **1 centímetro**.

Portanto, **1 metro** é igual a **100 cm**.

A abreviatura de metro é **m**.

A abreviatura de centímetro é **cm**.

Para medir grandes distâncias, como as de estradas e ruas, usamos o **quilômetro**.

Um **quilômetro** é igual a **1 000 metros**.

A abreviatura de quilômetro é **km**.

1. Contorne o que compramos em metro.

Vinicius Tupinamba/Shutterstock/Glow Images

Ian Francis/Alamy/Other Images

Robert Fried/Alamy/Other Images

H. Brauer/Shutterstock/Glow Images

2. Um dos instrumentos usados para medir comprimentos é a régua. As que usamos na escola geralmente têm 30 centímetros. Com a régua, meça a carteira que você usa na sala de aula e anote:

comprimento: __________ cm

largura: __________ cm

Ilustrações: MW Editora Ilustrações Ltda./Arquivo da editora

3. Seu caderno tem comprimento, largura e altura.

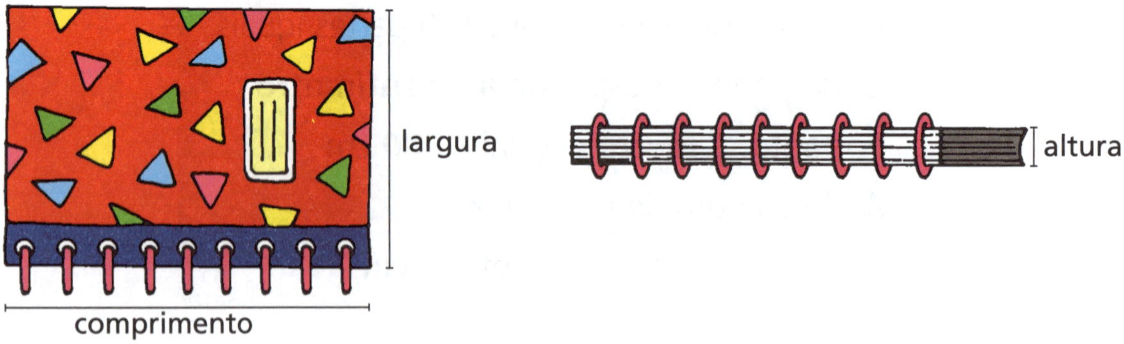

- Usando a régua, meça seu caderno e anote:

a) o comprimento: ______________________________

b) a largura: ______________________________

c) a altura: ______________________________

4. A professora de Educação Física mediu o tamanho de alguns alunos do 3º ano e anotou numa tabela. Observe a seguir a altura de alguns deles.

aluno	altura
Marta	125 cm
Guilherme	130 cm
André	128 cm
Luana	129 cm
Tiago	131 cm
Marcela	127 cm

a) Escreva o nome dos alunos em ordem crescente de altura.

____

b) Quantos centímetros André tem a mais que Marcela? __________

c) Quem tem a menor altura? ______________________

d) Quem é o mais alto? Qual é a sua altura? ______________

e) Quantos centímetros André tem a menos que Tiago? __________

5. Os "sanduíches de metro" são vendidos em algumas padarias e lanchonetes para festas e outros eventos. Em sua opinião, por que eles recebem esse nome?

Rubens Chaves/Glow Images

____

____

11

Medidas de massa

Ilustra Cartoon/Arquivo da editora

Você já aprendeu que, quando começaram a sentir necessidade de medir comprimentos, os seres humanos passaram a usar partes de seu corpo para isso.

Medir a massa, popularmente chamada de "peso", de um corpo também se tornou importante.

Unidade fundamental: o grama

A unidade fundamental para medir massa é o **grama**.

Também usamos o **quilograma** (ou **quilo**) para saber o peso de pessoas, animais e mercadorias, entre outras coisas.

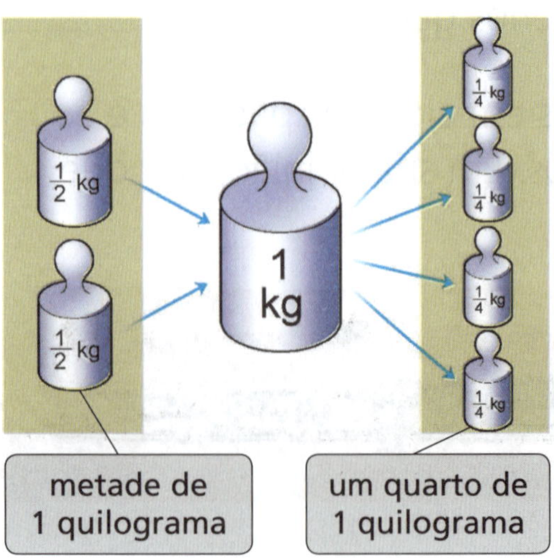

Ilustrações: Avalone/Arquivo da editora

A abreviatura de grama é **g**.

A abreviatura de quilograma é **kg**.

Um quilograma é igual a 1 000 gramas.

1 kg = 1 000 g.

Meio quilograma é igual a 500 gramas.

$\frac{1}{2}$ kg = 500 g.

A quarta parte de um quilograma é igual a 250 gramas.

$\frac{1}{4}$ kg = 250 g.

Balanças

O instrumento usado para pesar (medir massa) é a **balança**.

Há vários tipos de balança. Veja algumas:

Sérgio Dotta Jr./Arquivo da editora

A balança de pratos era muito comum antigamente.

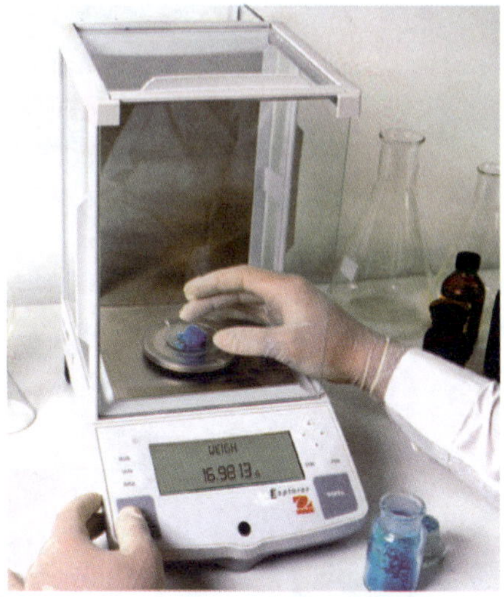

Sérgio Dotta Jr./Arquivo da editora

Balança de precisão. Pesa ouro e pequenas quantidades de substâncias.

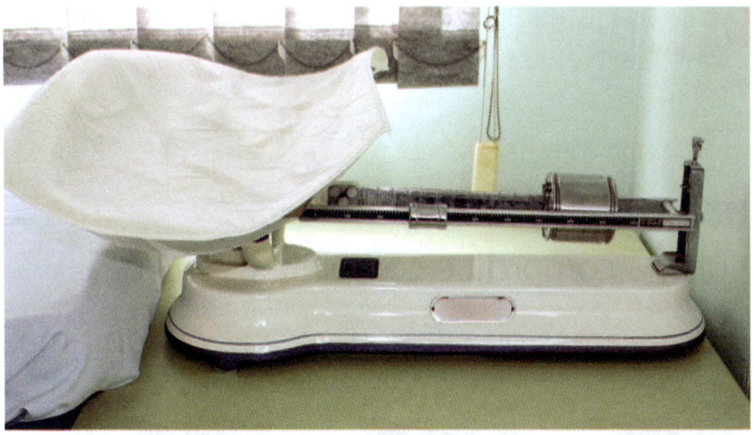

Sérgio Dotta Jr./Arquivo da editora

Balança encontrada em postos de saúde e consultórios para pesar bebês.

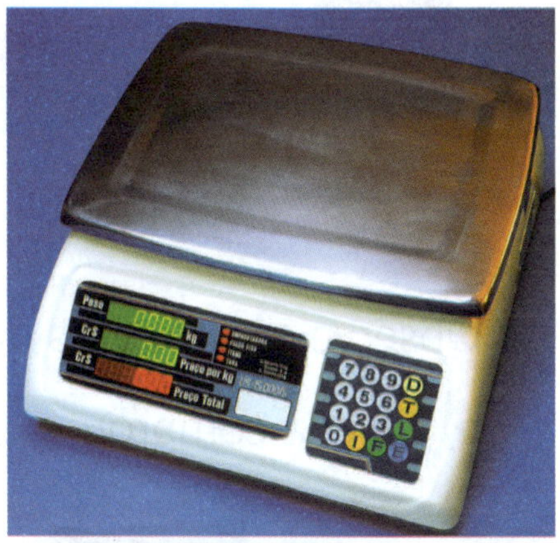

Alexandre Dotta/Arquivo da editora

Balança digital, muito utilizada em supermercados.

Delfim Martins/Pulsar Imagens

Báscula. Balança usada para pesar caminhões.

1. Faça um **X** nos produtos que costumamos comprar em grama ou quilograma.

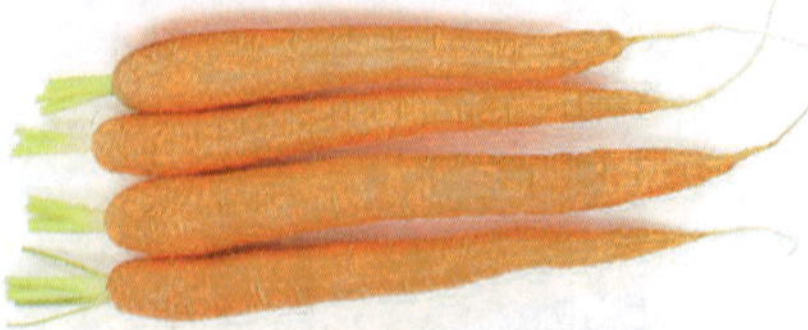
ingimages/Other Images

( )

ingimages/Other Images

( )

ingimages/Other Images

( )

Sérgio Dotta Jr./Arquivo da editora

( )

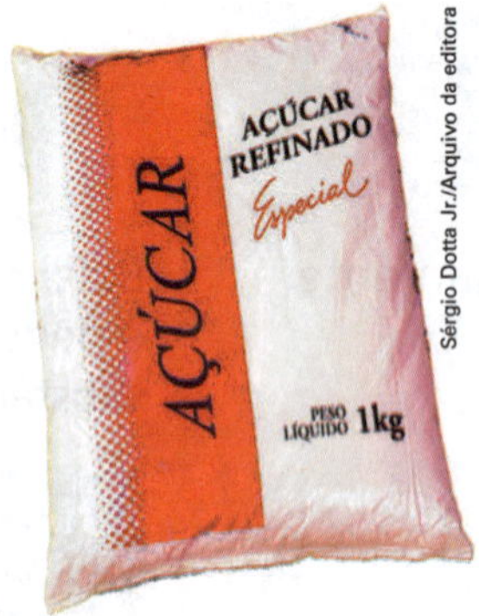

Sérgio Dotta Jr./Arquivo da editora

( )

Fernando Favoretto/Arquivo da editora

( )

2. Observe os produtos que Juliana comprou e complete as lacunas.

a) Juliana comprou ________ gramas de café ou ______ quilograma.

Ilustrações: Ilustra Cartoon/Arquivo da editora

b) Ela também comprou meio quilo de ______________________.

3. Letícia pesa 25 kg. Quantos quilos pesa Cláudia?

Ilustrações: Ilustra Cartoon/ Arquivo da editora

Cláudia pesa _______ kg.

a) Natasha se juntou às suas amigas. Qual é o peso de Natasha?

Natasha pesa _______ kg.

b) Agora veja Renato na balança com Letícia. Quanto pesa Renato?

Renato pesa _______ kg.

4. Quem pesa mais?

a) O gato ou o cãozinho?

____

b) A menina ou o menino?

____

12

Medidas de capacidade

Ilustrações: Ilustra Cartoon/Arquivo da editora

Unidade fundamental: o litro

Veja estes produtos:

Quais são sólidos e quais são líquidos?

Normalmente, as quantidades dos produtos sólidos são indicadas em gramas ou quilogramas.

Em geral, o volume de um líquido é medido em **mililitros** ou **litros**.

> 1 mililitro → 1 mL
>
> 1 litro → 1 L
>
> 1 000 mililitros formam 1 litro: 1 000 mL = 1 L

1. Contorne o que compramos em litros ou mililitros.

Ilustrações: Ilustra Cartoon/Arquivo da editora

2. Contorne os recipientes com capacidade menor que 1 litro.

Shutterstock/Glow Image

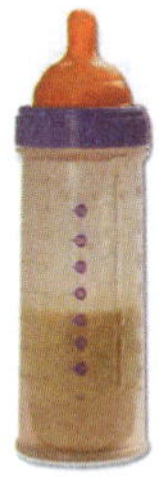

Fotoline/Shutterstock/Glow Image

Laureni Fochetto/Arquivo da editora

MjP/ingimages/Other Images

ingimages/Other Images

Sérgio Dotta Jr./Arquivo da editora

3. Uma caixinha de suco de maracujá de 200 mL custa R$1,30. O mesmo suco na caixa de 1 L custa R$5,00. O que é mais vantajoso comprar? Por quê?

---

4. Com 1 litro de suco, é possível encher 4 destes copos:
Se tivermos 3 litros de suco, quantos copos iguais a esses podemos encher?

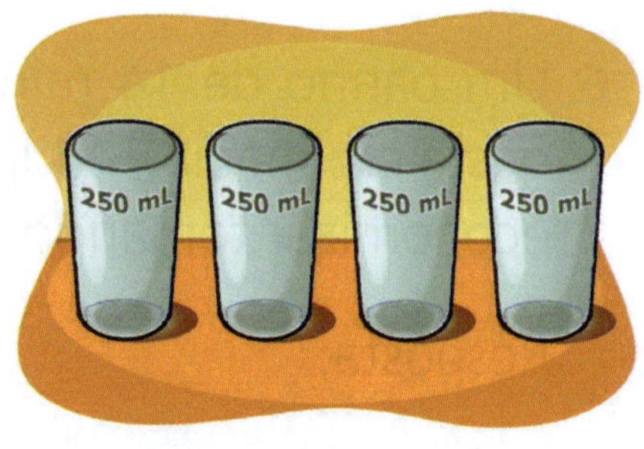

De olho na resolução de problemas

Faça em seu caderno

1. Marcela tem em seu álbum 28 figurinhas. Selma possui a metade da quantidade de figurinhas que Marcela tem. Quantas figurinhas há no álbum de Selma?

   Resposta: ______________________________

2. O pai de Carla tem 39 anos. Ela tem a terça parte da idade de seu pai. Quantos anos Carla tem?

   Resposta: ______________________________

3. Para enfeitar uma toalha, Irene usou 4 metros de renda. Se o metro da renda custa R$1,50, quanto Irene gastou?

   Resposta: ______________________________

4. Daniel colheu em seu sítio 80 quilos de feijão. Ele vai armazená-los em 4 sacos iguais. Quanto quilos haverá em cada saco?

   Resposta: ______________________________

5. Um comerciante comprou 350 litros de óleo. Esse óleo foi colocado em vasilhas de 5 litros. Quantas vasilhas foram usadas?

   Resposta: ______________________________

6. Um banho de 14 minutos, com o registro do chuveiro meio aberto, gasta em média 144 litros de água. Quantos litros de água poderemos economizar tomando um banho na metade desse tempo?

   Resposta: ______________________________

SUGESTÕES PARA O ALUNO

Livros

Reprodução/Editora FTD

A água do planeta azul,
de Fernando Carraro. São Paulo: FTD.

Imagine estar de férias e chover três dias sem parar! Dois garotos aproveitam a oportunidade para refletir de onde vem a água e como ela participa da vida do Universo e da humanidade.

Reprodução/Editora Callis

A Princesa está chegando!,
de Yu Yeong-So. São Paulo: Callis.

A princesa Rita está acostumada a usar sempre o maior tamanho de tudo. Para arrumar os aposentos onde ela vai ficar, as pessoas do vilarejo precisam utilizar diferentes formas de medir.

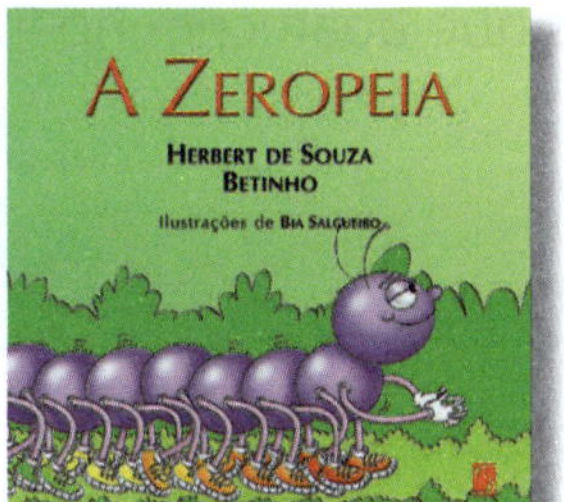

Reprodução/Editora Salamandra

A Zeropeia,
de Herbert de Souza. São Paulo: Salamandra.

A centopeia precisa de cem patinhas para andar pela floresta, enquanto a barata precisa de apenas seis. O ser humano usa só duas pernas. Por que tantas diferenças?

Reprodução/Editora Ática

Clact... clact... clact...,
de Liliana e Michele Iacocca. São Paulo: Ática.

Uma tesourinha muito agitada resolveu sair por aí organizando todos os papéis picados que encontrava. Ela percebeu que esses papéis eram figuras geométricas, mas nunca ficavam do jeito que ela queria que ficassem.

Do campo à mesa,
de Teddy Chu. São Paulo: Moderna.

Para quem pensa que alimento cai do céu, este livro traz duas surpresas: apresenta o caminho dos alimentos e ainda passa algumas receitas gostosas.

Mania de Explicação,
de Adriana Falcão. São Paulo: Salamandra.

Com muita poesia, a autora desse livro esclarece algumas coisas difíceis de explicar, como "saudade", "apesar" e "ainda".

Os problemas da família Gorgonzola,
de Eva Furnari. São Paulo: Global.

A família Gorgonzola está cheia de problemas. Será que você consegue ajudá-los, resolvendo os desafios que aparecem no livro?

Para onde vai a quinta-feira?,
de J. Brian e S. M. King. São Paulo: Brinque-Book.

Pingo queria que o dia de seu aniversário, uma quinta-feira, durasse para sempre. Ele e seu amigo Filó saem para descobrir para onde vai a quinta-feira antes de a sexta-feira chegar.

História

SUMÁRIO

Unidade 1

Os direitos das crianças

Hagaquezart/Arquivo da editora

O QUE VOU ESTUDAR?

- Você e sua história
- Os direitos da criança
- Brincadeiras de criança

1

Você e sua história

Estamos começando mais um ano escolar.

É hora de rever os amigos do ano passado e conhecer novas pessoas. Os amigos que você fez desde que entrou na escola já fazem parte da sua história. Com certeza, no futuro você vai se lembrar de muitos deles e das coisas que fizeram juntos.

Nos próximos anos, você vai continuar crescendo e vai estudar coisas novas e interessantes. Esses conhecimentos também vão interferir em sua história, pois será a partir deles que você poderá decidir sua profissão no futuro e descobrir as coisas de que você gosta.

Tudo o que você viveu ou vive hoje faz e fará parte da sua história. De um ano para o outro, bastante coisa deve ter mudado em sua vida. Você se lembra de como você era no ano passado, no início do 2º ano? E as coisas que aconteceram durante as férias mudaram algo em sua vida?

Isso tudo faz parte da sua história de vida. E a história de cada um pode ser contada com base em vários acontecimentos.

Leia o que este menino está contando.

Ilustra Cartoon/Arquivo da editora

1. Desenhe no caderno algo que você goste de fazer quando não está na escola.

2. Você viveu fatos importantes que fazem parte de sua história. Escolha um desses fatos e descreva-o. Use as questões a seguir como roteiro.

a) O que aconteceu?

____

____

b) Por que esse fato é importante para você?

____

____

____

c) Quem participou desse fato?

____

____

3. Você viu que é possível descrever um fato importante da vida com base na memória.

- Além das lembranças em sua mente, você tem outro registro do fato que descreveu na atividade 2? Marque o(s) quadradinho(s) para responder.

  ☐ fotos

  ☐ gravações de áudio

  ☐ gravações de vídeo

  ☐ outros ______________________________

  ____

2

Ser criança

A infância é o estágio inicial da vida de todo ser humano. Nascemos bem pequenininhos e, pouco a pouco, vamos crescendo, e nosso corpo vai se transformando.

É na infância que aprendemos como conviver com os outros e realizar uma série de coisas importantes para nossa sobrevivência. Desde que somos bebês, nossos pais ou responsáveis e vários adultos nos orientam e ensinam o que podemos e devemos fazer no dia a dia e como nos comportar na convivência com as outras pessoas.

Observe as fotos. O que os adultos estão ensinando às crianças?

Simon Jarratt/Corbis/Latinstock

Ersler Dmitry/Shutterstock/Glow Images

Sandra Gligorijevic/Shutterstock/Glow Images

Quando crianças, às vezes não percebemos os perigos de algumas coisas que fazemos. Os adultos, então, nos chamam a atenção para que possamos aprender a não fazer mais essas coisas, ou nos mostram como fazê-las de uma forma menos perigosa ou prejudicial.

Ilustra Cartoon/Arquivo da editora

Embora as crianças não devam trabalhar como os adultos, é importante que elas os ajudem nas tarefas simples de casa para que aprendam como cuidar da própria casa no futuro.

- Observe as imagens a seguir. Elas mostram como vivem duas crianças. Iara, que é indígena e mora na floresta, e Tatiana, que mora na cidade.

cotidiano de Iara

cotidiano de Tatiana

Ilustrações: Ilustra Cartoon/Arquivo da editora

a) Quais são as semelhanças na vida das duas meninas?

____

b) E quais são as diferenças?

____

____

____

c) Seu dia é mais parecido com o de Iara ou o de Tatiana? Por quê?

____

____

3

Crianças também têm direitos

Você já ouviu falar sobre um documento conhecido como Declaração dos Direitos da Criança?

Esse documento, aprovado em 1959 pela Organização das Nações Unidas (a ONU), é a adaptação de algumas partes da Declaração Universal dos Direitos Humanos e contém os direitos básicos das crianças de todo o mundo. Veja o que ele estabelece:

1. Toda criança deve ter os mesmos direitos, independentemente de sua cor, língua, religião, classe social, país de origem ou sexo.

Ilustra Cartoon/Arquivo da editora

2. Toda criança tem direito a proteção especial. Toda criança deve ser protegida e bem tratada.
3. Desde o dia em que nasce, toda criança tem direito a um nome e a uma nacionalidade.
4. Toda criança tem direito a alimentação, habitação, recreação e assistência médica.
5. Crianças com deficiência física ou mental devem receber educação e cuidados especiais.
6. Toda criança deve crescer em um ambiente de amor, segurança e compreensão. Quando a criança não tiver família, o governo e a sociedade devem protegê-la.

7. Toda criança tem direito de receber educação escolar gratuita e brincar e se divertir.

8. Em situações de emergência ou acidente, ou em qualquer outro caso, a criança deverá ser a primeira a receber proteção e socorro.

9. Nenhuma criança deverá ser abandonada, sofrer crueldade ou exploração nem trabalhar antes da idade mínima para isso.

10. Toda criança deverá crescer em um ambiente de compreensão, tolerância e amizade, de paz e fraternidade, protegida contra qualquer tipo de preconceito.

Declaração dos Direitos da Criança, proclamada em 20 de novembro de 1959 pela Assembleia Geral das Nações Unidas. Disponível em: <www.unicef.org/brazil>. Acesso em: 5 nov. 2010. Texto adaptado.

Como você pôde perceber pelo texto da Declaração dos Direitos da Criança, brincar, estudar, ter um lar, alimento e roupas para vestir são direitos de todas as crianças. É dever dos adultos garantir esses direitos.

Mas, provavelmente, você já viu ou conhece crianças que não podem exercer todos esses direitos.

Em todo o mundo há um enorme número de crianças que não têm ninguém que possa ajudá-las a ter seus direitos respeitados. E muitas outras convivem com adultos que não se preocupam com esses direitos.

- Poder ir à escola é um dos direitos de toda criança. Porém muitas crianças não frequentam a escola porque trabalham durante o dia. Por que isso acontece? Converse sobre esse assunto com seus colegas, o professor e as pessoas de sua casa.

Direitos e deveres na escola

Para que a escola funcione bem, todos devem colaborar, respeitando os direitos dos outros e cumprindo seus deveres.

Veja um cartaz que os alunos desta classe fizeram, com os direitos e os deveres de cada um na escola:

Ilustra Cartoon/Arquivo da editora

Como ficaria o dia a dia na escola se as pessoas não cumprissem seus deveres? E se não tivessem seus direitos respeitados? Seria tudo muito difícil, não é?

O trabalho em equipe é mais rápido. No trabalho em equipe todos se esforçam, se ajudam e colaboram, e cada um realiza parte das tarefas.

- O direito à educação escolar gratuita está garantido na Declaração dos Direitos da Criança, mas muitas crianças não frequentam a escola.

a) Veja as fotos.

Fabio Colombini/Acervo do fotógrafo

Manaus (AM), em 2010.

Alexandre Tokitaka/Pulsar Imagens

São Paulo (SP), em 2008.

b) Agora, leia o texto a seguir.

Direito de estudar e aprender

[...] Você já observou que nem todas as crianças têm uma escola onde estudar? Duas em cada dez crianças de 7 a 14 anos do mundo não vão à escola. São crianças pobres que vivem em regiões onde simplesmente não existem escolas e professores.

Há, ainda, crianças que não vão à escola porque trabalham para ajudar os pais. Ou porque têm alguma deficiência e a família e a escola acham que elas não precisam aprender coisas novas [...].

Para garantir que todas as crianças tenham oportunidade de aprender em escolas, muitas pessoas, governos e entidades trabalham no mundo inteiro defendendo o direito à educação, organizações não governamentais (ONGs) e o Unicef organizam campanhas para mostrar aos pais que lugar de criança é na escola e cobram do governo a construção de escolas e a preparação de bons professores.

Disponível em: <www.unicefkids.org.br/pag_texto.php?pid=25>. Acesso em: 5 mar. 2014.

c) Você tem ideias para melhorar a educação no Brasil e para que todas as crianças possam exercer seu direito de aprender? Quais? Escreva algumas delas no caderno.

4

Quem sou eu?

Já pensou se você fizesse essa pergunta a várias pessoas?

Ilustrações: Ilustra Cartoon/Arquivo da editora

Cada pessoa com quem você se relaciona no dia a dia pensa algo diferente sobre você. Seus pais, por exemplo, o veem como filho, então se preocupam em educá-lo e sustentá-lo.

Seu médico presta atenção em sua saúde.

Seus colegas o veem como um amigo que podem chamar para brincar ou conversar.

1. Imagine o que as pessoas responderiam se você lhes perguntasse: "Quem sou eu?". Faça essa pergunta ao maior número de pessoas e veja as diferentes opiniões que elas têm a seu respeito. No caderno monte uma lista com todas as respostas, escolha uma das opiniões a seu respeito e registre-a abaixo.

____

____

____

- Viu como as pessoas têm opiniões diferentes a seu respeito? Por que isso acontece? Troque ideias com seus colegas e, depois, responda oralmente.

2. Quem é você nas situações abaixo? Ligue os itens correspondentes nas duas colunas.

Ao viajar em um avião, eu sou...

Ao ser consultado por uma médica, eu sou...

Quando estou na sala de aula, eu sou...

Ilustrações: Ilustra Cartoon/Arquivo da editora

um(a) estudante.

um(a) passageiro.

um(a) paciente.

3. Você já conhece a opinião dos outros a seu respeito. Qual é sua opinião sobre você mesmo? Escreva no caderno.

5

Meninas e meninos

Qual é a diferença entre meninas e meninos? Será que todos têm os mesmos gostos? Meninos podem brincar com meninas?

Pense sobre isso e depois leia o texto a seguir.

Homem não chora?

Ouvem-se alguns berros no quarteirão: duas crianças caíram do gira-gira, que estava muito rápido. Felizmente não aconteceu nada grave, mas tiveram uns arranhões numa aterrissagem forçada.

O pai da garotinha corre para socorrê-la e acalmá-la, enxugando suas lágrimas. O pai do garoto corre para levantá-lo, dá um abraço nele e diz:

— Vamos, pare de chorar! Você é homem.

Todos nós já ouvimos isso pelo menos uma vez na vida. Um adulto dizendo ao filho que homem não chora. Que isso é coisa de menina.

As lágrimas aparecem por causa do medo, da tristeza, da dor, ou até mesmo da alegria, da felicidade que sentimos. Elas revelam muitas coisas, é como se fossem uma linguagem. E por que só as meninas teriam direito a essa linguagem?

Ora, os meninos também têm glândulas lacrimais, que são pequenas bolsas na parte interna dos olhos que produzem as lágrimas. Foram as pessoas que inventaram essa história de que só as mulheres podem chorar.

Ilustra Cartoon/Arquivo da editora

Os meninos e as meninas, de Brigitte Labbé e Michel Puech. São Paulo: Scipione, 2004.

• Leia outro texto que fala sobre meninas e meninos.

Você sabe que existe uma diferença... E talvez ache isso estranho, não é? Pode parecer meio bobo haver modos de agir próprios de meninos e de meninas. Mas você não deve ligar para frases como “menina não sobe em árvore” ou “menino não chora”. Você acha mesmo que é assim? Vida de menina e vida de menino podem ser diferentes, mas serão maravilhosas se forem vividas de coração aberto e com muito amor.

Diga-me quem sou, de Christiane Baradeau e Anne Bozellec. São Paulo: Scipione, 1995.

Monkey Business Images/Shutterstock/Glow Images

Agora, converse com seus colegas e responda às perguntas:

a) Você acha que há diferenças entre meninas e meninos? Por quê? Se você achar que elas existem, diga quais são essas diferenças.

____

____

____

____

b) Em sua opinião, existem brincadeiras das quais somente os meninos ou somente as meninas podem participar? Por quê?

____

____

____

6

Brincar é bom

Onde existem crianças há brinquedos e brincadeiras. Como vimos na Declaração dos Direitos da Criança, toda criança tem o direito de brincar.

Com as brincadeiras, o ser humano aprende muitas coisas, desenvolve o corpo, o raciocínio e as emoções.

Observe as brincadeiras a seguir. Qual ou quais dos brinquedos e das brincadeiras você conhece?

PhotoDisc/Arquivo da editora

Leonid Streliaev/NextFoto

Sérgio Dotta Jr./The Next

Sérgio Dotta Jr./The Next

Dynamic Graphics/Arquivo da editora

1. Escreva o nome das brincadeiras ou dos brinquedos que você observou nas fotos da página anterior.

2. Você conhece bem todos esses brinquedos e brincadeiras? Você já participou de alguma dessas brincadeiras? Explique como foi.

3. Desenhe, em uma folha de papel sulfite, sua brincadeira ou seu brinquedo preferido. Se quiser, escreva algo sobre ele embaixo do desenho.

4. Do que você mais gosta: brincar sozinho ou brincar com seus amigos? Explique sua escolha.

De olho na História

Brinquedos de sucata

Como vimos nesta unidade, brincar é um direito de todas as crianças.

Mas muitas crianças dificilmente conseguem brincar. Algumas porque trabalham para ajudar a família e outras porque não têm dinheiro para comprar brinquedos e nem um espaço adequado para brincar.

Poucas famílias têm dinheiro para comprar brinquedos caros e importados, como pistas de corrida, casas de boneca e carrinhos de controle remoto. Mas é possível fazer brinquedos divertidos com objetos cotidianos ou até com coisas que iriam para o lixo.

Assim você não gasta nada, ajuda a diminuir a quantidade de lixo e ainda pode exercitar a criatividade!

Veja abaixo alguns brinquedos que podem ser feitos com sucata. Inspirado nestes exemplos, crie você mesmo um brinquedo ecológico.

Sérgio Dotta Jr./Arquivo da editora

"Vai e vem" feito com garrafas PET e cordões.

Jakub Krechowicz/Shutterstock/Glow Images

Casa feita com papel e pintada com tinta guache.

Peça a seus pais que separem todos os materiais reaproveitáveis que eles não vão utilizar mais. Você poderá usar coisas como: caixas usadas, rolos de papel higiênico, jornais velhos, potes e sacos plásticos, latas, pedaços de madeira. Mas cuidado com metais, vidros e madeiras, que podem causar ferimentos! Sempre peça a ajuda de um adulto.

Use a criatividade e divirta-se!

Unidade

2

A história das famílias

Hagaquezart/Arquivo da editora

O QUE VOU ESTUDAR?

- A família
- A história da família e as relações familiares
- A árvore genealógica

7

A família

Quando nascemos, passamos a fazer parte de uma família e também da história dessa família.

Famílias diferentes

Veja as fotografias a seguir. Elas retratam algumas famílias.

Monkey Business/Shutterstock/Glow Images

Monkey Business/Shutterstock/Glow Images

Monkey Business Images/Shutterstock/Glow Images

Monkey Business Images/Shutterstock/Glow Images

Como você pôde notar, as famílias podem ser formadas de várias maneiras, e isso pode ocorrer por diferentes motivos.

1. Que tal mostrar aos colegas como é a sua família? Faça um desenho em uma folha de papel retratando você e as pessoas que vivem em sua casa. Depois, escreva o nome dessas pessoas e anote que parentesco cada uma delas tem com você (se é pai, mãe, irmão, tia, primo, avó...).

2. Observe novamente as fotos de famílias da página 314 e depois responda às questões.

a) Com qual das famílias a sua é mais parecida?

____

____

____

b) Quais são as diferenças e as semelhanças entre a sua família e a que você escolheu no item **a**?

____

____

Saiba mais

Ter uma família

Toda criança deve viver com sua família. Família, no caso, não é só a tradicional, composta da mamãe, do papai e dos irmãozinhos. Pode ser só o pai ou a mãe, uma avó, uma tia... alguém que a queira bem e a trate com amor e carinho.

A família é muito importante para uma criança crescer feliz, e os pais são os principais responsáveis por seu desenvolvimento saudável.

No Brasil, existem várias situações em que isso não acontece. É dever de todos assegurar que uma criança possa crescer em família.

Disponível em: <www.unicefkids.org.br/pag_texto.php?pid=11>. Acesso em: 18 mar. 2014.

8

A família tem história

Geralmente guardamos vários objetos como recordação de acontecimentos ocorridos em família, em especial fotografias, relógios antigos, roupas, louças, entre outras coisas.

Esses materiais são importantes registros da história da família.

Veja a foto abaixo. Observe a aparência e as roupas das pessoas.

Reprodução/Coleção de Felício Marmo

Família moradora de Tupã, no estado de São Paulo, posando para foto datada de cerca de 1923.

Na época em que essa foto foi tirada, as famílias eram quase sempre grandes, com muitos parentes morando juntos. Os casais costumavam ter vários filhos.

As mulheres, na maioria das vezes, ficavam em casa, cuidando dos filhos e das tarefas domésticas. Muitas não tinham emprego fora de casa.

E hoje, ainda é assim? Você conhece alguma família com muitos filhos? Quantos? Atualmente muitas mulheres têm um emprego. Como é em sua família? As mulheres adultas trabalham fora de casa?

1. Veja os objetos de família que Ana levou para a escola.

a) Pergunte em casa se há algum objeto que lembre um acontecimento importante da família.

b) Desenhe-o no espaço abaixo e mostre aos colegas de classe, explicando qual acontecimento ele faz lembrar.

2. Entreviste uma pessoa idosa que você conheça, perguntando-lhe como costumavam ser as famílias quando ela era criança. Siga o roteiro de questões abaixo e anote as respostas de seu entrevistado no caderno.

a) Qual é seu nome e sua idade?

b) Quantas pessoas moravam em sua casa quando você era criança?

c) Quem eram essas pessoas: pais, tios, avós, etc.?

d) De seu tempo de criança até hoje, o que mudou mais nas famílias?

9

As relações familiares

Os parentes

Os avós, os tios e os primos também fazem parte da família. Eles são os parentes.

Em uma família pode haver pessoas de várias idades, como os bisavós, os avós, os pais, os filhos. Cada um desses grupos representa uma geração.

Uma geração é um conjunto de pessoas nascidas na mesma época. Ou seja: você, seus irmãos e seus primos da mesma faixa de idade pertencem à mesma geração. Já seus pais e seus tios que têm idades próximas fazem parte da geração anterior.

Ilustrações: Daniel Kondo/Arquivo da editora

Antes da geração dos seus pais, veio a geração dos seus avós e tios-avós. Depois da geração dos seus pais, veio a sua geração.

Veja como ficam essas relações em um esquema:

A árvore genealógica

No esquema que acabamos de ver, os parentes estão organizados com muitas ramificações e ligações, de um jeito que lembra uma árvore. É por isso que, para organizar muitas gerações de uma família, geralmente usamos a expressão árvore genealógica.

Para contar a história das gerações de sua família, Alice construiu uma árvore genealógica. Ela organizou o nome de seus parentes pela ordem de nascimento e casamento até chegar ao próprio nascimento. Veja:

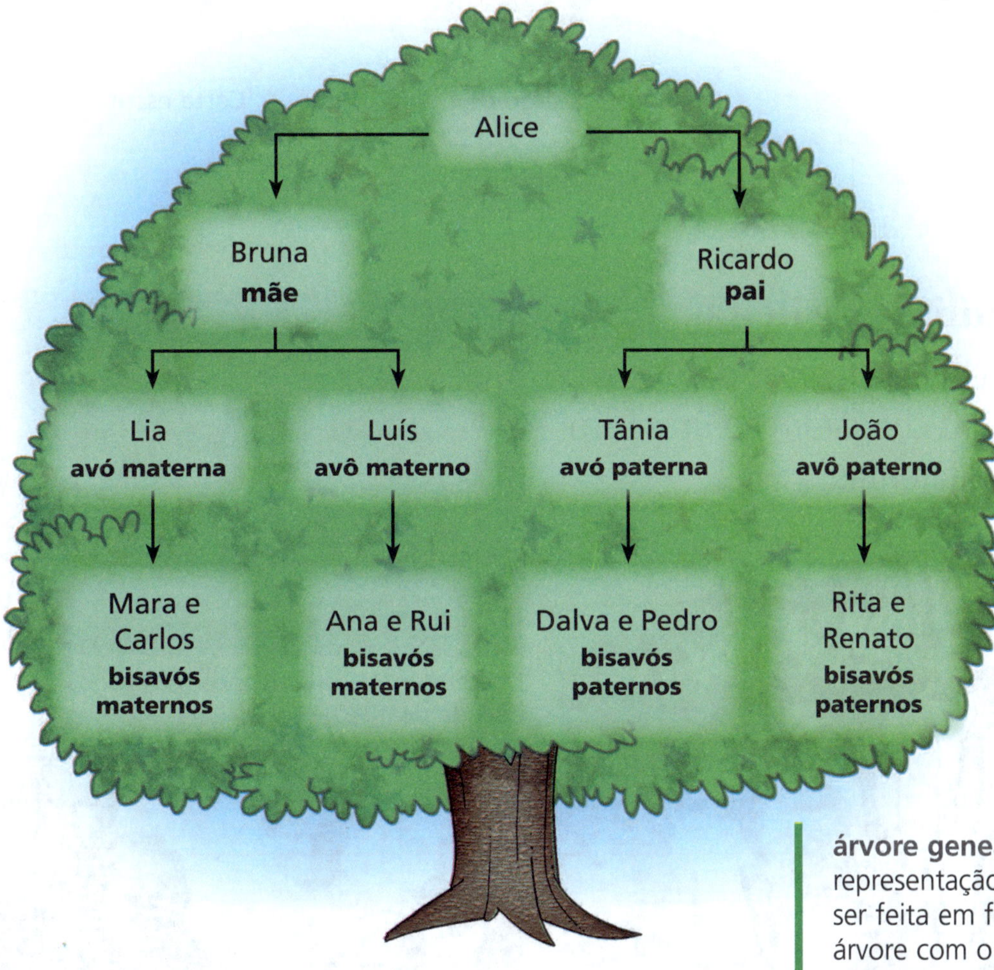

Anderson de Oliveira/Arquivo da editora

árvore genealógica: representação que pode ser feita em forma de árvore com o nome das pessoas que fazem parte de uma mesma família em diversas gerações.

1. Quem são os pais de Alice?

____

2. Quem é a mãe da avó paterna de Alice?

____

Como será que Alice conseguiu saber tantas coisas sobre sua família?

Além de perguntar para os pais e os avós, ela procurou muitos registros da história de sua família. Veja o que ela encontrou:

Fotos antigas de Tânia e João.

Passaporte antigo de Dalva.

Ilustrações: Ilustra Cartoon/Arquivo da editora

Carta escrita por Carlos.

Saiba mais

As famílias brasileiras

Observe as pessoas das fotos a seguir. Elas chegaram ao Brasil em épocas diferentes.

Marc Ferrez/Coleção Gilberto Ferrez/Acervo Instituto Moreira Salles

Descendentes de africanos retratados na década de 1880.

Serviço de Imigração

Família de imigrantes japoneses no município de Registro (SP), na década de 1930.

Coleção particular

Foto do passaporte de família italiana que veio para o Brasil em 1923.

As famílias brasileiras foram formadas por diferentes povos, de diversos lugares.

3. Agora que você já sabe o que é uma árvore genealógica, peça ajuda em casa e faça a sua.

Anderson de Oliveira/Arquivo da editora

As árvores fazem parte da história

Não é por acaso que usamos as árvores para contar um pouco da história das famílias. Elas sempre estão, de um jeito ou de outro, relacionadas com a história.

Vamos ver algumas informações curiosas sobre isso?

Muitas famílias têm árvores que foram importantes ao longo de sua história. Nas obras do **Sítio do Pica-Pau-Amarelo**, de Monteiro Lobato, por exemplo, várias aventuras se passam entre as jabuticabeiras carregadas de frutos.

Na tradição de algumas famílias, costuma-se plantar uma árvore, ainda como muda, quando nasce uma criança. E então, a criança e a árvore vão crescendo juntas.

Existe alguma planta da sua casa que acompanhou seu crescimento? Que tal plantar uma agora? No futuro, verá como ela cresceu e lembrará de como você era quando a plantou.

As árvores são tão importantes para o mundo e para nosso país que possuem um dia e uma semana só delas. O Dia da Árvore, na maioria dos estados do sul do Brasil, é comemorado em 21 de setembro, e há outras atividades ao longo da semana que começa nesse dia. Já na maioria dos estados do norte do país, as árvores são homenageadas na última semana do mês de março.

Fotos: Fernando Favoretto/Criar Imagem

Crianças em uma atividade na semana da árvore, no município de São Caetano do Sul (SP), em 2008.

Unidade

3

O bairro e o município

O QUE VOU ESTUDAR?

- Espaços de convivência: a rua, o bairro, o município
- A história do bairro
- A história do município

10

A vizinhança

Na rua onde moramos, todos nós convivemos com outras pessoas. Essas pessoas são nossos vizinhos, e, juntos, formamos uma comunidade. Por isso, é importante que os vizinhos se unam para resolver problemas comuns a todos os moradores.

comunidade: grupo de pessoas que têm alguns interesses em comum.

Ilustra Cartoon/Arquivo da editora

As pessoas que moram nessas ruas formam uma vizinhança.

A ilustração acima mostra um **quarteirão**. Chamamos de quarteirão um terreno que tem quatro lados, geralmente composto de casas dispostas uma ao lado da outra. Em cada lado do quarteirão passa uma rua diferente.

Os quarteirões reunidos formam um **bairro** e os bairros reunidos formam um **município**.

A rua, o bairro e o município são **espaços de convivência**. Para viver bem, é preciso conservar esses espaços.

1. Qual é o nome da sua rua? Você costuma brincar com outras crianças que moram no mesmo lugar que você? Escreva o que vocês costumam fazer juntas.

____

____

____

2. Qual é o nome do seu bairro?

____

a) Tente pesquisar por que seu bairro recebeu esse nome. Depois, conte aos colegas o que você descobriu e ouça o que eles também descobriram.

b) Alguém que mora no mesmo bairro que você descobriu algo diferente? Troque informações com essa pessoa.

3. Sobre sua vizinhança, responda:

a) Você conhece seus vizinhos ou tem amigos na vizinhança? Escreva o nome de alguns deles.

____

____

____

b) Você já foi a alguma festa em sua vizinhança? Se a resposta for sim, conte aos colegas como foi esse acontecimento.

c) Algum de seus colegas de classe é seu vizinho? Quem?

____

4. Em uma folha avulsa, desenhe sua casa e a de seus vizinhos mais próximos.

11

O bairro tem história

Os bairros de um município têm história. Eles também mudam com o passar do tempo.

É provável que o bairro onde você more não tenha sido sempre da forma que você o conhece.

Os bairros podem ter suas características modificadas. Inúmeros bairros, que antigamente eram residenciais, hoje abrigam prédios de empresas.

Société Générale d' Impression, Paris/Arquivo da editora

Avenida Paulista, em São Paulo (SP), por volta de 1902.

Danilo Verpa/Folhapress

Avenida Paulista, em São Paulo (SP), em 2009.

Leia este depoimento que conta um pouco sobre um bairro do Rio de Janeiro no início do século XX.

Quando eu era pequeno, minha avó me contou que na sua infância, vivida nos anos 1910, ela costumava ficar na janela, esperando os acendedores de lampiões a gás da rua onde morava. Ela gostava de ver quando, um a um, os lampiões eram acesos.

Pela manhã, bem cedinho, os acendedores voltavam para apagar os lampiões.

Depoimento de um senhor que viveu a infância no Rio de Janeiro nos anos 1950 especialmente para esta obra.

Acervo Iconografia

Acendedor de lampiões, no município do Rio de Janeiro (RJ), no fim do século XIX.

Agora leia este outro depoimento.

Weberson Santiago/Arquivo da editora

Antigamente os bondes, espécie de veículos que trafegavam sobre trilhos, circulavam pelas ruas. Carros, como os de hoje, eram raros.

Meu avô um dia me contou que, quando ele era criança, era tudo muito diferente. Havia engenhos de açúcar e plantações de café que tomavam conta de uma grande área do bairro.

Depoimento de um senhor que viveu a infância no Rio de Janeiro nos anos 1930 especialmente para esta obra.

1. Você leu dois depoimentos.

a) O que eles têm em comum?

____

b) Quais são as diferenças entre eles?

____

____

2. Que tal pesquisar sobre seu bairro?

a) Pergunte a um antigo morador, parente ou vizinho, que passou a infância no bairro onde você mora, se ocorreram muitas mudanças no local até a época atual (por exemplo iluminação eletrica, água encanada, etc.). Escreva, no caderno, as informações obtidas.

b) Pergunte também:

- Que espaços de lazer existiam no bairro?
- As mudanças que aconteceram foram boas ou ruins para os moradores do bairro? Por quê?

12

O município

Observe as fotos a seguir. Elas mostram bairros de alguns municípios do Brasil.

Delfim Martins/Tyba

Bairro de Ponta Verde, em Maceió (AL), 2010.

João Prudente/Pulsar Imagens

Bairro de Nova Campinas, em Campinas (SP), 2009.

Andre Valentim/Tyba

Bairro Bueno, em Goiânia (GO), 2010.

Delfim Martins/Pulsar Imagens

Bairro Central, em Gramado (RS), 2008.

- Você conhece os municípios que aparecem nas fotos? Seu bairro é parecido com algum dos lugares aqui retratados?

Assim como os bairros, os municípios podem ser considerados residenciais, comerciais ou turísticos, mas isso pode mudar ao longo do tempo.

A cidade do Recife, em Pernambuco, por exemplo, era um grande centro comercial no passado, mas hoje também é considerada uma cidade turística. Isso se deve às suas belezas naturais e aos prédios antigos, que se tornaram patrimônio histórico da humanidade. O mesmo aconteceu com muitas outras cidades brasileiras.

A Casa da Cultura, no Recife (PE), está instalada em um prédio construído em meados do século XIX. O edifício, que funcionou como uma penitenciária durante mais de um século, é hoje um espaço de cultura que abriga artesanato, comidas típicas, exposições e eventos ligados à tradição pernambucana. Foto de 2013.

Pode ser que os prédios mais modernos que você conhece se tornem, no futuro, prédios históricos – ou seja, construções que nos fazem lembrar o que acontecia na época em que foram feitas. Isso acontece porque as construções podem ser utilizadas de modos diferentes ao longo do tempo.

O Teatro Municipal do Rio de Janeiro, inaugurado em 1909, era, na época, um dos prédios mais modernos da cidade. Foto de cerca de 1919.

Hoje, o teatro ainda é preservado e funciona normalmente, mas seu estilo é muito diferente dos outros prédios da região. Ele se tornou um monumento histórico. Foto de 2010.

O município tem história

Você mora em um bairro, e esse bairro faz parte de um município. Cada município tem uma história, que é construída pelas pessoas que vivem nele.

Veja as fotos a seguir. Elas mostram um município em dois momentos diferentes.

Autoria desconhecida/Acervo fotográfico da Divisão de Iconografia e Museus do Departamento do Patrimônio Histórico/SMC/PMSP, São Paulo, SP.

Viaduto do Chá, em São Paulo (SP). Foto de 1892.

Rubens Chaves/Pulsar Imagens

Viaduto do Chá, em São Paulo (SP). Foto de 2012.

1. Nas duas fotos aqui apresentadas, que aspectos mudaram de uma época para outra? Converse com seus colegas e escreva suas conclusões no espaço abaixo.

2. Com seus colegas, conheça mais sobre a história do município em que você mora.

a) Pesquise sobre esse assunto em museus e bibliotecas, converse com moradores antigos e observe fotos que mostrem a história de seu município.

b) Faça uma ficha, em uma folha à parte, com as seguintes informações: o nome do município; outros nomes que o lugar já teve; o local onde se estabeleceram os primeiros habitantes do município; o motivo que os levou a se estabelecerem nesse local.

c) Faça um cartaz com fotos, gravuras e mapas mostrando seu município atualmente.

d) Observe atentamente a ficha e o cartaz. Com base neles, escreva, em uma folha avulsa, a história do município: Quais foram as mudanças? Em sua opinião, elas foram boas ou ruins? Por quê?

e) Ainda com os colegas coloque, em um painel na classe, tudo o que foi feito nesta atividade: a ficha, o cartaz e a história do município.

Ilustra Cartoon/Arquivo da editora

De olho na História

A urbanização e o desmatamento

Nas imagens que vimos nesta unidade, percebemos que geralmente as cidades, no começo, têm poucas construções e grandes áreas verdes. Aos poucos, o número e o tamanho das construções aumentam, e quase sempre a área verde diminui.

Esse processo de expansão da quantidade de construções feitas pelo ser humano – como ruas, casas e prédios – é chamado de **urbanização**. A urbanização, em geral, causa **desmatamento**, que é a destruição da vegetação natural.

Uma das ações comuns para compensar os estragos que a urbanização causa à natureza é a criação de áreas de preservação em centros urbanos.

Nessas áreas, fica proibida a construção de edifícios e a destruição da flora nativa. Além disso, nessas reservas geralmente são realizadas palestras e oficinas para conscientizar as pessoas sobre a importância da vegetação e de áreas verdes para a vida nos centros urbanos.

Veja um exemplo:

flora: conjunto de fenômenos e seres relativos à vida vegetal.

Rubens Chaves/Pulsar Imagens

O cinturão verde de São Paulo (SP) é uma faixa de preservação que cerca a cidade e ajuda a diminuir as consequências negativas da poluição e do desmatamento causados pela urbanização.

Converse com seu professor e com os colegas sobre problemas semelhantes que ocorrem na região onde você mora. Procure saber também sobre áreas de preservação vegetal existentes na região. Crie você mesmo uma lista de sugestões para ajudar no problema do desmatamento causado pela urbanização.

Unidade 4

Identidade e cultura

Hagaquezart/Arquivo da editora

O QUE VOU ESTUDAR?

- A identidade
- A cultura brasileira
- Hábitos indígenas
- A cultura afro-brasileira

A identidade

Desde seu nascimento, toda criança tem uma identidade que a acompanhará por toda a sua vida. O nome e o sobrenome, a data de nascimento, o sexo e a nacionalidade são partes da identidade de uma pessoa.

Ilustra Cartoon/Arquivo da editora

Você conheceu João Carlos, agora veja a ficha de identificação dele. Ela mostra algumas características pessoais que são parte da identidade de João.

Nome: João Carlos da Silva Monteiro

Data de nascimento: 15 de dezembro de 2006

Sexo: masculino

Nacionalidade: brasileira

1. Agora que você já viu um exemplo de identificação, faça a sua na ficha a seguir.

Nome: ____________________

Data de nascimento: ____________________

Sexo: ☐ masculino ☐ feminino

Nacionalidade: ____________________

2. Leia o texto abaixo.

Identidade cultural

Identidade é também tudo aquilo com o que você se identifica, tudo aquilo de que você gosta. Todos os seus gostos, iguais ou diferentes aos dos outros, também mostram que você é uma pessoa especial e única.

Por exemplo, Ígor gosta de andar de esqueite, por isso muitas coisas que ele veste, lugares que frequenta e algumas palavras que fala têm a ver com essa preferência. Ser esqueitista faz parte da identidade de Ígor.

Ilustra Cartoon/Arquivo da editora

- Sabia que você também possui uma identidade cultural? Você gosta, por exemplo, de praticar algum esporte ou de ouvir um determinado tipo de música?
  Desenhe, em uma folha avulsa, algo sobre a sua identidade. Use as linhas a seguir para escrever um pouco mais sobre isso.

____

____

____

14

As culturas no Brasil

Cultura é o modo de vida de um povo, seus conhecimentos, seus costumes e a forma de agir que caracterizam uma sociedade e são transmitidos ao longo da História.

Todo povo tem sua história, seus costumes e sua maneira de comemorar ou lembrar acontecimentos importantes.

O Brasil é um país de muitas culturas. Nossos costumes são resultado de diversas influências, que começaram com a mistura das tradições de povos indígenas (que já viviam aqui), europeus (que colonizaram o país) e africanos (inicialmente trazidos para trabalhar como escravos).

Mario Friedlander/Pulsar Imagens

Indígena em Cuiabá (MT). Foto de 2013.

Ao longo da história do Brasil, nem sempre essa mistura de culturas foi pacífica. Por exemplo, os portugueses colonizadores exploraram o trabalho dos indígenas e grande parte das populações que aqui viviam morreu com doenças trazidas da Europa. E os negros africanos foram retirados de seus povoados, onde podiam viver livremente, para trabalharem como cativos nas fazendas brasileiras.

Attila Jandi/Shutterstock/Glow Images

Africana no Mali. Foto de 2006.

Dimitri Surkov/Shutterstock/Glow Images

Europeia na Itália. Foto de 2013.

Mesmo hoje, quando muitos já lutaram e continuam lutando por direitos iguais para todos, ainda há injustiças causadas por esse passado de desigualdade.

sociedade: conjunto de pessoas que se relacionam por viverem no mesmo lugar ou terem costumes em comum.

colonizar: transformar um local em colônia, explorar aquele local como se fosse sua propriedade.

Tanto os povos indígenas como os que chegaram aqui depois contribuíram para a formação dos costumes brasileiros.

Na alimentação, por exemplo, os italianos trouxeram a *pizza*, a macarronada e a lasanha; os japoneses, o hábito de comer peixe cru e temperar a comida com molho de soja; os africanos, o cuscuz; e os portugueses, o arroz-doce.

As influências indígenas na cultura brasileira estão presentes na alimentação, na linguagem e em muitas situações do dia a dia. Veja:

Ilustra Cartoon/Arquivo da editora

1. Complete as frases com uma das alternativas.

a) Quando os portugueses aqui chegaram:

☐ encontraram os africanos.

☐ encontraram os indígenas.

b) O povo brasileiro formou-se:

☐ do encontro entre vários povos.

☐ do encontro entre portugueses e indígenas.

2. Os costumes das famílias variam de acordo com a origem de cada uma. Leia estas perguntas e responda no caderno.

a) Qual é a origem da sua família? Algum membro da sua família nasceu em outro país?

b) Sua família tem algum costume que você não vê em outras famílias? Se tem, qual é?

15

Hábitos indígenas

Ilustra Cartoon/Arquivo da editora

Dionisvera/Shutterstock/Glow Images

Melica/Shutterstock/Glow Images

Renato Soares/Pulsar Imagens

Fabio Colombini/Acervo do fotógrafo

A cultura brasileira atual incorporou muitas tradições dos povos indígenas, como o hábito de tomar banho diariamente e o uso de chás e plantas medicinais para curar doenças. Muitos dos remédios que compramos atualmente nas farmácias tiveram suas fórmulas baseadas em chás indígenas. É também influência indígena a utilização de redes para dormir.

Ilustra Cartoon/Arquivo da editora

Jurema adora dormir na rede.

Os portugueses, a fim de se comunicarem com os indígenas, aprenderam as línguas desses povos. Assim, muitas palavras de origem indígena foram incorporadas à língua portuguesa falada no Brasil. "Abacaxi", "tatu", "arara" e "sucuri", por exemplo, são palavras de origem indígena.

No dia a dia, muitas heranças indígenas permanecem até hoje, como o uso de jangadas e de canoas feitas de tronco de árvore.

Coleção particular

Canoa com índios, litografia colorida à mão de Johann Moritz Rugendas, 1835.

- A influência indígena na cultura brasileira é muito evidente. De acordo com o que você aprendeu, cite exemplos dessa influência preenchendo as lacunas abaixo.

a) Nomes de alimentos: ______________________________

b) Nomes próprios: ______________________________

c) Nomes de animais: ______________________________

d) Costumes: ______________________________

16

A cultura afro-brasileira

Os negros que participaram da formação do povo brasileiro vieram do continente africano, que é um continente muito extenso do outro lado do oceano Atlântico.

Na África, eles pertenciam a muitos povos distintos e viviam em grupos distantes uns dos outros. Cada um desses povos tinha culturas diferentes, com seus próprios costumes, alimentação, religião e festas. Por isso a influência dos negros no Brasil é tão rica.

Para serem escravizados, africanos de diferentes povos foram capturados na África e trazidos juntos para o Brasil, onde eles eram vistos como um único grupo. Hoje sabemos que as culturas africanas eram e ainda são muito diversas.

Saiba mais

Vamos conhecer um pouco mais sobre a África

Alguns cientistas dizem que o Brasil e a África já fizeram parte de um mesmo continente. É só você olhar o mapa de cada um e perceber que eles se encaixam, como se fossem peças de um grande quebra-cabeça.

Cícero Soares/Arquivo da editora

O continente africano é o segundo maior do mundo, perdendo só para a Ásia. O deserto do Saara, o maior do planeta, fica na África.

Na África, há cerca de um bilhão de habitantes. Nossa, quanta gente! (O Brasil, país grande que é, possui cerca de 200 milhões.)

Adaptado de: <www.plenarinho.gov.br/brasil/Reportagens_publicadas/africa-e-brasil-uma-historia-em-comum>. Acesso em: 18 mar. 2014.

Foi grande a influência dos africanos sobre a língua portuguesa falada no Brasil. Muitas palavras usadas por eles hoje fazem parte de nossa língua: caçula, cafuné, macaco, miçanga, quitute, molambo, moleque, calango, bongô. Veja:

Ilustrações: Ilustra Cartoon/ Arquivo da editora

A influência africana também pode ser percebida nos cantos e nas danças. O samba, um dos ritmos brasileiros mais conhecidos no exterior, tem origem nos ritmos africanos.

Na alimentação, essa influência pode ser percebida pela utilização de alguns ingredientes, como a banana, o azeite de dendê, o quiabo, o inhame e algumas pimentas.

- Uma das formas de conhecer a história e a cultura de um povo é por meio de seu folclore e costumes. Escreva um exemplo da influência africana no Brasil em cada um dos itens a seguir. Depois desenhe, em uma folha avulsa, alguns dos elementos que herdamos das culturas africanas.

a) alimentação: ____________________

b) música: ____________________

c) idioma: ____________________

De olho na História

Os indígenas e o consumo consciente

Ao longo de muitos séculos, o ser humano tem destruído a vegetação para a construção de casas, estradas e indústrias. Além disso, a poluição do ar produzida por carros e fábricas prejudica não só a nossa respiração, como a de todos os outros seres vivos, e também desequilibra a temperatura da Terra.

Às vezes o lixo que produzimos vai parar nos rios, causando a morte dos animais que neles vivem e fazendo a água deixar de ser consumível pelos seres vivos, inclusive pelos próprios humanos.

Ou seja, tudo o que as pessoas fazem contra a natureza acaba voltando para elas mesmas, porque não agem de forma sustentável.

Mauricio de Sousa/Mauricio de Sousa Produções Ltda.

Os indígenas têm um jeito muito interessante de lidar com a natureza. Eles retiram dela apenas o que precisam para sobreviver. E usam seus conhecimentos para saber quanto tempo a natureza leva para se recuperar depois de retirarem algo dela. É só depois desse tempo que eles voltam a extrair aquilo de que precisam.

Como vimos nesta unidade, a influência dos indígenas na cultura brasileira é muito ampla: desde as palavras que falamos até os alimentos que comemos. Mas muitas pessoas ainda não conseguiram entender um dos ensinamentos mais importantes que os indígenas podem dar: o respeito e o cuidado com a natureza.

- Você sabe se existe alguma população indígena em sua região? Que tal fazer uma pesquisa? Siga as orientações de seu professor.

Livros

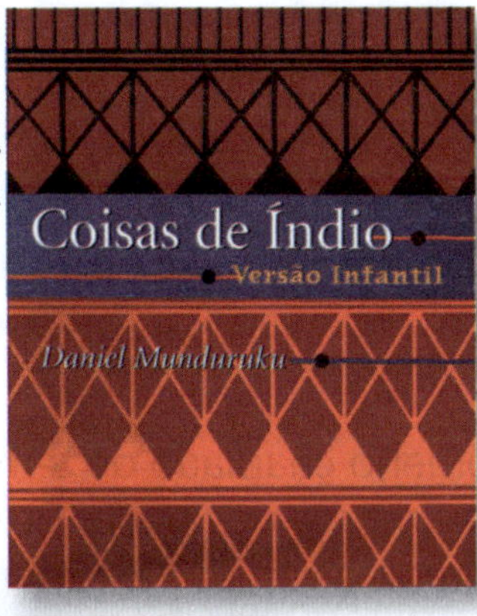

Reprodução/Editora Callis

Coisas de índio: versão infantil,
de Daniel Munduruku. São Paulo: Callis.

O autor deste livro é um indígena preocupado em preservar a cultura do seu povo. É uma obra muito atraente, capaz de fazer com que você compreenda toda a riqueza e pluralidade da cultura indígena.

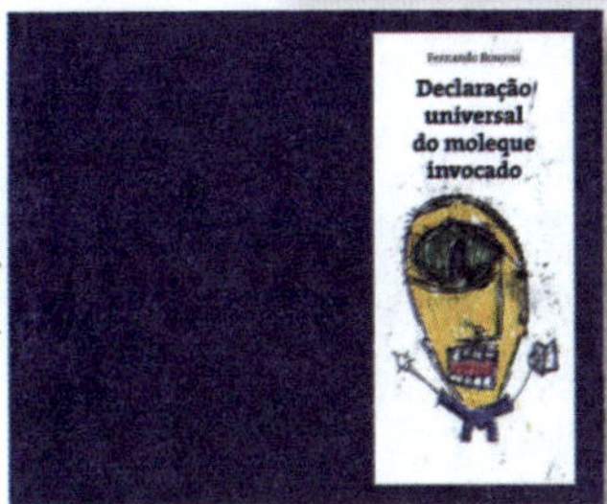

Reprodução/Editora Cosac Naify

Declaração universal do moleque invocado,
de Fernando Bonassi. São Paulo: Cosac Naify.

Toda criança tem direito a uma máquina de coçar macaco, uma de enxugar gelo, uma de descascar abacaxi e também a uma patinete prateada. São exigências de uma declaração universal de direitos proposta pelo autor.

Reprodução/Editora Paulus

Folclore e festas: brincando com dobraduras,
de Gláucia Lombardi. São Paulo: Paulus.

As principais festas do Brasil são mostradas neste livro de forma divertida e bem explicativa, dando exemplos das celebrações pelo país. O livro também contém amostras dos acessórios usados nessas festas para que as crianças os montem, em forma de *origami*.

Reprodução/Editora Panda Books

Meu avô espanhol,
de João Anzanello Carrascoza. São Paulo: Panda Books.

Há muitas e muitas décadas o avô de João veio da Espanha e escolheu morar no Brasil. Como ocorreu com outros imigrantes, as raízes espanholas do avô de João contribuíram para o enriquecimento da cultura brasileira.

Reprodução/Editora FTD

O rato do campo e o rato da cidade, de Flavio de Souza. São Paulo: FTD.

As aventuras de um rato urbano no campo e de um rato do campo na cidade mostram como podem ser diferentes ou semelhantes os pontos de vista de cada personagem.

Reprodução/Companhia Editora Nacional

Tempo, de Phillippe Nessmann. São Paulo: Companhia Editora Nacional.

O que é esse fenômeno chamado de tempo? Neste livro, o importante é desvendar os mistérios do tempo por meio de divertidas experiências para as crianças.

Sites

http://www.escolakids.com/historia

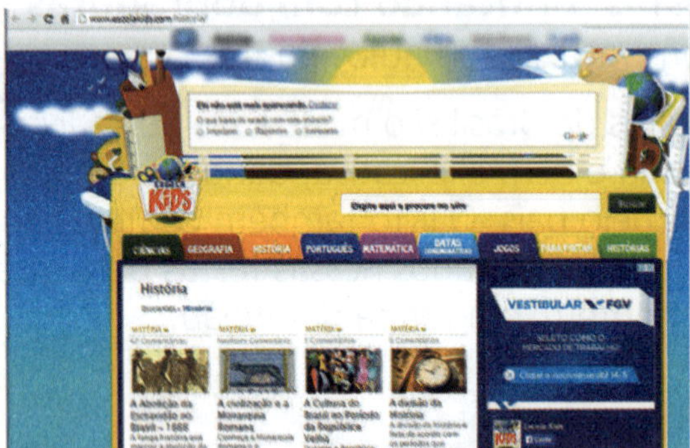

Escola *Kids* – História

<www.escolakids.com/historia>

O que você sabe sobre a abolição da escravidão? E sobre a história do calendário? Este *site* disponibiliza diversas matérias sobre temas interessantes da história do Brasil e do mundo.

http://pibmirim.socioambiental.org

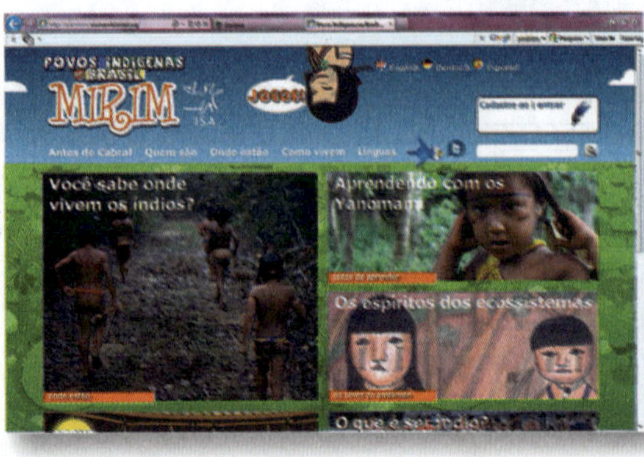

Povos indígenas no Brasil – Mirim

<http://pibmirim.socioambiental.org>

Este *site* apresenta uma série de informações interessantes sobre a cultura indígena no Brasil. Além de textos, fotos e vídeos bem divertidos, há diversas atividades interativas, incluindo jogos e uma seção para perguntas e respostas.

Geografia

SUMÁRIO

Unidade

1

Representação e orientação

Hagaquezart/Arquivo da editora

O QUE VOU ESTUDAR?

- Plantas, mapas e legendas
- Pontos cardeais e colaterais

1
Representação

A escola

Ilustra Cartoon/Arquivo da editora

Daniela convidou sua prima, Carla, para ir à escola assistir a uma peça de teatro. Como Carla não conhecia bem o bairro em que está situada a escola, Daniela pediu auxílio à professora, que fez uma planta para ajudar Carla a se localizar.

A **planta** é uma forma de representar, em tamanho reduzido (ou seja, menor), espaços que são, na realidade, muito grandes. Ela mostra como os elementos desses espaços estão organizados. Em geral, os elementos são representados vistos do alto e de cima para baixo.

Veja a representação que a professora fez e responda: Onde fica a escola de Daniela? Localize-a na planta abaixo.

Cicero Soares/Arquivo da editora

Agora, observe o quadro azul. É a **legenda** que foi criada pela professora de Daniela, muito importante na leitura da planta, pois reproduz os símbolos utilizados e explica o significado de cada um deles. Ela apresenta alguns pontos de referência do bairro, como o hospital e a escola.

- Em uma folha à parte, faça uma planta para representar o lugar em que sua escola está situada.

  a) Crie símbolos para representar alguns pontos de referência do lugar.

  b) Organize uma legenda para explicar cada um desses símbolos.

O quarteirão da escola

Nas cidades, chamamos de **quarteirão** um terreno cercado por quatro ruas que se cruzam duas a duas.

Observe a foto de alguns quarteirões e depois a representação do quarteirão onde está localizada a escola de Pedro.

Ale Ruaro/Pulsar Imagens

Ilustra Cartoon/Arquivo da editora

- Agora, em duplas, respondam oralmente:

a) Quantas ruas formam o quarteirão onde está localizada a escola de Pedro?

b) Quais são os nomes dessas ruas?

c) Em que rua está situada a porta de entrada da escola de Pedro?

d) O que mais você vê nesse quarteirão?

1. Com o professor e os colegas, faça um passeio pelas ruas do entorno da escola. Nesse passeio, vá anotando no caderno suas observações e os nomes das ruas.

2. Em sala de aula, faça oralmente as atividades a seguir.

a) Quais são os nomes das ruas que foram percorridas durante o passeio?

b) Como são as ruas e o que há nelas?

c) Desenhe o quarteirão de sua escola em uma folha à parte e mostre-o aos colegas.

3. Daniela e Mateus fizeram, juntos, a planta do quarteirão onde fica a escola em que estudam. Primeiro eles traçaram as ruas. Depois representaram, com símbolos, tudo o que viram nas ruas do quarteirão. Ajude-os a terminar a legenda indicando o que os símbolos representam.

Cícero Soares/Arquivo da editora

(símbolo)	escola	(símbolo)	______	(símbolo)	loja	(símbolo)	______
(símbolo)	padaria	(símbolo)	______	(símbolo)	praça	(símbolo)	jornaleiro

Representando a sala de aula

Joana estuda em uma escola e Rodrigo estuda em outra. As escolas não são todas iguais.

Ilustra Cartoon/Arquivo da editora

1. Observe abaixo a representação de uma escola e responda às questões no caderno.

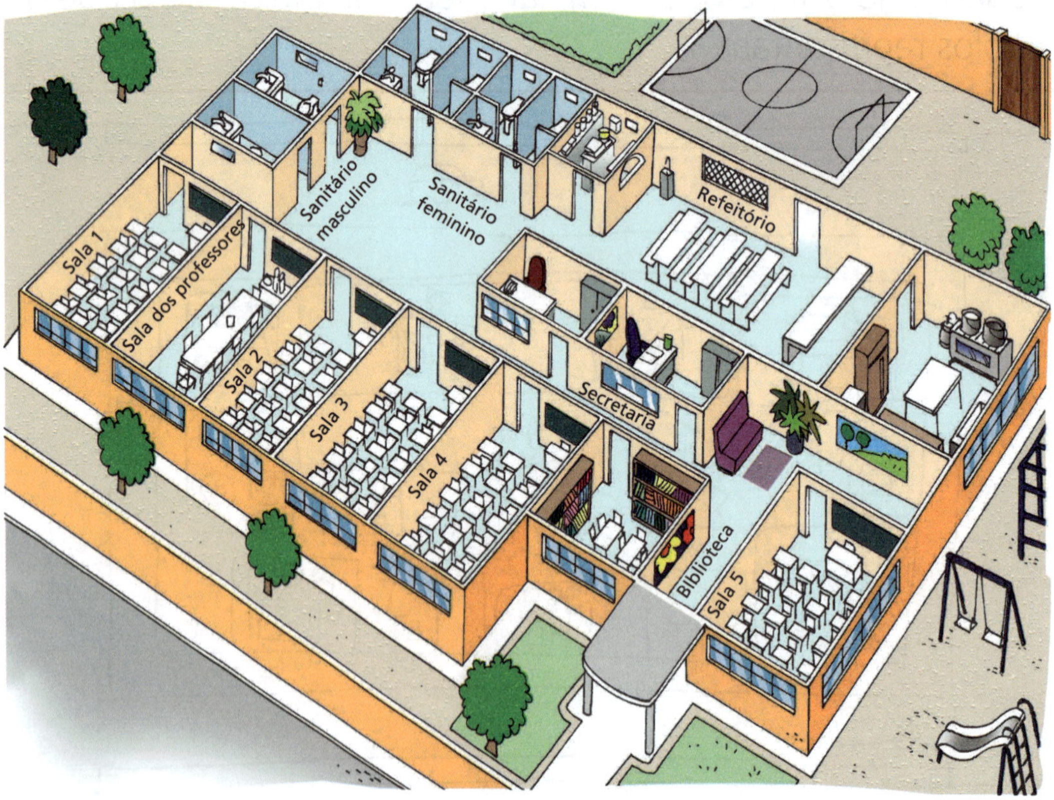

Cicero Soares/Arquivo da editora

a) Quantas salas de aula há nessa escola?

b) Qual é a sala vizinha da biblioteca?

c) O que separa a sala 1 da sala 2?

2. Há muitas maneiras de representar um espaço. Pense em como você pode representar sua sala de aula e converse com seus colegas sobre isso.

3. Você já viu uma maquete? A **maquete** é a representação em miniatura dos elementos de uma construção ou um lugar.

a) Na ilustração abaixo, veja a maquete de uma sala de aula.

Ilustra Cartoon/Arquivo da editora

b) Compare: Sua sala de aula é parecida com a sala da imagem acima? Quais são as diferenças e as semelhanças que você encontrou entre elas? Escreva-as abaixo.

diferenças	semelhanças

2

Orientação

Localização no município

Quando você precisa encontrar um lugar que não conhece, o que você costuma fazer? Veja o que estas três crianças fizeram.

Ilustrações: Ilustra Cartoon/Arquivo da editora

Agora faça o que se pede e responda oralmente às questões a seguir.

1. Além das maneiras apresentadas acima, você conhece outras formas de localizar um lugar que não conhece? Conte aos colegas.

2. Imagine que você convidou um amigo que mora em um bairro vizinho ao seu para ir à sua casa e que seu amigo não conhece seu bairro.

   a) Que indicações você daria a ele para chegar a seu bairro?

   b) Chegando ao bairro, como ele faria para chegar à sua rua?

   c) Em uma folha à parte, desenhe as indicações que você daria a ele.

Pontos cardeais

Para nos localizar ou encontrar um lugar, também podemos nos orientar por meio dos pontos cardeais, verificando a posição do Sol.

Ilustrações: Ilustra Cartoon/Arquivo da editora

Com o braço direito esticado na direção em que o Sol aparece pela manhã, encontramos o leste. O braço esquerdo indica o oeste. À nossa frente está o norte e atrás está o sul.

O norte, o sul, o leste e o oeste são os **pontos cardeais**.

Sabendo localizar os pontos cardeais, podemos nos orientar em qualquer lugar.

Bússola

Podemos nos orientar também, com mais precisão e segurança, usando uma bússola.

A **bússola** é um instrumento de orientação que possui uma agulha imantada que gira presa pelo centro a um pino, e este aponta sempre para o norte.

Sabendo em qual direção fica o norte, podemos localizar os outros pontos cardeais.

Stefan Kolumban/Pulsar Imagens

imantada: magnetizada com ímã.

Rosa dos ventos

A **rosa dos ventos** é uma representação gráfica que indica os pontos cardeais e os colaterais.

Na rosa dos ventos, os símbolos N, S, L e O indicam os **pontos cardeais,** e NE, SE, SO e NO indicam os **pontos colaterais**. Estes últimos são assim denominados porque se situam entre dois pontos cardeais. Veja:

- NE — nordeste (fica entre o norte e o leste).
- SE — sudeste (fica entre o sul e o leste).
- SO — sudoeste (fica entre o sul e o oeste).
- NO — noroeste (fica entre o norte e o oeste).

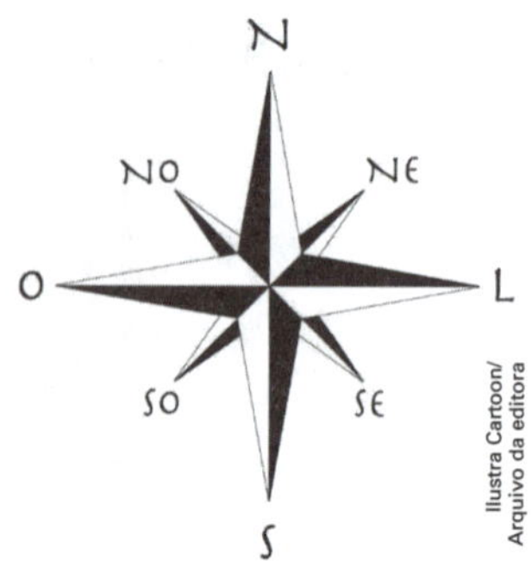

Ilustra Cartoon/ Arquivo da editora

Saiba mais

Quando inventaram a bússola

A bússola foi inventada por volta do século XII (isto é, entre os anos de 1101 e 1200).

Acredita-se que marinheiros chineses tenham inventado esse instrumento.

A bússola foi muito usada pelos navegadores europeus do século XV e continua sendo utilizada até hoje, de forma mais moderna, na navegação e na aviação.

1. Aonde as crianças estão indo?
Para descobrir, siga as orientações abaixo e trace o caminho.

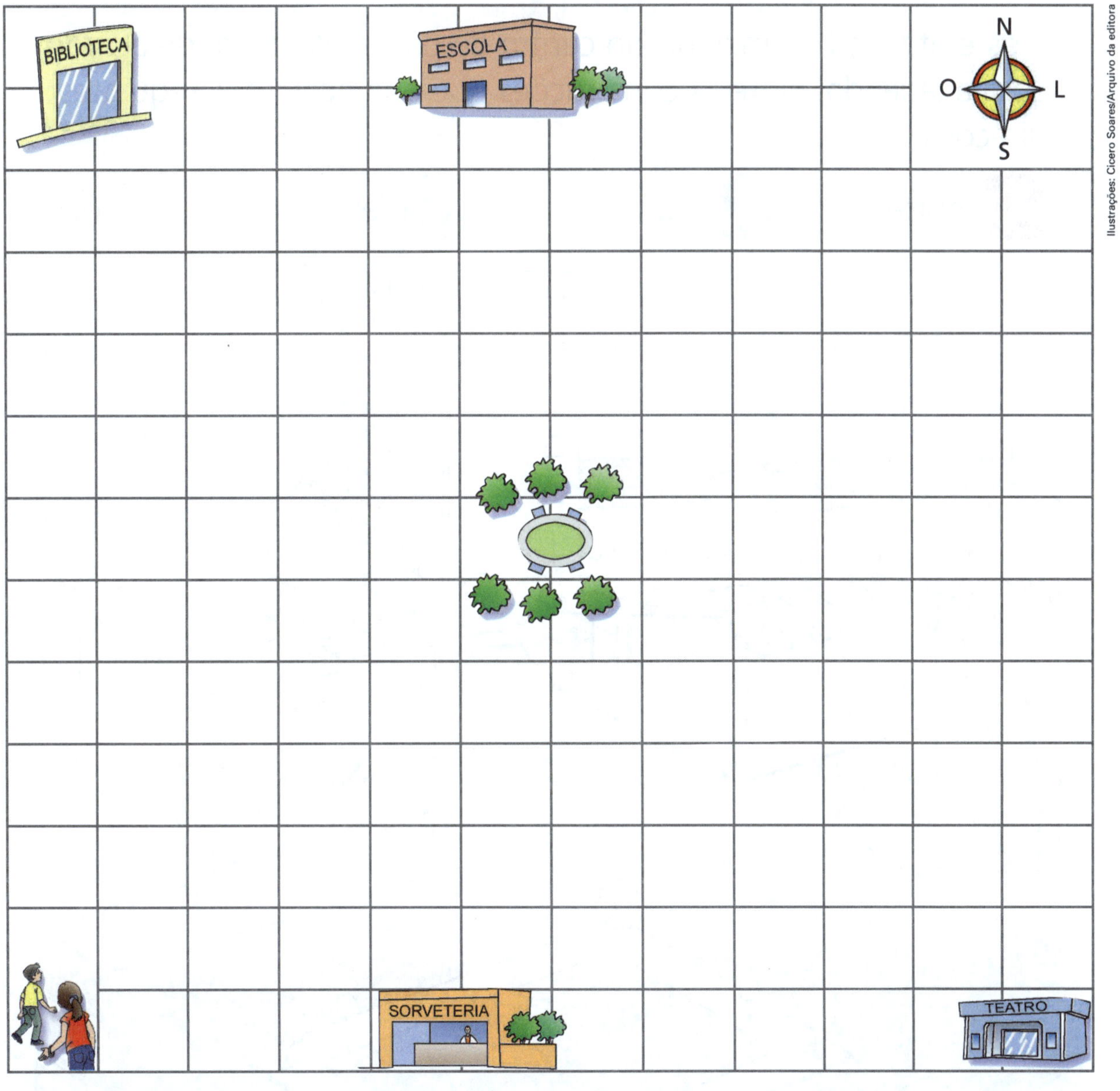

Ilustrações: Cicero Soares/Arquivo da editora

Ande:

- 2 casas para o norte
- 3 casas para o leste
- 5 casas para o norte
- 1 casa para o oeste
- 2 casas para o norte
- 6 casas para o leste
- 4 casas para o sul
- 1 casa para o oeste
- 4 casas para o sul
- 4 casas para o leste
- 1 casa para o sul

2. Retorne, com o professor e os colegas, à planta feita por você na atividade da página 347. Localize os estabelecimentos ou pontos de referência utilizando os pontos cardeais e colaterais.

De olho nos pontos cardeais

Preste atenção no menino no centro da praça. Na cena, de acordo com a legenda, pinte as construções que aparecem nas seguintes direções:

norte sul leste oeste

Cícero Soares/Arquivo da editora

Unidade

2

O município

Hagaquezart/Arquivo da editora

O QUE VOU ESTUDAR?

- Área urbana e área rural
- A vida no município
- A administração do município
- Representação e localização do município, do estado e do país

3

Conhecendo o município

Veja as imagens a seguir.

João Prudente/Pulsar Imagens

Área urbana do município de Jacutinga (MG), 2014.

João Prudente/Pulsar Imagens

Área rural do município de Jacutinga (MG), 2014.

Como você pôde perceber, as fotos mostram lugares muito diferentes, mas que ficam no mesmo município.

Um município pode ser formado por uma área urbana e uma área rural.

A área urbana do município

Na área urbana, também conhecida como cidade, há maior concentração de prédios, casas, estabelecimentos comerciais e industriais, avenidas, ruas e outras construções.

A área rural do município

Na área rural, também conhecida como campo, predominam sítios, chácaras, fazendas e áreas de plantações e vegetação natural.

Ao contrário da área urbana, as construções da área rural, em geral, ficam distantes umas das outras.

1. O bairro é uma parte da cidade. Analise as fotos e depois responda à questão oralmente.

Foto 2 — Mooca, em São Paulo (SP), 2013.

Delfim Martins/Pulsar Imagens

Ismar Ingber/Pulsar Imagens

Foto 1 — Barra da Tijuca, no Rio de Janeiro (RJ), 2013.

Maurício Simonetti/ Pulsar Imagens

Foto 3 — Santo Antônio, em Recife (PE), 2013.

- O que se observa em cada foto? Descreva.

2. Bairros com grande concentração de moradias são chamados bairros residenciais. Bairros com muitas lojas, escritórios, restaurantes e outros estabelecimentos são bairros comerciais. Bairros com muitas indústrias são bairros industriais.
   - O bairro em que você mora é predominantemente residencial, comercial ou industrial? No caderno, explique por quê.

Áreas de lazer

Nas grandes cidades há áreas de lazer reservadas às crianças, onde elas podem andar de bicicleta, jogar, brincar...

Nas áreas rurais, as pessoas também podem se divertir tomando banho de rio ou de cachoeira, fazendo trilhas, visitando clubes, andando a cavalo, entre outras atividades.

Renato Soares /Pulsar Imagens

Crianças tomando banho de rio em Gaúcha do Norte (MT). Foto de 2013.

Em casa, também é possível ter momentos de diversão. Veja algumas atividades que você pode realizar em casa:

- brincar com os vizinhos

EpicStockMedia /Shutterstock/Glow Images

- ler

Daniel Cymbalista /Pulsar Imagens

Saiba mais

Xadrez

O xadrez, apreciado por várias pessoas, é um jogo que estimula o raciocínio. Dois jogadores disputam sobre um tabuleiro de 64 casas, com 16 peças cada um.

Ninguém sabe ao certo, mas acredita-se que o xadrez tenha surgido na Índia, por volta de 500 anos antes de Cristo.

- Converse com seus colegas sobre as questões abaixo e responda:

a) Como você e sua família costumam se divertir?

____

____

____

____

b) Você pratica ou gostaria de praticar algum esporte? Qual?

____

____

c) Você já foi a alguma festa popular tradicional em seu município? Escreva o que sabe sobre ela.

____

____

____

____

____

Quem governa o município

Em toda comunidade há sempre alguém que cuida dos interesses de todos aqueles que fazem parte dela. Na família, são o pai e a mãe ou os responsáveis; na escola, é o diretor.

E, no caso do município, quem cuida dos interesses da população, ou seja, quem o governa?

Cuidar de um município, de um estado e de um país são tarefas muito trabalhosas, por isso as pessoas se dividem em grupos para executá-las. Esses grupos são três: o Poder Executivo, o Poder Legislativo e o Poder Judiciário. Cada um deles tem o dever de cuidar dos problemas do município e atender às necessidades de seus moradores.

O Poder Executivo

O Poder Executivo atua na prestação de serviços públicos.

No município, o chefe do Poder Executivo é o **prefeito**. Ele é auxiliado em seu trabalho pelo vice-prefeito e por seus secretários de governo. A sede do Poder Executivo do município é a prefeitura.

Edu Lyra/Pulsar Imagens

Prefeitura de Cachoeira do Arari (PA). Foto de 2012.

governo: conjunto de órgãos responsáveis pela administração pública. Esses órgãos administram o país, o estado ou o município com o poder dado pelo povo. Também é denominado governo o conjunto dos dirigentes do Poder Executivo do Estado.

O prefeito e o vice-prefeito são escolhidos pelo povo por meio de eleições diretas. A função deles é administrar o município e fazer as leis serem cumpridas.

O prefeito administra o dinheiro dos impostos que a população do município paga. Esse dinheiro é usado para financiar obras públicas, como a construção de estradas, escolas, hospitais, etc. Por isso é muito importante saber o que cada candidato a prefeito pensa em fazer com o dinheiro dos impostos antes de votar neles.

eleições diretas: eleições em que o eleitor vota diretamente no candidato a exercer determinado cargo, sem intermediários.

impostos: contribuição monetária que o Estado exige das pessoas e das empresas. Os impostos são utilizados para financiar os serviços públicos universais, isto é, aqueles que devem ser prestados para beneficiar todas as pessoas.

O Poder Legislativo

O Poder Legislativo é responsável pela criação das leis.

No município esse poder é formado pelos **vereadores**, que trabalham em grupo para criar leis que melhorem a vida dos seus moradores. Eles também ajudam a fiscalizar se o prefeito está fazendo o seu trabalho corretamente.

A sede desse poder é a Câmara Municipal.

Os vereadores também são escolhidos por eleições diretas. A quantidade de vereadores que um município tem depende do seu número de moradores: quanto mais moradores, mais vereadores.

Gerson Gerloff /Pulsar Imagens

Câmara Municipal de São José do Norte (RS), 2014.

O Poder Judiciário

O Poder Judiciário é encarregado de fazer com que as leis sejam cumpridas, garantindo os direitos dos indivíduos.

O município não possui Poder Judiciário próprio; o estado é que presta esse serviço aos municípios.

O Poder Judiciário é representado, no município, pelo juiz de direito, que trabalha no fórum.

O juiz de direito não é eleito pelo povo. Ele é um funcionário do Governo do Estado. Sua função é julgar se as leis estão sendo respeitadas ou não e, caso seja necessário, tomar as decisões cabíveis.

Gerson Gerloff/Pulsar Imagens

Fórum de Campos Novos (SC), 2012.

1. Com a ajuda de seus familiares, complete as lacunas a seguir.

a) A pessoa que vota se chama ______________, e o documento necessário para votar é o ______________________ de eleitor ou um documento com foto.

b) Menores de ______________ anos não podem votar para escolher o prefeito e os ____________________________.

2. Imagine que você seja prefeito. Quais seriam suas principais ações para melhorar a vida da população de seu município? Pense em três coisas que você faria, escreva-as abaixo e apresente-as à turma.

____

____

____

____

____

____

5

Representação do município, do estado e do país

A localização do município

Nas férias, Tadeu vai passar uma semana com sua tia Alice, que mora em Cabo Frio, no estado do Rio de Janeiro.

No mapa do Brasil, ajude Tadeu a encontrar o município onde ele mora e o município onde mora a tia Alice.

Brasil: Divisão por estados

Adaptado de: **Atlas geográfico escolar**. Rio de Janeiro: IBGE, 2012. p. 90.

Você já aprendeu que o município pode ser formado pela área urbana, também conhecida como cidade, e pela área rural, também chamada de campo.

Veja a seguir como podem ser essas áreas em dois municípios diferentes.

MUNICÍPIO 1

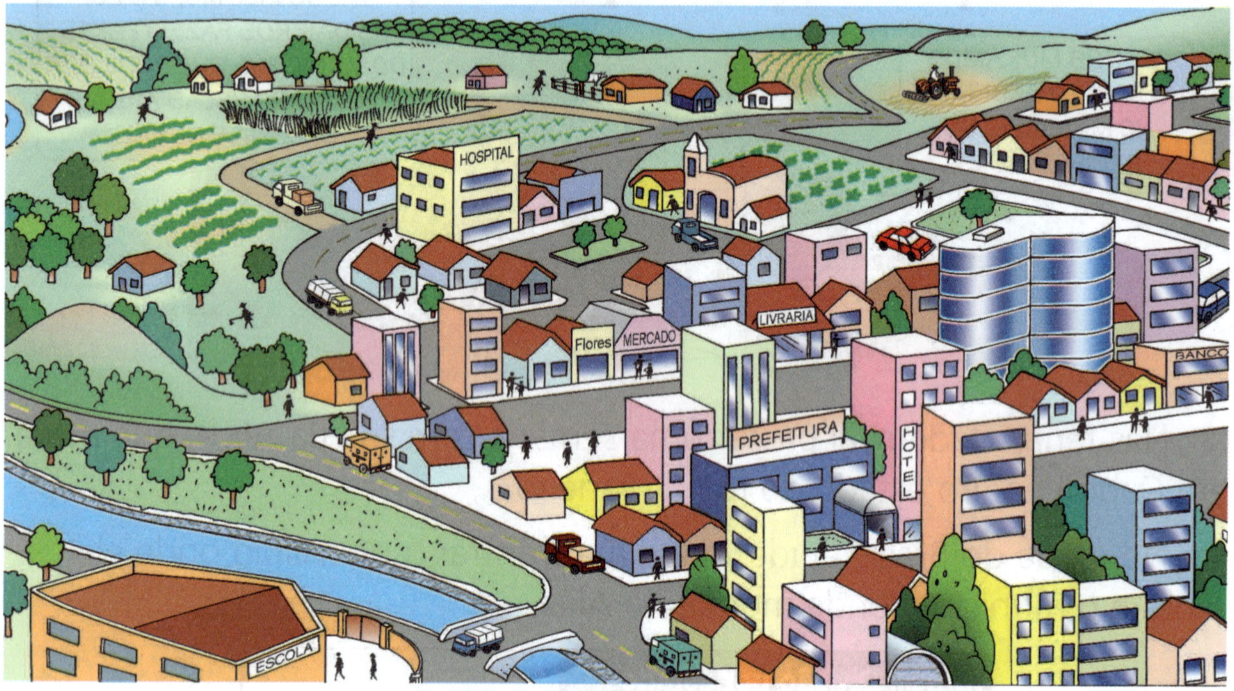

Ilustrações: Cicero Soares/Arquivo da editora

MUNICÍPIO 2

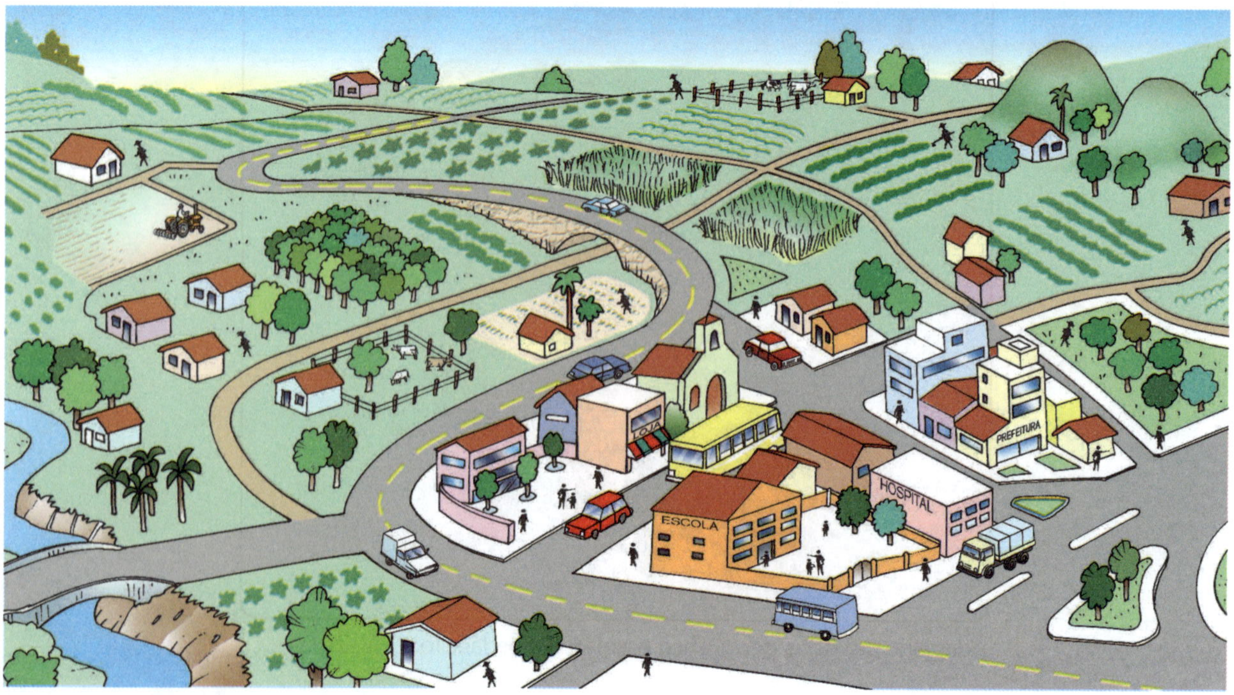

Agora veja como podemos representar as imagens dos municípios 1 e 2.

A legenda mostra símbolos para identificar alguns elementos que aparecem na planta, facilitando sua utilização — localizar-se, encontrar lugares, traçar os caminhos para chegar até eles, por exemplo. Observe:

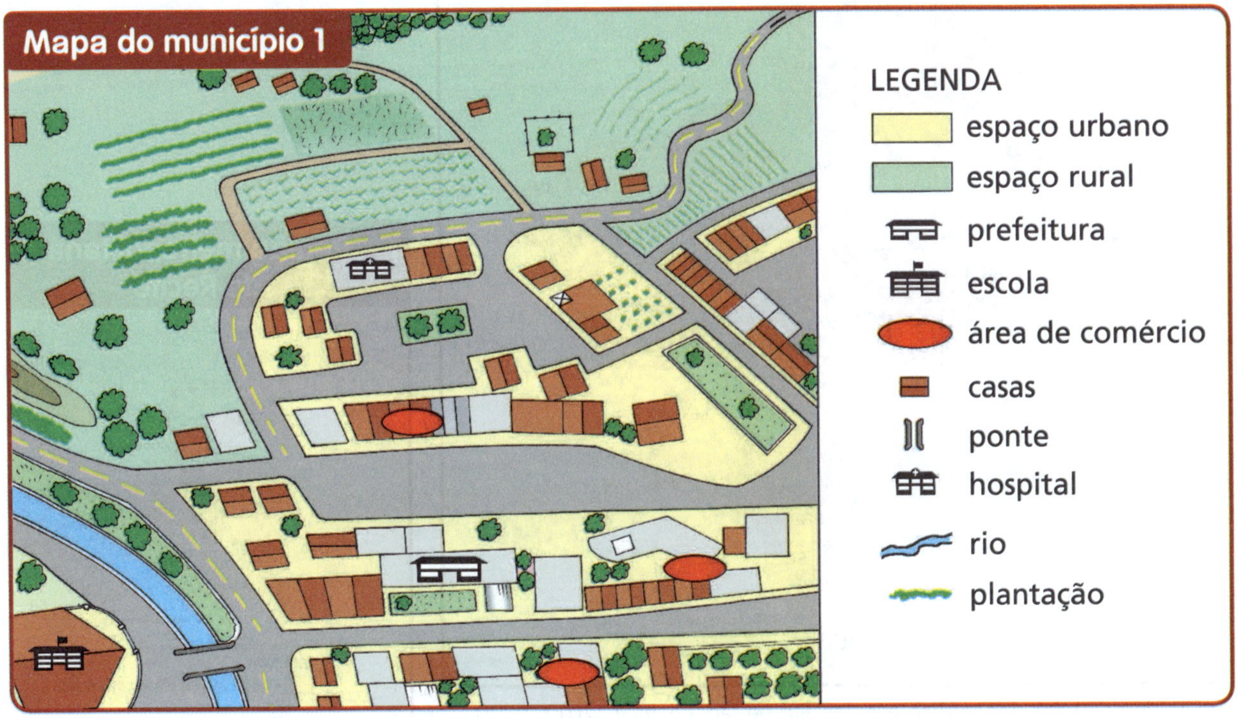

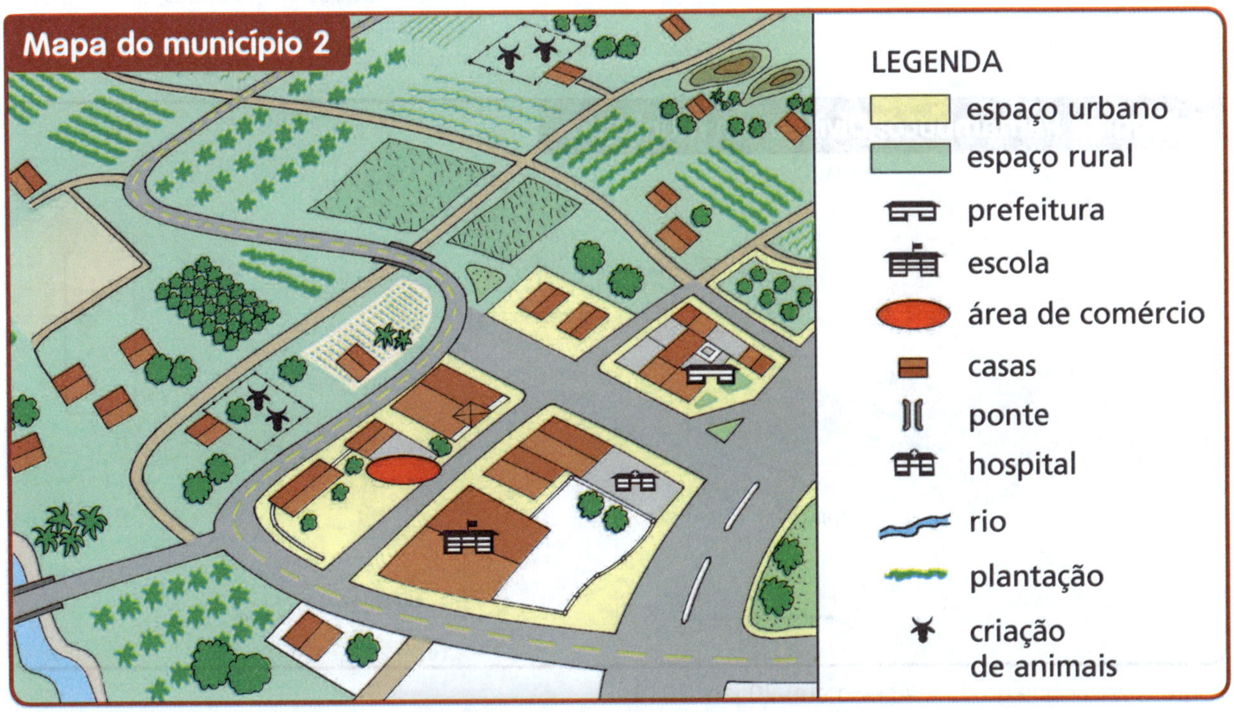

Ilustrações: Cícero Soares/Arquivo da editora

A localização do estado

O pai de Tadeu aproveitou para explicar ao menino que um grupo de municípios forma um **estado**. O garoto resolveu, então, localizar seu estado e seu município. Veja:

O estado de Pernambuco no Brasil

Adaptado de: **Atlas geográfico escolar**. Rio de Janeiro: IBGE, 2012. p. 90.

Região metropolitana de Recife

Adaptado de: **Geoatlas**, de Maria Elena Simielli. São Paulo: Ática, 2013. p. 162.

Estado de Pernambuco: Divisão em municípios

Fonte: <www.ibge.gov.br>. Acesso em: 20 jan. 2014.

1. Reveja os mapas do capítulo para responder às questões.

a) O estado de Pernambuco é vizinho do estado do Rio de Janeiro?

____

b) Escreva o nome da capital do estado de Pernambuco.

____

c) Descubra e escreva abaixo o nome da capital do estado do Rio de Janeiro.

____

d) Escreva o nome dos estados vizinhos do estado de Pernambuco.

____

2. O município em que você mora:

☐ fica longe da capital do estado.

☐ fica próximo à capital. ☐ é a capital do estado.

3. Pesquise o nome dos municípios vizinhos do seu e escreva cada um deles em sua respectiva direção.

ao norte

____

a oeste

____

____

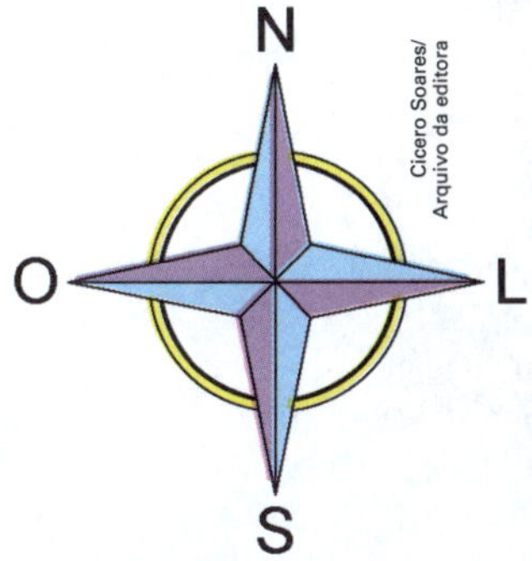

a leste

____

____

ao sul

____

A localização do país

Na conversa que Tadeu teve com o pai, o garoto ficou sabendo, entre outras informações, a localização de alguns estados e municípios brasileiros.

O município de Cabo Frio fica no estado do Rio de Janeiro, enquanto o município do Recife se localiza no estado de Pernambuco. Esses dois estados estão dentro do território do Brasil.

O pai de Tadeu explicou a ele que os estados reunidos formam o Brasil.

O país onde você mora

O Brasil é formado por 26 estados e o Distrito Federal.

Quem governa o Brasil é o presidente da República.

A sede do governo fica em Brasília, no Distrito Federal.

Ilustra Cartoon/Arquivo da editora

1. Responda às questões a seguir.

a) Em que rua você mora?

____

b) Em que bairro fica sua rua?

____

c) Em que município fica seu bairro?

____

d) Em que estado fica seu município?

____

e) Em que país fica esse estado?

____

f) Em que continente está situado esse país?

____

____

g) E onde estão todos esses lugares?

____

2. Pesquise e escreva:

a) O nome do(a) presidente do Brasil.

____

b) O nome do(a) governador(a) de seu estado.

____

c) O nome do(a) governante de seu município.

____

De olho em seu município

- Atente ao mapa do Brasil a seguir.

  a) Localize no mapa o estado em que fica seu município e, depois, pinte-o com uma cor clara.

Brasil: Divisão por estados

Adaptado de: **Atlas geográfico escolar**. Rio de Janeiro: IBGE, 2012. p. 90.

  b) Ainda analisando o mapa, procure identificar, em seu estado, a localização aproximada do município onde você vive, circulando-a com uma cor mais escura.

Unidade

3

A paisagem

Hagaquezart/Arquivo da editora

O QUE VOU ESTUDAR?

- Paisagens naturais e modificadas
- Os tipos de relevo
- A importância dos rios
- Os diferentes climas e vegetações

6

A paisagem natural e a paisagem modificada

Observe a imagem a seguir.

Rogério Reis/Pulsar Imagens

Vista da Praia de Ponta Verde, no município de Maceió (AL), 2010.

Em uma paisagem, podemos perceber elementos naturais — como rios, montanhas, florestas — e elementos construídos pelos seres humanos — como casas, estradas, plantações.

Que elementos naturais aparecem na imagem acima?

Há elementos construídos pelas pessoas nessa imagem?

Nas imagens a seguir, perceba como as pessoas modificaram as paisagens fazendo construções.

Edson Sato/Pulsar Imagens

Campo Grande (MS), 2012.

Paulo Fridman /Pulsar Imagens

Manaus (AM), 2013.

Veja agora estas fotos. Note que, nestas paisagens, não há nenhuma interferência humana.

Andre Dib/Pulsar Imagens

Cruzeiro do Sul (AC), 2013.

Andre Dib/Pulsar Imagens

Palmeiras (BA), 2013.

Observe tudo o que está ao seu redor.

O que foi feito pelo ser humano? E o que não foi feito por ele?

Os rios, os mares, as serras, as montanhas, as ilhas, as florestas e os animais são componentes da paisagem que não foram feitos pelo ser humano. Eles fazem parte da natureza.

O ser humano, muitas vezes, modifica a paisagem natural construindo cidades, pontes, estradas, abrindo túneis, fazendo barragens e aterros, canalizando rios.

Ricardo Teles/Pulsar Imagens

Viadutos em São Paulo (SP), 2012.

Noberto Duarte/Agência France-Presse

Barragem em Foz do Iguaçu (PR), 2013.

Mas não é só o ser humano que faz modificações na paisagem. O vento, a chuva e outros agentes da natureza também provocam mudanças nela.

Eduardo Maynard / JCM / Fotoarena

Jaboatão dos Guararapes, na Região Metropolina do Recife (PE), sofre com o avanço do mar. Foto de 2013.

Por milhares de anos o vento bate nas montanhas, carregando folhas, poeira e pequenos pedaços das rochas que as formam; assim, com o passar do tempo, elas vão ficando cada vez mais baixas.

A água da chuva caindo em um morro, por exemplo, vai levando pequenas quantidades de terra com ela; por isso, pouco a pouco, o morro vai ficando cada vez mais baixo.

Brasília (DF), 2012. Exemplo de erosão fluvial (causada pela chuva).

Vila Velha (PR), 2011. Exemplo de erosão eólica (causada pelo vento).

1. Observe a cena ao lado e converse sobre ela com os colegas e o professor.

- Após a conversa, responda no caderno:

  a) O que você percebeu na cena?

  b) A paisagem parece ser natural ou construída pelas pessoas?

  c) É possível perceber a interferência humana na paisagem? Por quê?

Delfinópolis (MG), 2013.

2. Recorte, de jornais ou revistas usados, uma notícia sobre o meio ambiente da região onde você mora ou de outro lugar e cole-a no caderno.

3. Vamos fazer uma planta dos arredores da escola?

a) Crie símbolos para indicar as principais modificações feitas na paisagem da região próxima à sua escola. Utilizando esses símbolos, indique na planta onde se encontram essas modificações.

b) Faça uma legenda para ajudar na leitura da planta. Separe os elementos em duas colunas:

legenda	
elementos modificados pelo ser humano	elementos naturais

4. Converse com seus colegas e o professor sobre as questões a seguir.

a) Das modificações anotadas na planta, quais trouxeram benefícios para as pessoas ou para a natureza dos arredores da escola?

b) E quais pioraram a qualidade de vida das pessoas? Por quê?

c) O que poderia ser feito para melhorar a paisagem?

- Ao final da conversa, desenhe, em uma folha à parte, as mudanças que você faria para melhorar a região onde fica a escola. Se quiser, utilize uma legenda para facilitar a leitura do desenho. Trabalhe em dupla.

5. Você já notou alguma mudança feita pelo ser humano na paisagem natural e que tenha sido prejudicial ao meio ambiente e às pessoas? Caso tenha notado, qual(is) foi (foram) essa(s) mudança(s)?

7

O relevo

A parte do planeta onde vivemos é a superfície terrestre.

Você já reparou que ela é irregular, ou seja, não é toda igual? Às vezes há uma leve subida, às vezes uma descida bem acentuada. Há lugares altos e baixos, planos e ondulados. Isso acontece porque a superfície do planeta vem sendo desgastada e modificada ao longo dos anos pelos ventos, pelas chuvas, pelo calor do sol e principalmente pela ação humana.

desgastada: que se gastou aos poucos.

A essas diferenças damos o nome de **relevo**.

Há vários tipos de relevo. Veja a seguir os principais.

- **Planície** — terreno plano (sem ondulações) e de grande extensão, geralmente mais baixo que as terras ao seu redor.
- **Planalto** — terreno com superfície irregular, muitas vezes mais alto que as terras ao seu redor. Em geral sua altitude é acima de 300 metros.

Rogério Reis/Pulsar Imagens

Área de planície no estado do Amapá em 2012.

- **Montanha** — grande elevação do terreno.
- **Morro** — elevação de pequeno ou médio porte do terreno.
- **Serra** — formada por uma grande extensão de montanhas e morros.
- **Vale** — forma de relevo baixo, geralmente entre morros ou montanhas, e modelada por rios ou riachos.
- **Depressão** — terreno localizado em áreas mais baixas que o relevo ao seu redor.

No Brasil, várias áreas de depressão aparecem rodeadas por outra forma de relevo: as **chapadas**.

- **Chapada** — forma de relevo elevada, com altitude acima de 600 metros, cujo topo é relativamente plano e descoberto, e os lados podem ter diferentes inclinações. Sua parte alta, o topo, pode proporcionar uma vista ampla da região em que se localiza.

Daniel Arantes/SambaPhoto

Chapada dos Guimarães, no estado de Mato Grosso, em 2012.

T. Fernandes/Fotoarena

Nas áreas elevadas de planalto, podem ser encontradas montanhas, morros, serras e vales. Nesta foto pode ser vista uma área de planalto no estado de Goiás, 2013.

Mauricio Simonetti/Pulsar Imagens

Morro no município de Teodoro Sampaio (SP), 2014.

Luciana Whitaker/Pulsar Imagens

Região serrana no município de Sumidouro (RJ), 2014.

1. Veja as formas de relevo ilustradas a seguir. Depois, conte aos colegas se você já ouviu falar delas ou se já esteve em algum lugar onde existem estas formas.

montanha

vale

Ilustrações: Cícero Soares/ Arquivo da editora

2. Complete o diagrama.

1. Terreno plano, geralmente mais baixo do que as terras ao seu redor.
2. Terreno com superfície irregular, geralmente mais alto do que as terras ao seu redor.
3. Grande elevação do terreno.
4. Forma de relevo baixo, geralmente entre morros ou montanhas.
5. Terreno localizado em áreas mais baixas do que o relevo ao seu redor.

8

Os rios

Observe a Terra, o planeta em que vivemos, vista do espaço. Até parece um planeta constituído basicamente por água, não é?

Isso acontece porque a água cobre mais da metade da superfície terrestre, formando os oceanos, os mares, os rios e os lagos.

PhotoDisc/Arquivo da editora

A maior parte da água do planeta, porém, está em oceanos e mares e não é própria para o consumo porque é salgada.

A água utilizada para consumo no Brasil vem, em sua maior parte, dos rios.

Rio é uma corrente natural de água que segue em direção ao mar, a um lago ou a outro rio.

Examine atentamente a figura que mostra as partes de um rio.

As partes de um rio são:

- **nascente** — lugar onde o rio nasce;
- **leito** — extensão de um terreno onde correm as águas do rio;
- **margem** — terras que ficam dos lados de um rio. Há sempre duas margens em um rio. Se ficarmos de costas para a nascente do rio, à nossa direita estará a margem direita e, à esquerda, a margem esquerda;
- **foz** — lugar onde o rio despeja suas águas. Um rio despeja suas águas em outro rio, em um lago ou no mar.

Um rio que despeja suas águas em outro rio é chamado de **afluente**.

Um rio pequeno pode ser chamado pelos seguintes nomes: ribeira ou ribeirão, riacho, regato, arroio ou córrego.

Quando as águas de um rio caem de certa altura, formam-se quedas-d'água denominadas cascatas, cachoeiras, saltos ou cataratas.

Lago é uma porção de água cercada de terra. Os lagos pequenos são chamados de **lagoas**.

Lagoa do Parque do Carmo, em São Paulo (SP), 2013.

Delfim Martins/Pulsar Imagens

Veja um mapa do Brasil.

Adaptado de: **Atlas geográfico escolar**. Rio de Janeiro: IBGE, 2012. p. 88.

- Agora, observe o mapa da página 384 e responda:

a) Essas linhas azuis que você vê no mapa geralmente representam os rios. E o que representam, em geral, as outras áreas pintadas de azul?

b) Há poucos ou muitos rios cortando o território brasileiro?

c) Pesquise e escreva o nome de um grande lago ou lagoa do Brasil.

d) Que oceano banha o Brasil?

e) Qual é o estado brasileiro onde você mora? Ele é banhado pelo oceano?

f) Quais são os principais rios que cortam seu estado?

g) Existe algum rio ou lagoa na região onde você mora que não aparece representado(a) no mapa? Qual?

A importância dos rios

Os rios são muito importantes para nós, porque eles fornecem a água necessária para nossa vida.

Usamos essa água de várias maneiras: para cozinhar alimentos, fazer a higiene pessoal, limpar a casa e obter alimentos (como os peixes).

Além disso, os rios também são aproveitados para: a navegação, permitindo transporte de pessoas e cargas; a irrigação, isto é, para molhar a terra, principalmente nos lugares onde chove pouco; e a produção de energia elétrica nas usinas hidrelétricas.

PhotoDisc/Arquivo da editora

Criança tomando banho.

João Prudente/Pulsar Imagens

Plantação sendo irrigada em Serra Negra (SP), 2013.

Como a água chega às casas das pessoas?

A água encanada vem de rios e lagos. Através de canos grossos, ela é levada até a estação de tratamento, onde passa por filtros que eliminam as impurezas. Depois a água recebe produtos especiais que matam os seres causadores de doenças e é distribuída para os reservatórios, indo, então, para as residências.

usinas hidrelétricas: instalações destinadas à geração de energia elétrica por meio da força das quedas-d'água.

reservatórios: no texto, são áreas em que se armazena a água já tratada para o consumo da população.

Mesmo sendo tratada, quando a água chega às casas das pessoas, ainda contém impurezas carregadas das caixas-d'água e dos encanamentos. Por isso é preciso filtrar e ferver a água antes de bebê-la.

Em alguns lugares, a água é retirada de poços, os quais devem receber cloro para que ela fique sempre limpa. Também é preciso fervê-la e filtrá-la antes de beber.

Ilustra Cartoon/Arquivo da editora

- Pesquise sobre os dois temas apresentados nos quadros a seguir. Depois, responda às questões no caderno.

1º tema: A ÁGUA EM MINHA COMUNIDADE

a) Qual é o principal rio que passa na região onde você mora?

b) Qual é a importância desse rio para a população?

c) Esse rio costuma ter peixes? Se a resposta for afirmativa, quais são os tipos de peixe mais comuns?

d) A água desse rio é limpa? Se não, o que levou a essa situação?

2º tema: COMO A ÁGUA CHEGA ATÉ AS RESIDÊNCIAS EM MINHA COMUNIDADE

e) De onde vem a água que chega à sua casa e à de seus vizinhos?

f) Essa água é tratada para que se torne adequada ao consumo?

g) Você sabe se as pessoas da vizinhança costumam filtrar e ferver a água para beber?

h) Sua comunidade tem problemas com doenças originadas pela má qualidade da água? Caso tenha, quais são esses problemas?

9

O clima

O **tempo** é o conjunto de características da atmosfera em um dado instante. Ele pode variar de uma hora para outra, de um dia para outro... O frio, o calor, o vento, a chuva definem as condições do tempo em certo momento.

Ilustrações: Ilustra Cartoon/Arquivo da editora

As características que o tempo de determinado lugar apresenta no decorrer de vários anos — chuva, temperatura alta ou baixa, ventos — é o que chamamos de **clima**.

O tempo varia também de acordo com as **estações do ano**: primavera, verão, outono e inverno.

Geralmente no verão faz mais calor e no inverno mais frio. Mas nem sempre isso acontece. Há alguns lugares no Brasil, por exemplo, onde faz calor o ano inteiro, e há outros onde, em determinadas épocas do ano, faz muito frio.

No Brasil ainda existem lugares em que chove regularmente o ano todo, enquanto algumas regiões podem ficar anos sem chuva.

1. Com os colegas de classe e o professor, vá até o pátio da escola. Observe e responda: Como está o tempo?

2. Verifique, durante uma semana, como está o tempo no lugar onde você mora. Tendo por base os símbolos abaixo, anote o que você viu em cada dia.

dia ensolarado

dia chuvoso

dia nublado

dia de vento

Cícero Soares/Arquivo da editora

segunda-feira: ____________________

terça-feira: ____________________

quarta-feira: ____________________

quinta-feira: ____________________

sexta-feira: ____________________

sábado: ____________________

domingo: ____________________

3. Agora, responda às questões a seguir no caderno.

a) Em que estação do ano estamos?

b) Que tempo predominou durante a semana analisada?

c) Houve muita variação de tempo?

d) Em que dia fez mais calor? E mais frio?

- Converse sobre suas respostas com os colegas.

4. Você sabe descrever as modificações que acontecem no tempo, ao longo de um ano, no lugar onde você vive? Anote suas observações no caderno.

10

A vegetação

Cada região possui características próprias em razão das diferenças no relevo, da quantidade de água, do tipo de clima. A vegetação também é uma dessas características.

Você sabe o que é **vegetação natural**? É o conjunto de plantas que nascem e crescem em um lugar sem a interferência humana. Como o solo, o clima e o relevo variam de um lugar para outro, existem diversos tipos de vegetação.

A ação do ser humano na paisagem — destruindo a vegetação natural para fazer plantações, construir edifícios e criar pastagens, entre outras coisas — pode acabar com as espécies vegetais e animais que dela dependem para se alimentar e se abrigar.

Vamos conhecer agora os principais tipos de vegetação natural do Brasil.

Matas ou florestas

As **matas** ou **florestas** são formadas por árvores próximas umas das outras.

Nas fotos a seguir, veja três dos principais tipos de matas e florestas brasileiras.

Mata das Araucárias (ou **Mata dos Pinhais**): nela predominam as araucárias e os pinheiros — estes últimos podendo chegar a 50 metros de altura, com folhas estreitas e duras que crescem em galhos bem altos. Sua semente, o pinhão, é comestível. Hoje esse tipo de vegetação existe apenas em pequenas áreas da região Sul do Brasil.

Rogério Reis/Pulsar Imagens

Mata das Araucárias em Nova Petrópolis (RS), 2011.

Floresta Amazônica: é uma das florestas mais importantes do mundo, abrigando uma enorme variedade de espécies de plantas e animais. Ela depende do calor e das chuvas constantes, e sua vida está associada à dos rios da Amazônia. Algumas de suas árvores chegam a ter mais de 50 metros de altura.

Edson Sato/Pulsar Imagens

Vista aérea da Floresta Amazônica, 2012.

Delfim Martins/Pulsar Imagens

Trecho de Mata Atlântica em Peruíbe (SP), 2014.

Mata Atlântica: aparece em lugares quentes e onde chove bastante, e abriga uma grande diversidade de espécies de árvores e animais. Quando os portugueses chegaram às terras que hoje formam o Brasil, a Mata Atlântica ocupava todo o seu litoral. Contudo, aos poucos, ela foi sendo devastada e hoje só é encontrada em alguns pontos.

devastada: destruída.

Cerrado

O **Cerrado** é formado por campos com árvores retorcidas e muitos arbustos. Em alguns trechos, a mata é mais densa; em outros, menos. Ocupa terras planas em várias regiões do centro do Brasil, onde existem muitos riachos, rios e cachoeiras.

Grandes áreas do Cerrado estão ameaçadas pela devastação, pois estão sendo ocupadas para o cultivo de plantas e a criação de animais.

Cesar Diniz/Pulsar Imagens

Trecho de Cerrado em Palmas (TO), 2013.

Caatinga

A **Caatinga** aparece em regiões secas do Nordeste do Brasil. É formada por pequenas árvores, geralmente espinhosas, que perdem suas folhas durante a longa estação seca. Nessa estação, a cor predominante da vegetação é marrom, mas, quando chove, tudo fica verde.

Andre Dib/Pulsar Imagens

Trecho de Caatinga em Cabaceiras (PB), 2012.

Gerson Gerloff/Pulsar Imagens

Trecho de Campos em São Borja (RS), 2012.

Campos

Os **Campos**, ou **Pampas**, são formados por uma vegetação rasteira, como o capim e a grama. Às vezes aparecem algumas árvores isoladas, especialmente perto de rios ou riachos.

É uma vegetação típica do Sul do Brasil e muito adequada para a criação de gado. No entanto, grande parte dos campos originais foi substituída por plantações.

Mata dos Cocais

Ocorre principalmente na região Nordeste. É formada por palmeiras — como o babaçu e a carnaúba —, das quais é extraída a matéria-prima para a produção de óleos, ceras, sabões e fibras, entre outros produtos.

Fabio Colombini/Acervo do fotógrafo

Trecho da Mata dos Cocais em Barreirinhas (MA), 2013.

Vegetação pantaneira

A **vegetação pantaneira**, ou **vegetação do Pantanal**, mistura a vegetação do cerrado, dos campos e das florestas. Sua principal característica está associada ao Pantanal, única região do Brasil onde ela aparece. Durante três meses do ano, na estação das chuvas, a maior parte das terras permanece coberta pela água.

É nessa vegetação que vivem as inúmeras espécies de animais e aves do Pantanal brasileiro.

Mario Friedlander/Pulsar Imagens

Trecho de vegetação do Pantanal em Poconé (MS), 2013.

Vegetação litorânea

A **vegetação litorânea** brasileira é formada por restingas e manguezais.

As **restingas** são compostas de plantas que se adaptam ao solo arenoso das praias. Existem poucas áreas de restingas ainda preservadas no Brasil.

Os **manguezais** aparecem em regiões do litoral onde o solo é uma espécie de lama mole e escura, constantemente invadido pela maré. Eles podem ser encontrados em várias partes do litoral brasileiro, garantindo a vida e o abrigo de muitas espécies de animais.

Ale Ruaro/Pulsar Imagens

Trecho de vegetação de restinga em Mostardas (RS), 2014.

Fabio Colombini/Acervo do fotógrafo

Manguezal em Ipojuca (PE), 2013.

1. Complete o diagrama com tipos de vegetação brasileira.

1 Vegetação formada por restingas e manguezais.

2 Vegetação que mistura cerrado, campo e floresta.

3 Vegetação rasteira, como capim e grama.

4 Vegetação formada por campos com árvores retorcidas e muitos arbustos.

5 Mata encontrada, hoje, em alguns pontos do Sudeste do Brasil.

6 É uma das florestas mais importantes do mundo. Abriga enorme variedade de espécies de plantas e animais.

7 Mata das _______________. Mata onde predominam as araucárias e os pinheiros, existindo hoje em pequenas áreas do Sul do Brasil.

8 Aparece nas regiões secas do Nordeste do Brasil. É formada de pequenas árvores, geralmente espinhosas.

2. No mapa a seguir, veja os principais tipos de vegetação natural do Brasil (antes das devastações) e localize o estado onde você mora.

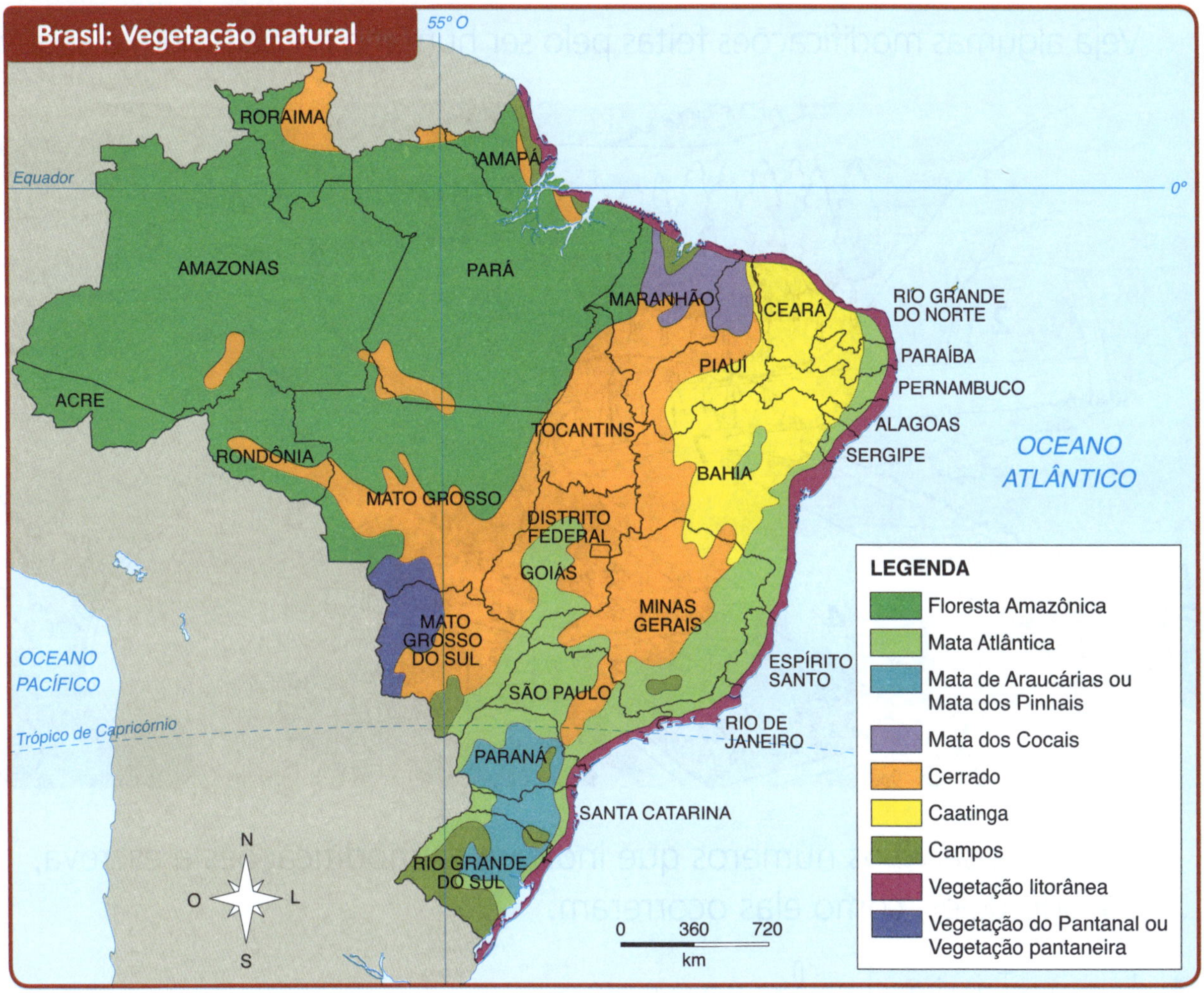

Adaptado de: **Geoatlas**, de Maria Elena Simielli. São Paulo: Ática, 2013. p. 120.

- Agora responda:

a) Segundo o mapa, que tipo de vegetação natural é típica do seu estado?

____

b) Essa vegetação ainda existe no lugar onde você mora?

____

c) Você conhece algum lugar onde ela ainda existe?

____

De olho nas modificações da paisagem

Veja algumas modificações feitas pelo ser humano na paisagem a seguir.

Cícero Soares/Arquivo da editora

- Agora, observe os números que indicam as modificações e escreva, ao lado deles, como elas ocorreram.

1 Construindo barragens.

2 ____________________

3 ____________________

4 ____________________

5 ____________________

6 Aterrando terrenos alagados.

7 ____________________

8 Drenando terrenos úmidos.

Unidade

4

As atividades econômicas

lagaquezart/Arquivo da editora

O QUE VOU ESTUDAR?

- A indústria
- O comércio
- O trabalho

11

A indústria

Indústria é o conjunto de atividades que transforma produtos retirados diretamente da natureza (ou semiacabados) em produtos industrializados em larga escala, isto é, em grande quantidade.

O trigo, por exemplo, é um produto natural que, nas fábricas, se transforma em farinha, um produto industrializado.

Veja como isso acontece:

Ilustra Cartoon/Arquivo da editora

Os produtos retirados da natureza para serem transformados pela indústria são chamados de **matérias-primas**; os produtos transformados pela indústria são denominados **produtos industrializados**.

Com as matérias-primas, a indústria fabrica alimentos, roupas, máquinas e outros produtos. Veja algumas delas no quadro e os produtos industrializados feitos com elas:

matéria-prima	produtos industrializados		
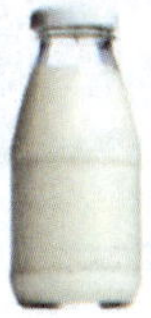 somchaiij/Shutterstock/Glow Images leite	 Mauro Holanda/Arquivo da editora manteiga	 Mauro Holanda/Arquivo da editora queijo	 Renato Navarro/Arquivo da editora iogurte
 Dynamic Graphics/Arquivo da editora milho	 Laureni Fochetto/Arquivo da editora fubá	 Fabio Mangabeira/Arquivo da editora maisena	 Rubens Chaves/Arquivo da editora óleo
 PhotoDisc/Arquivo da editora trigo	 J. Miranda/Arquivo da editora farinha	 Raul Junior/Arquivo da editora macarrão	 Eduardo Pozella/Arquivo da editora biscoito
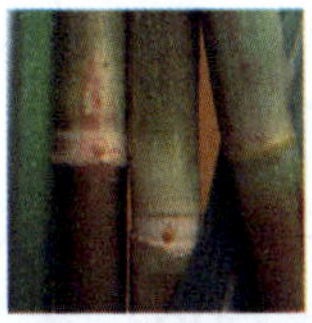 Fabio Colombini/Acervo do fotógrafo cana-de-açúcar	 João Avila/Arquivo da editora açúcar	 Fabio Colombini/Acervo do fotógrafo rapadura	 Paulo Schlick/Arquivo da editora álcool
 Fabio Colombini/Acervo do fotógrafo algodão	 Luis Gomes/Arquivo da editora tecido	 Wander Rodrigues/Arquivo da editora linha	 Laureni Forchetto/Arquivo da editora óleo
 Marcio Capovilla/Arquivo da editora frutas	 Vladimir Fernandes/Arquivo da editora doce	 A. Parramon/AP Photo suco	 Jorge Butsuem/Arquivo da editora geleia
 Fabio Colombini/Acervo do fotógrafo palmeira	 Carlos Cubi/Arquivo da editora cera	 Ricardo Breda/Arquivo da editora corda	 Marcelo Tinoco/Arquivo da editora vassoura

A matéria-prima pode ser de origem:

- **animal** — extraída de animais, como bois, porcos e aves;
- **vegetal** — procedente de um vegetal, ou seja, obtida de uma planta;
- **mineral** — encontrada na natureza.

Tipos de indústria

Dependendo do que fabricam, as indústrias podem ser de vários tipos. Veja algumas delas:

- **metalúrgica** — usando metais, fabrica diferentes produtos, como peças para carros;
- **alimentícia** — produz alimentos;
- **têxtil** — produz tecidos.

Danilo Verpa/Folhapress

Indústria alimentícia em Sorocaba (SP), 2013.

1. Complete a tabela a seguir de acordo com a origem das matérias--primas apresentadas no quadro: animal, vegetal ou mineral.

leite	couro	trigo	tomate	ovo
lã de carneiro	milho	ferro	algodão	ouro

matéria-prima		
de origem animal	de origem vegetal	de origem mineral

2. Observe com atenção as figuras e numere as frases abaixo na ordem correta.

1

2

Ilustra Cartoon/Arquivo da editora

3

4

☐ A cana-de-açúcar foi levada para a usina.

☐ Com o caldo da cana, foram fabricados vários produtos.

☐ A cana-de-açúcar foi plantada e colhida.

☐ Na usina, a cana-de-açúcar passou em moendas, ou seja, foi moída, e o caldo foi separado do bagaço.

3. Consulte o quadro a seguir e escreva qual é a matéria-prima utilizada para fabricar os produtos dos itens abaixo. Veja o exemplo.

madeira	algodão	leite	cacau
trigo	couro	cana-de-açúcar	petróleo

a) chocolate: cacau

b) mesa: ____________________

c) manteiga: ____________________

d) tecido: ____________________

e) pão: ____________________

f) açúcar: ____________________

g) sapato: ____________________

h) gasolina: ____________________

12

O comércio

As pessoas de uma localidade não conseguem produzir tudo aquilo de que precisam para viver, por isso é comum os produtos de um lugar serem vendidos para outros lugares. E esse movimento de compra e venda de produtos é denominado **comércio**.

Por meio do comércio compramos os produtos de que necessitamos. Tais produtos são vendidos em lojas, mercados, feiras, quitandas e outros estabelecimentos comerciais.

Lucas Lacaz Ruiz/Fotoarena

Interior de um supermercado em São José dos Campos (SP), 2014.

Vanessa Volk/Fotoarena

Fachada de uma quitanda em Santos (SP), 2014.

As pessoas que trabalham no comércio são chamadas de **comerciários**.

Os donos dos estabelecimentos comerciais são os **comerciantes**, e as pessoas que compram os produtos são os **consumidores** ou **fregueses**. O produto comprado ou vendido é a **mercadoria**.

1. Leia as frases do quadro a seguir.

> Rita trabalha na loja de calçados do senhor Carlos.
>
> Rogério foi à loja e comprou um par de sapatos.

- Agora, escreva o nome:

a) do comerciário: ____________. c) do consumidor: ____________.

b) do comerciante: ____________. d) da mercadoria: ____________.

2. Em casa, pesquise o nome dos estabelecimentos comerciais que sua família costuma frequentar e escreva-os no caderno.

3. Veja as figuras abaixo e escreva em que tipo de estabelecimento comercial você poderia comprar cada produto.

Jacek Chabraszewski /Shutterstock/Glow Images

Africa Studio/Shutterstock/Glow Images

Gtranquillity/Shutterstock/Glow Images

Tischenko Irina /Shutterstock/Glow Images

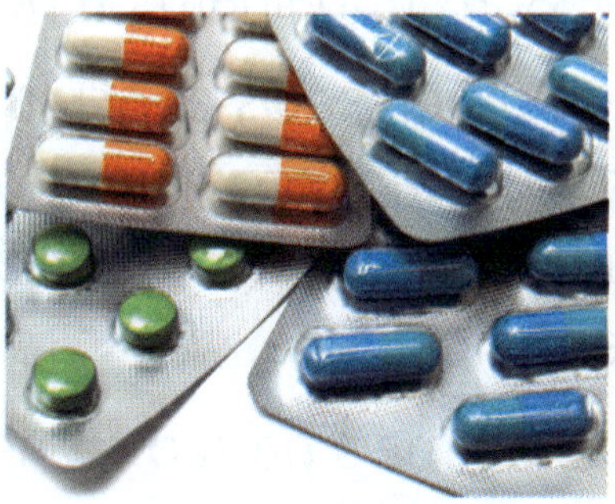

Ingvar Bjork/Shutterstock/Glow Images

Africa Studio/Shutterstock/Glow Images

13

O trabalho no município

Veja onde trabalham estas pessoas:

Thomaz Vita Neto/Pulsar Imagens

Trabalhadora rural no município de São José do Rio Preto (SP). Foto de 2013.

Delfim Martins/Pulsar Imagens

Trabalhadora urbana no município de Luís Eduardo Magalhães (BA). Foto de 2013.

A vida em um município depende da participação e do trabalho de todos. Trabalhando, somos úteis a nós mesmos e à comunidade.

As pessoas que trabalham geralmente recebem um **salário**, isto é, uma quantia em dinheiro que serve para atender às suas necessidades básicas: alimentação, moradia, roupas, educação, serviço médico.

Na área rural, muitas pessoas trabalham na pecuária ou na agricultura.

Agricultura é o cultivo da terra. Os agricultores são aqueles que preparam o solo, adubam (colocam produtos no solo para torná-lo mais fértil e produtivo), semeiam, cuidam da plantação, combatem as pragas e doenças e, por fim, fazem a colheita.

Pecuária é a criação de animais para o fornecimento de carne, leite, couro e lã. Os animais devem ser bem alimentados e vacinados, e o local em que vivem deve ser mantido sempre limpo e arejado.

pragas: insetos ou moléstias (doenças) que atacam plantas e animais.

Na área urbana de um município, as pessoas trabalham na indústria, no comércio, nos escritórios, nas escolas, nos hospitais e nos bancos, entre inúmeras outras atividades.

bancária

YinYang/E+/Getty Images

Os serviços públicos

Todos nós pagamos impostos e taxas ao governo do município, do estado e do país. Com o dinheiro recebido, os governos devem manter os **serviços públicos**.

Os principais serviços públicos mantidos pelo governo são:

- limpeza e segurança públicas;
- escolas, creches, museus, bibliotecas, parques;
- hospitais, prontos-socorros, postos de saúde;
- transporte coletivo;
- calçamento, iluminação e arborização de ruas, praças e avenidas;
- criação de áreas de lazer, jardins zoológicos e praças públicas.

Os serviços públicos permitem às pessoas melhores condições de vida. O dinheiro para pagar esses serviços vem dos impostos e das taxas cobradas dos cidadãos. Por isso, todos devem ficar atentos ao uso que é feito do dinheiro que pagam. É preciso exigir sempre que os governantes utilizem o dinheiro dos impostos e das taxas de maneira honesta e adequada.

Atualmente, após as privatizações, muitos serviços públicos são prestados por empresas particulares.

privatizações: ato de privatizar, de desestatizar, ou seja, de transferir o que é do Estado ou o que é feito por ele para o controle de empresas privadas, isto é, particulares.

1. Que profissão você gostaria de ter quando crescer? Por quê?

a) Converse sobre esse assunto com seus colegas de classe e, depois, escreva um breve texto no caderno.

b) Agora imagine-se trabalhando na profissão que você escolheu no item anterior. Faça no caderno um desenho representando isso.

2. Entreviste alguém que more com você. Faça estas perguntas à pessoa:

a) Qual é sua profissão e por que você a escolheu?

b) A escolha do bairro ou do município onde você mora foi feita por causa do seu trabalho? Caso tenha sido, explique o porquê.

c) Você considera o salário que recebe satisfatório? Por quê?

3. Converse com um adulto responsável por você e, depois, responda às questões no caderno.

a) Quais são os principais tipos de serviço público que existem em seu município?

b) Todos esses serviços públicos estão presentes em seu bairro? Por quê?

c) Em seu bairro, há algum serviço público de que sua família sinta falta? Qual? Por quê?

d) Sua família paga impostos e taxas municipais? Cite alguns deles.

De olho nas profissões

- Escreva, no quadro abaixo, as funções de cada profissão.

mecânico	
policial	
motorista	
médico	
bancário	
carteiro	
agricultor	
professor	
veterinário	

SUGESTÕES PARA O ALUNO

Livros

Reprodução/Editora Scipione

A terra do povo da graça,
de Sergio Serrano. São Paulo: Scipione.

Em nosso mundo, a natureza nos dá tudo de que necessitamos. Mas e se um dia a Terra parasse de nos fornecer matéria-prima e energia? Esta história nos faz pensar sobre como estamos tratando nosso planeta e os rumos que a humanidade está tomando.

Reprodução/Editora Cortez

Na minha escola todo mundo é igual,
de Rossana Ramos e Priscila Sanson. São Paulo: Cortez.

O livro fala de uma escola em que todos os alunos convivem em harmonia, procurando superar diferenças e dificuldades para que todos sejam realmente iguais.

Reprodução/Editora Ática

Procura-se Lobo,
de Ana Maria Machado. São Paulo: Ática.

Um anúncio inesperado em um jornal atrai muitos lobos de histórias famosas, e eles acabam compondo uma história inusitada e engraçada que alerta para a extinção da espécie.

Reprodução/Editora Formato

Trem da Vida,
de Helena Guimarães Campos. São Paulo: Formato.

Narrado em versos, o livro conta a história de um povoado chamado Vida, que conhece o progresso com a chegada de uma estrada de ferro. Porém, com o passar do tempo, a ferrovia começa a contribuir para a degradação ambiental e social.

Reprodução/Editora Formato

Tudo está sempre mudando,
de Murilo Cisalpino. São Paulo: Formato.

Voltando da escola, Mundinho vê o campo de futebol ocupado por tratores para a construção de um prédio. Aborrecido, ele conversa com o avô e pensa: como era seu bairro antigamente, como é agora e como será no futuro? Nessa reflexão, o menino percebe que o mundo nem sempre foi como é hoje e que o ser humano tem papel fundamental nessa transformação.

Ciências

SUMÁRIO

Unidade

1

O Universo e os ambientes da Terra

Hagaquezart/Arquivo da editora

O QUE VOU ESTUDAR?

- O Universo
- O Sistema Solar
- Os movimentos da Terra
- A superfície e os ambientes da Terra
- Recursos naturais renováveis e não renováveis

1

O que existe no Universo?

Quando olhamos para o céu em uma noite escura, podemos perceber que há pontinhos brilhando no espaço. Esses pontinhos brilhantes no céu são chamados **astros**.

Ilustra Cartoon/Arquivo da editora

A Terra, a Lua, o Sol e as estrelas que vemos no espaço são astros. Os astros são corpos celestes com ou sem luz própria.

Os astros que brilham possuem luz própria e são chamados **estrelas**.

O Sol é uma estrela.

Também existem astros que não possuem luz própria, mas brilham porque refletem a luz de outro astro. Esses astros são os **planetas** e os **satélites**.

A Terra, onde vivemos, é um planeta. A Lua é um satélite.

Trinacia photo/Shutterstock/Glow Images

corpos celestes: massas de matérias existentes no espaço.

refletem: espelham; recebem a luz e a desviam, enviando-a de volta.

1. Responda às questões com frases completas.

a) O que são astros? Dê exemplos.

b) Por que as estrelas brilham?

c) O que são planetas?

2. Assinale as afirmativas verdadeiras.

- [ ] O Sol é uma estrela.
- [ ] A Lua é um planeta.
- [ ] A Terra é um astro que possui luz própria.
- [ ] No Universo existem muitos astros.

- Reescreva, no caderno, as frases que você não assinalou, corrigindo-as.

3. Imagine que você seja o astronauta da foto ao lado. Escreva, no caderno, o que você consegue ver do local em que está.

Nasa/Agência France-Presse

Astronauta pisando em solo lunar.

2

O Sistema Solar

Os planetas são astros que giram em torno de uma estrela.

A Terra gira em torno do Sol, que é a estrela mais próxima de nosso planeta.

O Sol e os planetas que giram ao seu redor fazem parte do Sistema Solar.

Cassiano Róda/Arquivo da editora

É do Sol que o planeta Terra recebe luz e calor. Sem a energia do Sol não haveria vida na Terra.

Os satélites são astros que giram em volta de planetas.

A Lua é o satélite natural da Terra. Ela gira em torno de nosso planeta.

Como todos os satélites, a Lua não tem luz própria. Ela é vista no céu porque reflete a luz que recebe do Sol.

1. Observe a imagem da Terra no espaço e faça o que se pede.

a) Assinale as frases corretas.

Reto Stöckli, Nazmi El Saleous e Marit Jentoft-Nilsen/Nasa

☐ A Terra tem a forma arredondada, ligeiramente achatada nos polos.

☐ A parte azul representa as águas.

☐ A Terra fica parada no espaço.

b) Reescreva, corrigindo, a frase que você não assinalou.

____

2. Qual é o astro que é fonte de luz e calor para a Terra?

____

3. Pelo que se sabe, a Terra é o único astro que oferece condições favoráveis ao desenvolvimento de seres vivos.

Assinale com **X** a alternativa que apresenta essas condições favoráveis à vida em nosso planeta.

☐ Presença de construções, como prédios, casas, portos e aeroportos.

☐ Presença de elementos naturais, como água, ar e solo.

4. Converse com seus colegas e o professor sobre o que vocês aprenderam até aqui e depois responda:

- Por que, durante o dia, só enxergamos o Sol e não vemos outras estrelas?

____

____

____

3

Os movimentos da Terra

Como você imagina que a Terra se movimenta no espaço?

Ela está sempre girando como um pião, em torno de si mesma: esse é o movimento de **rotação**.

Ao mesmo tempo, a Terra também gira em volta do Sol: é o movimento de **translação**.

Movimento de rotação

Ilustra Cartoon/Arquivo da editora

Para entender melhor o movimento de rotação, faça o experimento a seguir, acompanhado de um adulto.

A maçã representa a Terra e a lâmpada representa o Sol.

Peça a um adulto que passe um palito pelo centro da maçã. Encoste uma das pontas do palito na mesa, incline-o um pouco e vá girando. O lado da maçã que passa em frente à luz da lâmpada fica mais iluminado que o outro.

Cassiano Röda/Arquivo da editora

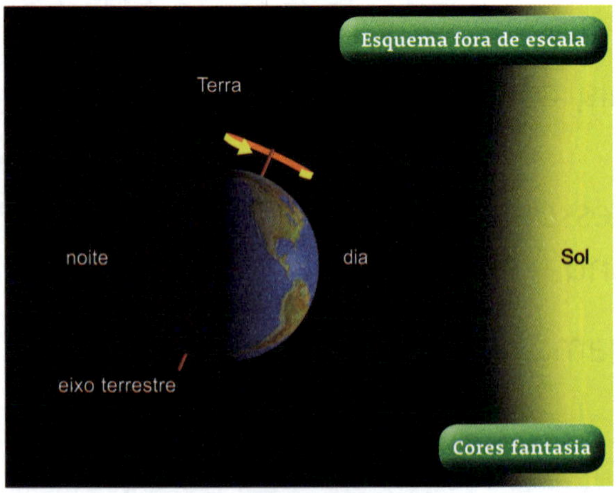

Esse mesmo fato acontece com a Terra.

Para dar uma volta completa em torno de si mesma, a Terra leva aproximadamente 24 horas, ou seja, o movimento de rotação dura um dia. É ele que dá origem ao **dia** e à **noite**.

O eixo terrestre é uma reta imaginária que passa pelo centro do planeta. E é em volta dessa reta que é realizado o movimento de rotação da Terra.

Em nosso experimento, o eixo terrestre foi representado pelo palito.

Movimento de translação

Ilustra Cartoon/Arquivo da editora

Ao mesmo tempo que a Terra faz o movimento de rotação, ela gira em torno do Sol.

Para entender esse movimento, faça o experimento a seguir.

Ao girar a maçã em torno de si mesma, faça-a também girar em torno da lâmpada.

Agora, veja o esquema do movimento de translação da Terra:

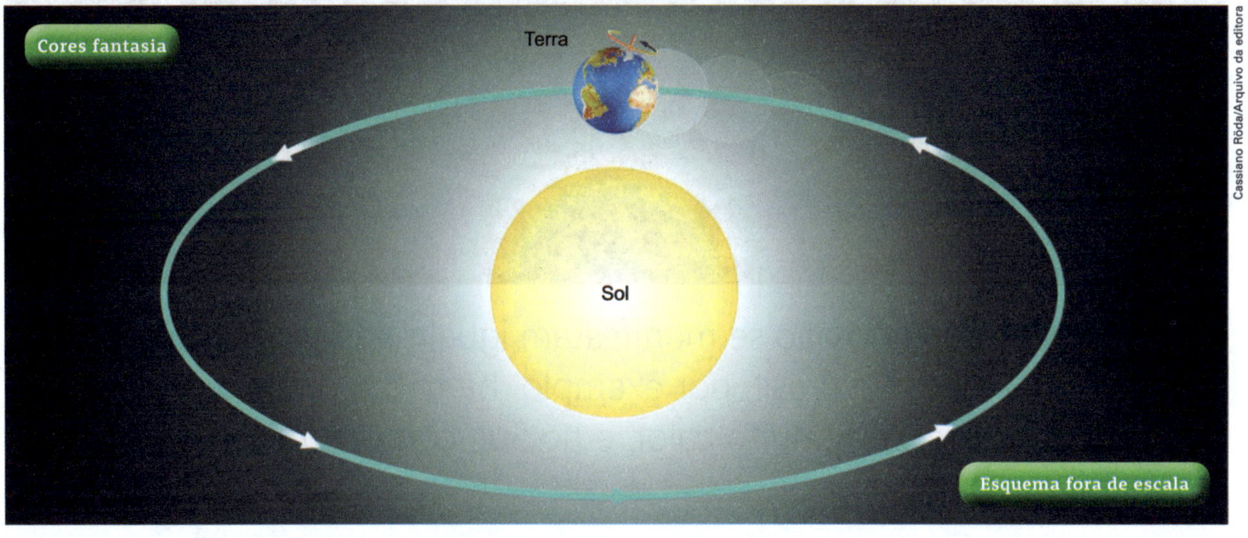

Cassiano Röda/Arquivo da editora

Para dar uma volta completa em torno do Sol, a Terra leva 365 dias e seis horas, ou seja, o movimento de translação leva aproximadamente um ano.

1. Em seu caderno, responda às questões com frases completas.

   a) No movimento de rotação, quanto tempo a Terra leva para dar uma volta completa?

   b) E para dar uma volta completa no movimento de translação, quanto tempo a Terra leva?

2. Imagine a Terra girando em torno de si mesma e ao redor do Sol, assim como foi representado nas figuras destas páginas, e responda:

   - O que representa a parte iluminada da Terra? E a parte escura?

____

____

Estações do ano

A Terra gira sempre levemente inclinada, possibilitando que, no decorrer do ano, algumas partes recebam mais calor do Sol do que outras.

O movimento de translação e a inclinação da Terra possibilitam a ocorrência das quatro estações do ano: primavera, verão, outono e inverno.

Cassiano Röda/Arquivo da editora

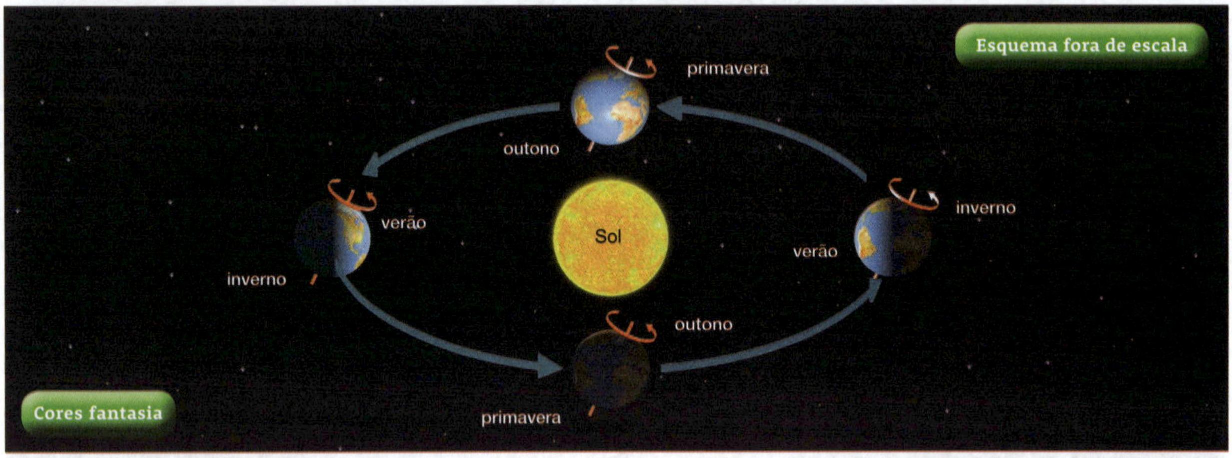

As estações do ano não se manifestam igualmente em todos os lugares do planeta. No Brasil, por exemplo, há muita diferença entre o clima no Nordeste, com muito calor, e no Sul, com muito frio.

Outono	Começa em 21 de março.Termina em 21 de junho.
Inverno	Começa em 21 de junho.Termina em 23 de setembro.
Primavera	Começa em 23 de setembro.Termina em 21 de dezembro.
Verão	Começa em 21 de dezembro.Termina em 21 de março.

Anderson Barbosa/Fotoarena

Inverno em São Paulo (SP). Foto de 2011.

Edu Lyra/Pulsar Imagens

Verão em Florianópolis (SC). Foto de 2012.

1. Por que temos várias estações no ano?

____

____

2. Cite algumas características de cada estação do ano:

a) outono – ______________________________________

____

b) inverno – ______________________________________

____

c) primavera – ____________________________________

____

d) verão – ____

____

3. Cole figuras ou faça desenhos no espaço abaixo para representar as estações do ano na região em que você vive.

4

A superfície da Terra

Você já parou para imaginar o que encontraríamos se cortássemos a Terra ao meio?

Nós, e todos os outros seres vivos, vivemos na superfície da Terra, ou seja, na parte de fora.

A superfície da Terra é toda irregular, tem partes altas e partes baixas. Mas como ela é por dentro? Veja uma representação na imagem ao lado

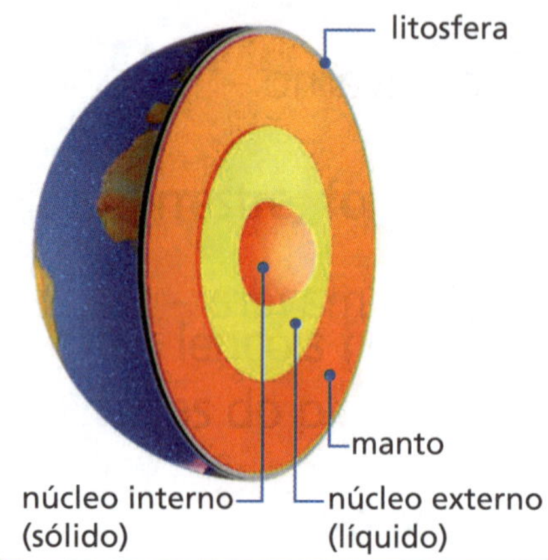

Cassiano Róda/Arquivo da editora

Nós pisamos na crosta da Terra. É a parte sólida do planeta. A **crosta terrestre** é a camada de fora da Terra, a mais fina. É formada por diversos tipos de rochas e também pode ser chamada de **litosfera**.

O **manto terrestre** é a camada mais grossa, pastosa e com altas temperaturas. Ele está abaixo da crosta.

O **núcleo** é a região central da Terra, com temperaturas ainda mais quentes que as do manto.

O ser humano utiliza as rochas, encontradas na crosta, para construir prédios e calçar ruas, por exemplo. Das rochas, é possível extrair minérios como o ferro, o ouro, o alumínio, a prata e o cobre.

No entanto, a maior parte da superfície da Terra é coberta pela água de mares, rios e lagos.

Veja uma representação da superfície do planeta feita no planisfério:

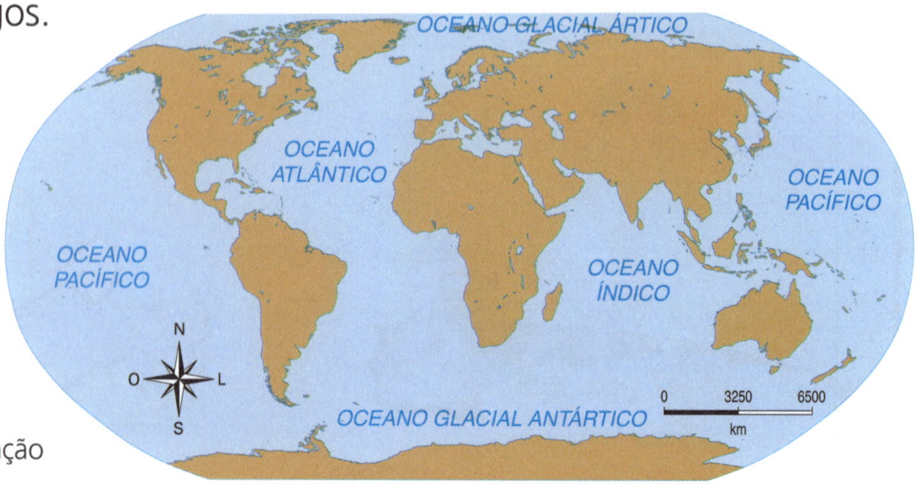

Allmaps/Arquivo da editora

planisfério: representação do globo no plano.

1. Assinale a opção correta.

- [ ] Rochas são materiais artificiais, geralmente líquidos e moles.
- [ ] Rochas são materiais naturais, geralmente duros e compactos.

2. Costumamos chamar as rochas de pedras. Os seres humanos aproveitam as rochas de várias maneiras. Escreva como isso acontece nas figuras abaixo.

Ilustrações: Ilustra Cartoon/Arquivo da editora

____

____

____

____

____

____

____

____

____

____

3. Encontre e traga para a sala de aula alguns tipos de rocha.

a) Observe nelas as cores, a forma, o peso, o brilho e o que mais chamar sua atenção.

b) Com desenhos e texto numa folha avulsa, faça um registro, para ser colocado no mural da classe, das principais características dessas rochas.

c) Depois, com o auxílio do professor, reúna as rochas que você trouxe com as de seus colegas para a organização de uma exposição.

5

Ambientes da Terra

Na Terra existem várias formas de vida. São milhões de seres vivos diferentes, todos adaptados aos seus ambientes.

O ambiente é tudo o que cerca ou envolve os seres vivos e as coisas.

O ar, a água e a terra (também chamada solo) estão no ambiente.

O ar, que os seres humanos e os outros animais respiram, faz parte da atmosfera.

A água, sem a qual não poderíamos viver, faz parte da hidrosfera.

O solo, que sustenta as plantas e os animais, e é o lugar do planeta onde vivemos e de onde retiramos os alimentos, faz parte da litosfera (crosta terrestre).

Os ambientes são diferentes uns dos outros. Veja alguns exemplos:

hidrosfera: conjunto formado pelas águas existentes no planeta.

Ambiente terrestre

Mata Atlântica (ES).

Parque Estadual do Jalapão (TO).

Ambiente aquático

Fundo do mar (BA).

Pantanal (MS).

Muitas vezes, o ser humano modifica os ambientes para, por exemplo, construir cidades. Quando isso é feito sem os devidos cuidados, pode-se colocar em perigo o equilíbrio da natureza, pois plantas e animais morrem e o solo se desgasta.

1. Assinale as frases **incorretas**.

- [ ] O ser humano não faz parte do ambiente.
- [ ] O ser humano pode mudar o mundo para melhor ou para pior.
- [ ] Ambiente é tudo o que cerca os seres vivos e as coisas.
- [ ] Só existe um tipo de ambiente na Terra.

- Reescreva as frases incorretas, corrigindo-as.

____

____

2. Em uma folha avulsa, cole a imagem retirada de uma revista ou jornal ou, então, desenhe o ambiente que desejar. Depois, escreva o que nele é natural e o que foi construído pelo ser humano.

3. Em grupos de quatro ou cinco alunos, façam uma pesquisa a respeito da cidade em que vivem. Conversem com seus avós ou outras pessoas mais velhas que vocês conheçam e procurem fotos em jornais e revistas antigas para descobrir algumas informações da cidade. A seguir, há algumas questões que poderão orientá-los na pesquisa:

- Como era o ambiente de sua cidade antes de ela existir? Havia florestas ou outros tipos de vegetação? Quais? Havia animais? Quais?
- O que foi mudado nesse ambiente? Foi derrubada muita vegetação? E os animais, o que aconteceu com eles? Algum rio foi canalizado? Foram construídas pontes?
- Se existe algum rio em sua cidade, as pessoas costumavam pescar ou nadar nele? E hoje, ainda é possível fazer isso? Por quê?
- Levem para a classe as informações que conseguirem a respeito da cidade onde moram. Com a ajuda do professor, troquem ideias com os outros grupos para comparar as informações.

6

Conhecendo e conservando os recursos naturais

Nosso ambiente é constituído de seres vivos e elementos não vivos, naturais ou construídos pelo ser humano.

Dos elementos naturais, podemos citar como mais importantes para a vida na Terra o solo, a água e o ar. Vamos, agora, estudar melhor cada um desses componentes.

Maurício Simonetti/Pulsar Imagens

Pessoas trabalhando na construção de rodovia em Salvador (BA).

O solo

Você já pensou em quanto dependemos do solo?

No solo vivem plantas, animais e diversos outros seres vivos. Nele, os seres humanos constroem suas casas, criam animais e realizam a agricultura.

É do solo que retiramos quase tudo o que nos sustenta. É ele que serve como base para as raízes, fonte de nutrientes para as plantas e abrigo para muitos animais.

João Prudente/Pulsar Imagens

agricultura: arte de cultivar a terra, plantando e cuidando do desenvolvimento das plantas.
abrigo: proteção.

Tipos de solo

O solo é formado por minerais — como pedras, argila e grãos de areia — e restos de animais e vegetais.

Cada tipo de solo tem suas próprias características.

Os solos secos têm muita areia misturada à terra. São, por isso, chamados **solos arenosos**.

Os solos alagados têm argila demais, retendo água em excesso. São, por isso, conhecidos como **solos argilosos**.

Cultivo do solo

O ser humano cultiva o solo e dele retira grande parte de sua alimentação: verduras, legumes e cereais, por exemplo.

Para serem aproveitados na agricultura, os solos muito secos ou os que retêm muita água precisam ser normalizados.

Saulo Cruz/Fotoarena

Irrigação em plantação de manga na cidade de Petrolina (PE).

Na **irrigação**, o solo recebe uma quantidade adicional de água. Esse acréscimo colabora com o desenvolvimento adequado de determinados tipos de vegetais.

Na **drenagem**, ocorre o oposto da irrigação. O excesso de água que caracteriza o solo de certa região é retirado. Uma das formas de realizar esse processo é a abertura de canais por onde a água possa escoar.

Podem, também, ser instalados tubos para que a água escoe.

Maurício Simonetti/Pulsar Imagens

Drenagem de uma plantação de arroz.

Para que as plantas se desenvolvam, é importante que o solo seja fértil, isto é, contenha sais minerais e matéria orgânica (restos de animais e de vegetais) e esteja com a terra fofa e arejada.

Ricardo Azoury/Pulsar Imagens

Antigamente era preciso queimar a cana-de-açúcar para que pudesse ser colhida. Esse procedimento causava graves danos ao solo e matava os animais que nele viviam.

Quando o solo não é naturalmente fértil ou já está desgastado pelo uso, podemos recuperá-lo revirando a terra e colocando adubo (material de que as plantas precisam para se desenvolver), o que pode torná-lo produtivo novamente.

Nossa vida e a dos outros seres vivos dependem da conservação do solo.

A própria vegetação é uma proteção natural do solo.

1. Responda às questões a seguir.

a) Nossa alimentação é composta de muitos vegetais que são cultivados no solo. Você saberia citar três vegetais desse tipo?

____

b) Por que cuidar do solo é importante para você?

____

____

____

2. Veja as imagens a seguir.

1 solo arenoso

Gerson Gerloff/Pulsar Imagens

2 solo argiloso

Fabio Colombini/Acervo do fotógrafo

- Agora, indique se as informações se referem a solos arenosos (1) ou solos argilosos (2).

☐ Retêm água em excesso.

☐ Têm argila.

☐ Caracterizam-se por serem secos.

☐ Possuem areia misturada à terra.

☐ Caracterizam-se por serem solos alagados.

3. Veja as imagens abaixo. Em seguida, escreva nos espaços em branco o que cada imagem indica: irrigação ou drenagem.

Ilustrações: Ilustra Cartoon/Arquivo da editora

____________________ ____________________

A água

Thomaz Vita Neto/Pulsar Imagens

Cachoeira do Salto, em Cassilândia (MS).

A água cobre as partes mais baixas da superfície terrestre, formando os mares, os rios e os lagos.

Além disso, ela é encontrada abaixo do solo — nos lençóis freáticos — e também na forma congelada — nas regiões geladas do planeta.

A água utilizada nas cidades vem de rios, lagos e represas. Essa água não é apropriada para o consumo, pois contém microrganismos que podem causar prejuízos à nossa saúde.

Por isso, antes de chegar às nossas casas, a água deve passar por uma estação de tratamento, onde recebe cuidados especiais que a tornam adequada para ser consumida.

lençóis freáticos: lençóis de água subterrâneos que se formam em profundidade relativamente pequena.

microrganismos: seres vivos muito pequenos, vistos apenas com a ajuda de microscópio.

1. Para que usamos a água? Observe as figuras e escreva uma frase para cada uma delas.

Ilustrações: Ilustra Cartoon/Arquivo da editora

Ilustrações: Ilustra Cartoon/Arquivo da editora

2. Você acha que a água que sai das torneiras está pronta para o consumo? Por quê?

3. De onde vem a água da chuva? Pense a respeito disso e numere as frases na ordem correta.

☐ A água das nuvens cai na terra em forma de chuva.

☐ Com o forte calor do Sol, uma pequena parte da água do mar, dos rios e dos lagos se transforma em vapor e vai para a atmosfera.

☐ Parte dessa água vai para os mares, os rios e os lagos; e começa tudo outra vez.

☐ Depois, o vapor transforma-se em gotículas de água, dando origem, assim, às nuvens.

O ar

O ar está em todos os lugares: à nossa volta, na água, no solo, nas plantas e no corpo dos animais.

Sem o ar não existiria vida na Terra.

O ar puro não tem cor, cheiro nem gosto.

Não podemos ver o ar, mas podemos percebê-lo quando respiramos ou quando ele está em movimento, por exemplo.

O ar em movimento é conhecido como **vento**.

A fumaça liberada por queimadas, fábricas e escapamentos de caminhões, ônibus e carros suja o ar.

Quando o ar está sujo, tornando-se prejudicial à vida, dizemos que está poluído.

O ar poluído pode causar várias doenças às pessoas. Ele pode também prejudicar os outros animais e as plantas.

Existem formas de controlar a poluição do ar. Conheça algumas delas:

- Colocar filtros nas chaminés das indústrias.
- Instalar filtros antipoluentes nos veículos.
- Evitar queimadas nas florestas.
- Preservar áreas com vegetação natural e, nas cidades, plantar árvores.
- Não queimar lixo.

1. O ar que respiramos afeta nossa saúde e nosso bem-estar? Justifique sua resposta.

____

____

2. Preste atenção na qualidade do ar no lugar onde você mora. Você pode dizer que é "ar puro"? Por quê?

____

3. Observe as imagens a seguir e marque em cada uma se há ou não poluição do ar.

Cesar Diniz/Pulsar Imagens

☐ Há poluição. ☐ Não há poluição.

PavleMarjanovic/Shutterstock/Glow Images

☐ Há poluição. ☐ Não há poluição.

Ricardo Azoury/Pulsar Imagens

☐ Há poluição. ☐ Não há poluição.

Nataliya Hora/Shutterstock/Glow Images

☐ Há poluição. ☐ Não há poluição.

- Nos casos em que há poluição, você acha que esse problema poderia ser melhorado? Como? Procure em revistas ou na internet algumas formas de como melhorar o problema da poluição do ar. Escolha uma delas e leve à classe para mostrar a seus colegas.

4. Como você já viu aqui, o ar é essencial à vida, pois a maioria dos seres vivos precisa respirar para viver. A respiração acontece em duas etapas: a inspiração e a expiração. Procure no dicionário o significado dessas palavras.

a) inspiração: ______________________________

b) expiração: ______________________________

7

Recursos naturais renováveis e não renováveis

A vida do ser humano depende dos recursos que o ambiente oferece. Precisamos de água, ar e alimentos, de matéria-prima para fazer construções, de combustíveis para produzir energia e movimentar máquinas, entre outras coisas. Tudo isso é retirado do meio em que vivemos.

David Santos Jr./Fotoarena

Homem pescando.

Os recursos de que a natureza dispõe são de dois tipos: renováveis e não renováveis.

Os **recursos renováveis** são aqueles que podem ser repostos na natureza, como as árvores. Se uma árvore for cortada para fornecer madeira, pode-se plantar outra em seu lugar.

Esses recursos não acabarão se as pessoas souberem utilizá-los, repondo o que consumirem ou criando condições que favoreçam a reposição natural.

O solo, a água, o ar, os animais e os vegetais são exemplos de recursos que podem ser renovados.

Os recursos naturais **não renováveis** são aqueles que, uma vez gastos, não se recompõem mais.

É o que acontece com o petróleo, por exemplo. Para que ele se formasse, foram necessários milhões de anos. Quando ele é retirado, simplesmente acaba. Para obter mais petróleo, é preciso encontrar outra jazida para explorar. Esta, por sua vez, um dia também se esgotará.

Por isso, os recursos não renováveis devem ser utilizados com muita responsabilidade.

Além do petróleo, podemos citar como exemplos de recursos que não se renovam os metais, o carvão mineral e as pedras preciosas.

Gerson Gerloff/Pulsar Imagens

Exploração de mina de calcário em Caçapava do Sul (RS), em 2011.

jazida: depósito natural de minérios.

1. Qual é a diferença entre recursos renováveis e não renováveis?

____

____

2. Cite 3 exemplos de recursos renováveis e 3 de recursos não renováveis.

____

____

3. Indique se os itens a seguir são:

A recursos renováveis **B** recursos não renováveis

☐ água ☐ petróleo ☐ sal

☐ ouro ☐ árvore ☐ alface

4. Observe as imagens ao lado. Elas demonstram formas diferentes de exploração dos recursos naturais.

- Agora, responda:

a) Quais são os recursos naturais que estão sendo explorados em cada uma das imagens ao lado?

____

b) São recursos renováveis ou não renováveis? ______________

Ilustrações: Ilustra Cartoon/Arquivo da editora

c) Os recursos naturais apresentados estão em boas ou más condições? Por quê? ______________________________

d) Quem pode zelar pela renovação dos recursos naturais?

____

De olho na experiência

Verificando a poluição do ar

Material necessário

- 3 tampas de embalagem de margarina
- 3 etiquetas pequenas
- óleo de cozinha
- pincel
- lupa

Como fazer

Ilustrações: Ilustra Cartoon/Arquivo da editora

1. Com o auxílio do professor e dos colegas, escolha três lugares diferentes, por exemplo: a sala de aula, o pátio da escola e um local próximo à entrada da escola. Em cada tampa, cole uma etiqueta com o nome do local onde ela será colocada.
2. Com o pincel, espalhe algumas gotas de óleo em cada tampa.
3. Coloque as tampas nos locais escolhidos, a aproximadamente 1 metro do nível do chão, longe de árvores ou muros, pois isso pode interferir nos resultados.
4. Após 1 hora, recolha as tampas e observe o óleo com a lupa.
   Agora, responda:
   - O que você notou?

     ____

   - Em qual das tampas você percebeu maior quantidade de partículas?

     ____

   - Por que isso aconteceu?

     ____

     ____

Unidade 2

Os seres vivos

Hagaquezart/Arquivo da editora

O QUE VOU ESTUDAR?

- Diferenças entre os seres vivos e os que não têm vida
- Como nascem as plantas
- Como as plantas se alimentam e respiram
- Importância dos vegetais
- A classificação dos animais
- Como os animais nascem e se desenvolvem

8

Características dos seres vivos

Você sabe a diferença entre os seres que têm vida e os elementos que não têm vida?

O ar, a água e o solo fazem parte do ambiente da Terra e não possuem vida. Contudo nesses ambientes existem também os seres vivos, ou seja, aqueles que possuem vida, como as plantas e os animais.

Os seres vivos distribuem-se por todas as regiões do planeta. Veja um exemplo disso no ambiente apresentado na fotografia a seguir.

Andre Dib/Pulsar Imagens

Aspecto de cerrado com emas pastando na vegetação. Barra do Garças (MT).

Os seres vivos nascem, crescem, sofrem transformações ao longo de seu desenvolvimento, podem se reproduzir — isto é, são capazes de dar origem a seres semelhantes a eles — e, por fim, morrem.

Ilustrações: Hiroe Sasaki/Arquivo da editora

Para se desenvolver e desempenhar todas as suas funções, os seres vivos precisam de alimento, ar, água, luz e calor do Sol.

..a figura a seguir, identifique os seres vivos e circule-os.

Ilustra Cartoon/Arquivo da editora

a) Explique qual é a diferença entre ser vivo e elemento não vivo.

b) Separe os seres vivos encontrados na ilustração, escrevendo o nome deles no grupo correspondente.

animal	planta

9

Os vegetais

Existe uma grande diversidade de espécies de vegetais, também conhecidas como plantas, em nosso planeta.

Veja a seguir as fotografias de algumas delas.

Estas plantas vivem na terra:

Cesar Diniz/Pulsar Imagens

plantas terrestres

E estas plantas vivem na água:

José Bassit/Pulsar Imagem

plantas aquáticas

Como você deve ter notado, as plantas podem ser encontradas no solo ou na água.

As plantas que vivem na terra retiram do solo e do ar as substâncias de que necessitam para viver.

As plantas que vivem em rios, mares e lagos retiram essas substâncias da água.

Além dos vegetais terrestres e dos vegetais aquáticos, existem ainda aqueles que vivem fixos em outros vegetais. É o caso da bromélia.

Fabio Colombini/Acervo do fotógrafo

Bromélia apoiada em tronco de árvore.

Alguns vegetais vivem em lugares quentes, outros em lugares frios. Uns em lugares secos, outros em lugares úmidos.

Para sobreviverem em locais tão diferentes, as plantas possuem partes ou estruturas especiais.

Delfim Martins/Pulsar Imagens

Algumas árvores de regiões muito úmidas têm folhas em formato que permite o escoamento da água, evitando que ela se acumule.

Snapper 68/Shutterstock/Glow Images

Algumas plantas típicas de regiões muito alagadiças têm raízes aéreas, para poderem absorver o oxigênio do ar.

1. Escolha uma planta para observar. Pode ser de um vaso, de um jardim ou de um quintal. Desenhe essa planta numa folha avulsa.

- Agora, preencha a ficha contando como ela é.

Ela é grande ou pequena? ________________

Ela tem flores ou não? ________________

Ela vive em ambiente aquático ou terrestre? ________________

O ser humano faz algum uso dela? Qual? ________________

Por que ela é importante para o ambiente onde vive? ________________

____

2. Veja a imagem ao lado, de um vegetal que vive em ambientes muito secos. Depois, com o professor e os colegas, discuta sobre as questões.

a) Por que o tronco dessa árvore é "barrigudo"?

b) O que aconteceria se essa árvore não tivesse o tronco dessa forma?

Leo Caldas/Pulsar Imagens

A paineira também é chamada de "barriguda".

As partes dos vegetais

As plantas têm diversos tamanhos e formas e vivem em diferentes lugares.

Algumas plantas são pequenas, outras são bem grandes. Há plantas, como o cacto, que vivem em lugares secos. Outras, como o arroz, se desenvolvem em lugares úmidos.

A maioria dos vegetais que conhecemos possui raiz, caule, folhas, flores, frutos e sementes. Cada uma dessas partes exerce uma função na planta.

As **flores** são os órgãos reprodutores das plantas que têm sementes. É a partir das flores que se formam os frutos.

As **folhas** têm como principal função produzir alimento para a planta. É por elas que as plantas absorvem o ar e a luz do Sol.

O **caule** sustenta os ramos, as folhas e as flores. Ele conduz os nutrientes para todas as partes da planta.

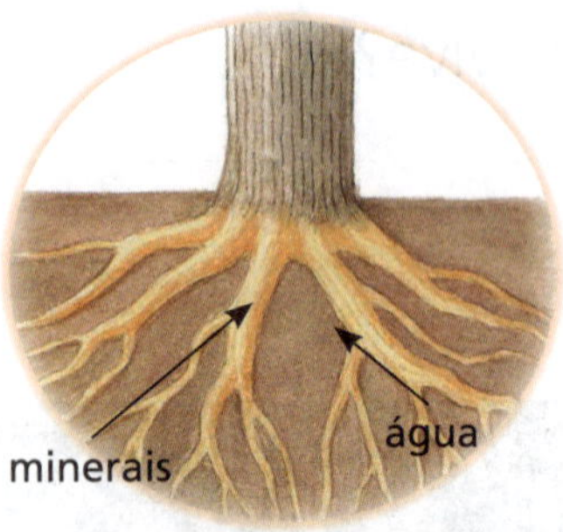

A **raiz** é a parte que fixa a planta no solo. É também pela raiz que o vegetal absorve da terra a água e os outros nutrientes de que necessita para se desenvolver.

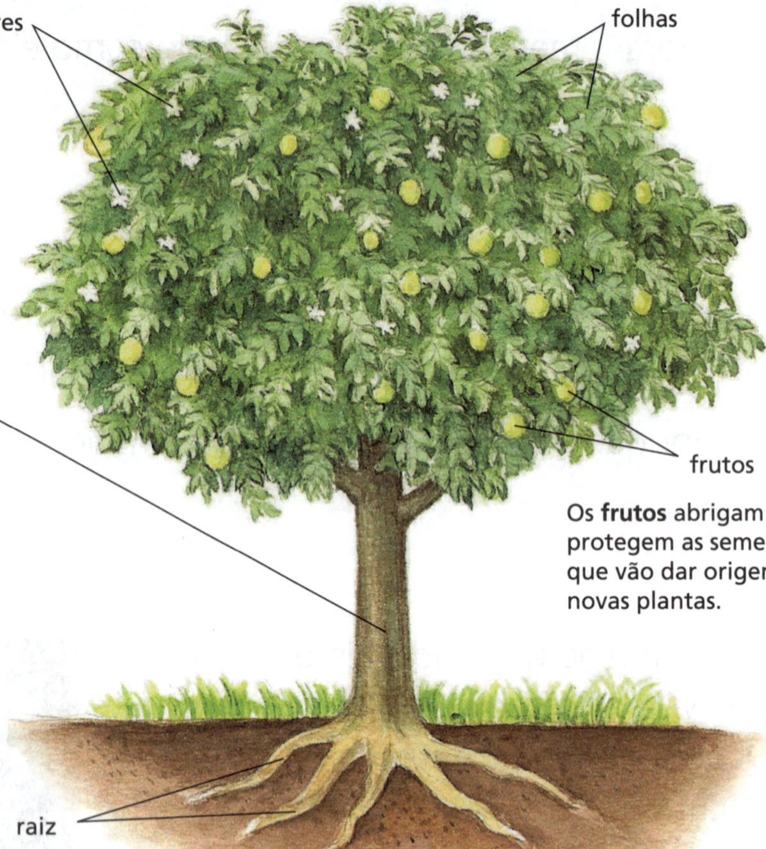

Os **frutos** abrigam e protegem as sementes, que vão dar origem a novas plantas.

Ilustrações: Hiroe Sasaki/Arquivo da editora

Existem plantas que não possuem todas essas partes, mas nem por isso deixam de realizar as funções necessárias à sua sobrevivência. A samambaia e a avenca, por exemplo, não têm flores, mas se reproduzem de outras formas.

Olga Kovalenko/Shutterstock/Glow Images

samambaia

1. Procure, com a turma, uma árvore dentro da escola ou nas proximidades. Desenhe-a em uma folha avulsa e escreva o nome de suas partes.

- Ela é diferente da árvore da página anterior? Caso seja diferente, explique por quê.

____

____

____

2. Associe as partes da planta a uma frase:

[1] raiz [2] folhas [3] caule [4] frutos [5] flores

[ ] Fixa as plantas no solo.

[ ] Órgãos reprodutores da planta.

[ ] Absorvem ar e luz do Sol para a planta.

[ ] Abrigam e protegem as sementes.

[ ] Sustenta os ramos, as folhas e as flores.

3. Observe a cena e responda às questões.

Ilustra Cartoon/Arquivo da editora

a) Que parte da planta está sendo cortada pelo jardineiro?

____

b) A criança de camiseta amarela está pegando que partes da planta?

____

c) A criança de camiseta branca está se balançando em que parte da árvore?

____

Como nascem os vegetais

Como você viu aqui, as plantas são seres vivos e, portanto, são capazes de se reproduzir.

A maioria dos vegetais nasce de sementes. Algumas plantas, porém, podem se desenvolver a partir de um pedaço de caule ou de uma folha retirada de uma planta adulta.

Para crescer, um vegetal que vive na terra precisa de solo fofo e fértil, água, ar e luz.

O desenvolvimento de uma semente até se tornar uma nova plantinha denomina-se **germinação**.

Observe como ocorre a germinação do feijão:

A semente é plantada na terra.

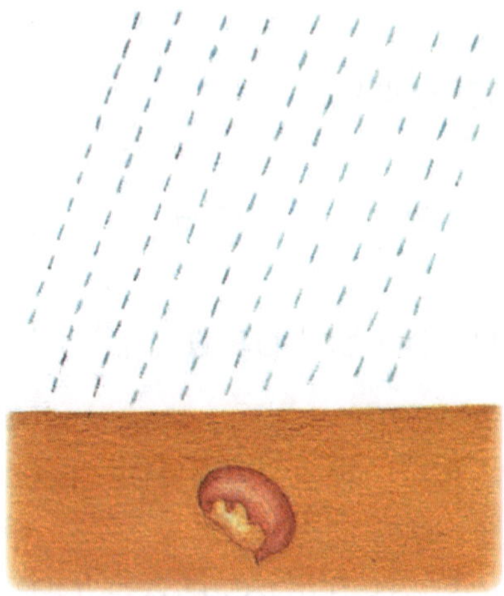

Depois de alguns dias na terra úmida, ela incha e arrebenta.

Surge um pequenino broto que se dirige para baixo: é a raiz.

Surge outro broto que se dirige para cima: é o caule.

Alguns dias depois, as duas primeiras folhas estão formadas.

Temos, então, uma plantinha de feijão.

Ilustrações: Hiroe Sasaki/Arquivo da editora

Veja alguns exemplos de vegetais que se desenvolvem a partir de sementes:

Mny-Jhee/Shutterstock/Glow Images

girassóis

Delfim Martins/Pulsar Imagens

mamoeiros

Thomaz Vita Neto/Pulsar Imagens

tomateiros

Apesar de possuírem sementes para a reprodução, certos vegetais podem se desenvolver também a partir de um pedaço de caule, uma folha ou uma raiz. É a **muda**.

Se retirarmos um pedaço do caule de uma roseira adulta, por exemplo, e o plantarmos em solo apropriado, ele poderá criar raízes, crescer e se transformar em uma nova roseira.

Mark Winwood/Getty Images
kriangkrai wangja/Shutterstock/Glow Images

As rosas podem ser plantadas a partir do seu caule.

Veja outro exemplo de vegetal que pode se desenvolver a partir de mudas:

Cesar Diniz/Pulsar Imagens
Thomaz Vita Neto/Pulsar Imagens

O abacaxi pode ser cultivado a partir da coroa.

Como se espalham as sementes

Na natureza, há várias maneiras pelas quais as sementes se espalham. Veja alguns exemplos:

Brian A Jackson/Shutterstock/Glow Images

Algumas são transportadas pelo vento, como os frutos do dente-de-leão, que carregam as sementes.

Ethan Daniels/Shutterstock/Glow Images

Outras, como as do coco, vão para longe, flutuando pela água.

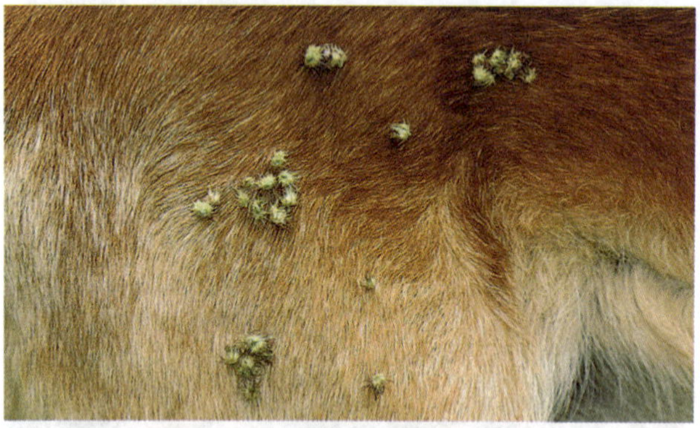

R-P/<kino.com.br>

Outras, ainda, podem ficar grudadas no pelo de animais, sendo levadas para lugares distantes, como é o caso do carrapicho.

Matuiti Mayezo/Folhapress

Já os frutos da mamoneira, quando secos, estouram, liberando as sementes para longe da planta.

sima/Shutterstock/Glow Images

O ser humano também pode espalhar as sementes ao cultivar determinados tipos de planta.

Tudo isso é muito importante, pois garante que as sementes se **dispersem** pelos lugares mais variados e que as espécies de plantas não sejam extintas.

1. Observe a figura e escreva como as sementes da laranjeira estão sendo espalhadas.

____

____

____

____

____

____

2. Complete as frases com as palavras do quadro.

plantas	frutos	sementes	germinam

a) Os passarinhos, ao comerem os __________, acabam engolindo as __________, que são digeridas e saem com as fezes.

b) Essas sementes, caindo em lugares úmidos, __________ e transformam-se em novas __________.

Como as plantas se alimentam e respiram

Alimentação

As plantas produzem o alimento de que necessitam para se manterem vivas em um processo denominado **fotossíntese**.

Para realizar a fotossíntese, as plantas precisam:

- do gás carbônico do ar;
- da luz do Sol;
- da água que as raízes retiram do solo;
- da clorofila (uma substância verde presente nas plantas).

Durante a fotossíntese, que ocorre nas partes verdes do vegetal (folhas, ramos ou talos), as plantas absorvem o gás carbônico do ar e liberam o oxigênio.

Representação esquemática da fotossíntese.

Além de ser fundamental para as plantas, a fotossíntese é importantíssima para nós, seres humanos, e para os outros animais. É ela a responsável pela renovação do oxigênio do ar, sem o qual não podemos sobreviver.

Respiração

Você já viu que, assim como os animais, as plantas nascem, crescem, se reproduzem e morrem, pois elas também são seres vivos. Mas você sabia que, do mesmo modo que os animais, as plantas também precisam respirar?

Pois é, os vegetais, como a maioria dos seres vivos, ficam o tempo todo absorvendo oxigênio e liberando gás carbônico para a atmosfera.

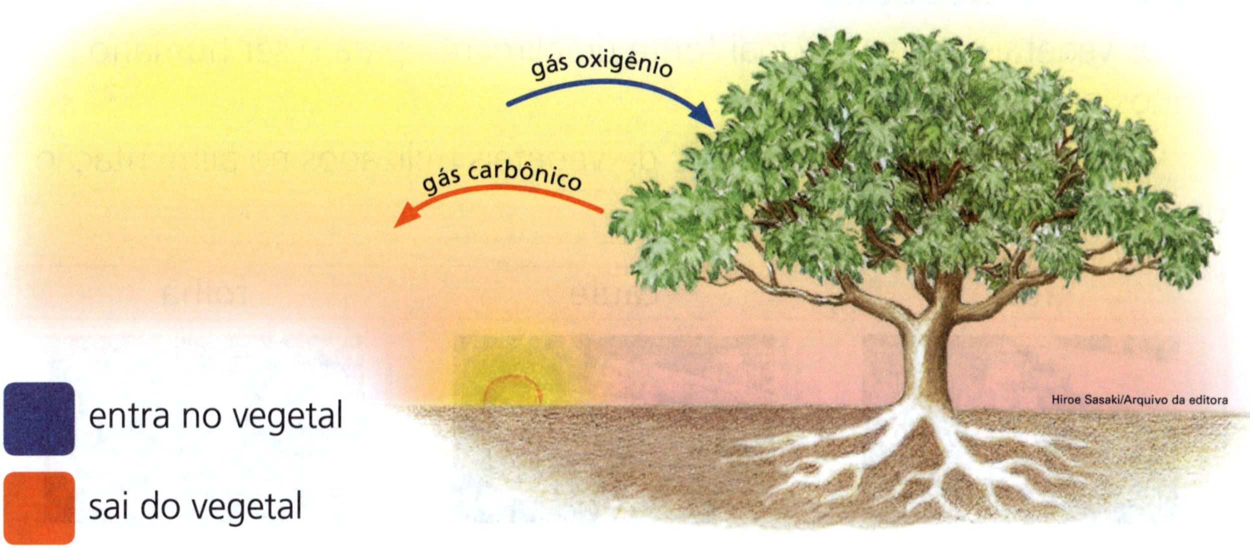

Representação esquemática da respiração vegetal.

1. Responda:

a) Do que as plantas necessitam para produzir seu alimento?

____

b) Em que partes da planta ocorre a produção de alimento?

____

____

2. Pinte de verde os quadrinhos ao lado das informações corretas.

- [ ] As plantas respiram dia e noite sem parar.
- [ ] Durante a respiração, as plantas retiram oxigênio do ar.
- [ ] As plantas respiram somente durante o dia.
- [ ] Durante a fotossíntese, as plantas liberam gás carbônico.
- [ ] Durante a fotossíntese, as plantas retiram gás carbônico do ar.

Importância dos vegetais

Para o ser humano

Os vegetais são a principal fonte de alimento para o ser humano e muitos outros animais.

Veja a seguir alguns exemplos de vegetais utilizados na alimentação do ser humano.

raiz	caule	folha
 Sujalmages/Shutterstock/Glow Images	 Luiz Carlos Murauskas/Folhapress	 Fotokostic/Shutterstock/Glow Images
cenoura	palmito	alface
flor	**fruto**	**semente**
 ChameleonsEye/Shutterstock/Glow Images	 Fotokostic/Shutterstock/Glow Images	 Delfim Martins/Pulsar Imagens
brócolis	tomate	feijão

Existem partes de certos vegetais que são transformadas pelo ser humano em produtos alimentícios:

Ammit Jack/Shutterstock/Glow Images

Africa Studio/Shutterstock/Glow Images

Do cacau se produz o chocolate.

Izf/Shutterstock/Glow Images

Geoffrey Jones/Shutterstock/Glow Images

Da cana-de-açúcar se produz o açúcar.

Além de servir para a alimentação, podemos obter das plantas:

perfumes	remédios	madeira e papel	fios para tecidos
 ntdanai/Shutterstock/Glow Images	 Alexandre Tokitaka/Pulsar Imagens	 Celso Pupo/Shutterstock/Glow Images	 Delfim Martins/Pulsar Imagens
jasmin	hortelã	pinheiro-do-paraná	algodão

Há ainda plantas, como o **comigo-ninguém-pode**, que, se mastigadas, podem pôr em risco a vida de pessoas e animais. Outras, como a **urtiga**, que, se tocadas, provocam coceira e irritação na pele.

Para o ambiente

As plantas são muito importantes para o ambiente. Quando matas ou florestas são derrubadas, por exemplo, o que está em risco não é apenas a sobrevivência de algumas espécies de vegetais, mas o próprio equilíbrio da natureza.

Veja esta foto:

Edson Silva/Folhapress

Ribeirão Preto (SP), em 2014.

Ela mostra um ambiente em que ocorreram desmatamentos e queimadas. Com isso, não só as plantas foram destruídas. Os animais que lá viviam morreram ou tiveram de fugir para outro lugar em busca de abrigo e alimentos.

Foram eliminados também os seres vivos microscópicos que viviam no solo. Praticamente tudo o que tinha vida desapareceu desse lugar.

Dificilmente esse ambiente poderá se recuperar sozinho.

1. Você sabia que há animais que só se alimentam de plantas? A capivara, a cutia, o boi, entre outros, são assim. Veja a cena abaixo e escreva um breve texto sobre ela.

José Rodrigues/Arquivo da editora

____

____

____

____

- Agora, responda:

a) Como a derrubada de árvores e as queimadas podem prejudicar a alimentação dos animais?

____

____

____

b) Como a derrubada de árvores e as queimadas podem prejudicar as atividades do ser humano?

____

____

____

2. Converse com os colegas e descubra qual é o alimento de cada animal.

a) coelho: ______

b) papagaio: ______

c) cavalo: ______

d) vaca: ______

3. Responda:

a) Que frutas você costuma comer em sua casa ou no lanche da escola?

______

b) Quais plantas (e que partes delas) são geralmente utilizadas como alimento em sua casa?

______

______

4. Procure em sua casa objetos, móveis ou alimentos produzidos a partir das seguintes partes de vegetais:

a) raiz ______

b) caule ______

c) folha ______

d) flor ______

e) fruto ______

f) semente ______

- Agora, escolha um desses itens e converse com outras pessoas sobre o impacto que a produção dele causa na natureza. Anote a seguir o que você descobriu.

______

______

Os animais

Existem animais das mais diferentes formas, com os mais diversos tamanhos, vivendo nos mais variados ambientes.

Uma enorme quantidade deles vive na terra, como o cachorro, o gato, o macaco, o tamanduá, o leão, a onça, a galinha, os passarinhos, a cobra, o tatu, a joaninha, o gafanhoto e tantos outros.

Na água doce de rios, lagos, lagoas e riachos e na água salgada de oceanos e mares também vive uma infinidade de diferentes animais: peixes, caramujos, camarões, lagostas, tartarugas, baleias, estrelas-do-mar, etc.

Há animais que nascem e vivem algum tempo na água. Ao se tornarem adultos, porém, passam a viver na terra. Na época de pôr ovos e se reproduzir, eles voltam para a água. É o caso do sapo, da rã e da perereca.

Certos animais, como as lesmas e as minhocas, vivem em lugares úmidos e com sombra.

Outros animais, como o gorila e alguns tipos de lagartos, vivem em lugares muito quentes. Outros, ainda, como o urso-polar e o pinguim, vivem em lugares muito frios.

Em seu ambiente natural, cada animal encontra alimento para viver, parceiro e lugar adequado para se reproduzir.

Anan Kaewkhammul/Shutterstock/Glow Images

lobo-guará

tubarão-tigre

Vinicius Tupinamba/Shutterstock/Glow Images

minhoca

Fabio Colombini/Acervo do fotógrafo

perereca

BMJ/Shutterstock/Glow Images

pinguins

Erni/Shutterstock/Glow Images

preá

1. Observe os animais da figura e agrupe-os.

José Rodrigues/Arquivo da editora

vive no solo	vive na água
__________	__________
__________	__________
__________	__________

2. Cole, no espaço abaixo, figuras de dois animais e escreva o nome deles. Depois, pesquise onde eles vivem e de que se alimentam.

nome do animal	ambiente em que vive	de que se alimenta
	__________ __________ __________	__________ __________ __________
	__________ __________ __________	__________ __________ __________

Classificação dos animais

De acordo com suas características, os animais podem ser divididos em dois grandes grupos: o dos vertebrados e o dos invertebrados.

Vertebrados

Os **vertebrados** são animais que possuem coluna vertebral.

A coluna vertebral sustenta o corpo dos animais vertebrados. Ela é formada por um conjunto de ossos denominado vértebras.

Os vertebrados são bastante diferentes entre si. Eles se dividem em cinco grupos: mamíferos, aves, répteis, anfíbios e peixes.

Mamíferos

São animais que nascem da barriga da mãe, mamam quando pequenos e, em geral, têm o corpo coberto de pelos.

O cachorro, o gato, o boi, o cavalo e o ser humano são exemplos de mamíferos. O morcego é o único mamífero que voa. A baleia, o golfinho e o boto são mamíferos que vivem na água.

Igor Sokolov (breeze)/Shutterstock/Glow Images

Os gatos são mamíferos.

Aves

São animais que nascem de ovos, que se desenvolvem fora do corpo da fêmea. As aves têm o corpo coberto de penas, possuem bico, duas asas e duas pernas. A maioria das aves pode voar.

Os passarinhos, o pato e a galinha são exemplos de aves.

Vishnevskiy Vasily/Shutterstock/Glow Images

A galinha é uma ave.

Répteis

São animais que nascem de ovos, que, na maioria das vezes, se desenvolvem fora do corpo da fêmea. Geralmente têm o corpo coberto de escamas ou placas duras.

Os répteis reproduzem-se em ambiente terrestre. Entre esses animais podemos citar o jacaré, a lagartixa e a tartaruga.

nicolasdecorte/Shutterstock/Glow Images

O jacaré é um réptil.

Anfíbios

São animais que nascem de ovos que se desenvolvem fora do corpo da fêmea. Eles têm a pele fria e úmida. Os anfíbios nascem na água e, depois de adultos, vivem na terra.

Exemplos de anfíbios: o sapo, a perereca e a rã.

reptiles4all/Shutterstock/Glow Images

A rã é um anfíbio.

Peixes

São animais que nascem de ovos que, na maioria das vezes, se desenvolvem fora do corpo da fêmea. A maioria tem o corpo coberto de escamas. Os peixes só podem viver na água e se locomovem por meio de nadadeiras.

A sardinha, o badejo e o tubarão são alguns exemplos de peixes.

Matt9122/Shutterstock/Glow Images

O tubarão é um peixe.

Invertebrados

Os **invertebrados** são animais que não possuem coluna vertebral.

D. Kucharski K. Kucharska/Shutterstock/Glow Images

minhoca

aodaodaodaod/Shutterstock/Glow Images

caranguejo

aquapix/Shutterstock/Glow Images

estrela-do-mar

Os invertebrados também se dividem em vários grupos, sendo o grupo mais numeroso o dos **insetos**. Veja alguns exemplos de insetos:

anekoho/Shutterstock/Glow Images

borboleta

Dancestrokes/Shutterstock/Glow Images

abelha

1. Descubra nos quadros abaixo a palavra que está misturada com a palavra **animal**. Veja o exemplo.

1 ~~ANI~~MOR~~MAL~~CEGO morcego	**2** ANIPAMALTO __________
3 ANISAMALPO __________	**4** ABEANILHAMAL __________
5 ANITARTAMALRUGA __________	**6** APEINIXEMAL __________

- Agora, associe cada palavra encontrada a uma das frases a seguir. Depois, escreva a palavra. Veja o exemplo.

[1] Mamífero que voa. morcego

[ ] Inseto que produz mel. __________

[ ] Tem corpo coberto de escamas. __________

[ ] Nasce na água e depois de adulto vive na terra. __________

[ ] Tem corpo coberto de penas. __________

[ ] Réptil de corpo coberto de casco (carapaça). __________

2. Veja os animais mostrados nas fotos e pinte o quadrinho segundo a legenda.

☐ vertebrado ☐ invertebrado

Denis Tabler/Shutterstock/Glow Images

☐

Vadim Petrakov/Shutterstock/Glow Images

☐

Miroslava Levina/Shutterstock/Glow Images

☐

Abramova Kseniya/Shutterstock/Glow Images

☐

Bildagentur Zoonar GmbH/Shutterstock/Glow Images

☐

mrHanson/Shutterstock/Glow Images

☐

heveti/Shutterstock/Glow Images

☐

subin pumsom/Shutterstock/Glow Images

☐

Ninell/Shutterstock/Glow Images

☐

3. Complete as frases com as palavras do quadro.

peixes	terrestre	asas	aves
vértebras	invertebrados	répteis	voar

a) A maioria dos mamíferos é ____________, como os seres humanos, os cães, os gatos e os elefantes.

b) As ____________ têm o corpo coberto de penas. Elas possuem ____________ e a maioria pode ____________.

c) No grupo dos ________________ estão animais como os crocodilos e as cobras.

d) O escorpião, o siri, a mosca, o camarão e a aranha são exemplos de animais ____________. Esses animais não possuem ____________.

e) Os ________________ vivem em ambiente aquático.

Como os animais nascem e se desenvolvem

Os animais, como todos os seres vivos, têm a capacidade de se reproduzir, isto é, podem dar origem a outro ser da mesma espécie.

Para se reproduzir, geralmente é necessário que haja a união do macho com a fêmea.

Radius Images/Latinstock

Leão, leoa e filhote.

Radius Images/Latinstock

Avestruz cuidando de seus ovos.

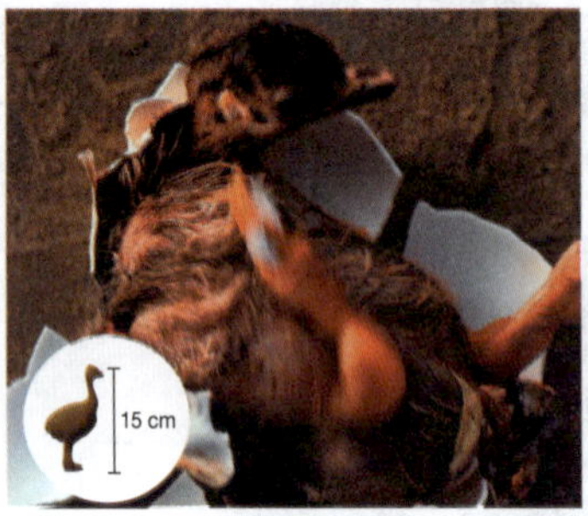

John Reader/SPL/Latinstock

Filhote de avestruz saindo do ovo.

Muitos animais, como as aves e a maioria dos répteis, nascem de ovos colocados pela fêmea.

O ser humano nasce da barriga da mãe.

Yaromir/Shutterstock/Glow Images

Outros animais, como os seres humanos, o cachorro, o gato e o boi, se desenvolvem dentro da barriga da mãe até o nascimento.

Ao longo do seu desenvolvimento, os animais sofrem modificações. Veja, por exemplo, como este pintinho foi crescendo e se modificando, até se tornar um animal adulto:

Ilustrações: Hiroe Sasaki/Arquivo da editora

Existem animais, como o sapo e a borboleta, que passam por transformações muito profundas antes de se tornarem adultos. São animais que sofrem **metamorfose**. Eles vivem, durante algum tempo, a fase de larva. Veja:

Metamorfose da borboleta.

1. Todos os animais nascem da mesma maneira?

____

____

2. Você já viu algum bicho nascer? Qual? Conte aos colegas.

____

____

3. Observe as fotos e escreva o nome de cada animal na coluna correspondente.

iava777/Shutterstock/Glow Images

PCHT/Shutterstock/Glow Images

orlandin/Shutterstock/Glow Images

Four Oaks/Shutterstock/Glow Images

nasce do ovo	nasce da barriga da mãe
____________	____________
____________	____________

Animais domesticados e animais silvestres

Animais domesticados

Nos tempos antigos, todos os animais viviam livremente em seu ambiente natural. Aos poucos, não se sabe exatamente quando, o ser humano começou a capturar alguns deles e a domesticá-los. Esses animais passaram a conviver naturalmente com as pessoas, sendo chamados de **animais domesticados**.

Dos animais domesticados, os mais próximos de nós são o cachorro, o gato, o cavalo, o porco, a galinha, a vaca, o pato, o coelho, a cabra e o carneiro, entre outros.

Rita Kochmarjova/Shutterstock/Glow Images

cachorro

dyoma/Shutterstock/Glow Images

porco

smereka/Shutterstock/Glow Images

vaca

johnfoto18/Shutterstock/Glow Images

galinha

Os animais domesticados precisam ser bem cuidados para não sofrerem ou contraírem doenças. A raiva, por exemplo, é uma doença que pode causar a morte dos animais e dos seres humanos.

Os animais domesticados precisam de:

- uma boa alimentação;
- água fresca e limpa;
- abrigo limpo e adequado;
- vacinas contra doenças.

Animais silvestres

Os animais que vivem nas florestas e nas matas, onde encontram alimentos, parceiros e lugar adequado para se reproduzirem, são os **animais silvestres**. Veja alguns exemplos desses animais:

R A Hill ARPS/Wikipedia/ Wikimedia Commons

mico-leão-preto

Palê Zuppani/Pulsar Imagens

veado-campeiro

Erni/Shutterstock/Glow Images

tuiuiú

1. Que cuidados devemos ter com os animais domesticados?

____

____

____

2. Explique por que o ser humano domesticou os animais a seguir.

Telekhovskyi/Shutterstock/Glow Images

____

____

intoit/Shutterstock/Glow Images

____

____

Chaiwatphotos/Shutterstock/Glow Images

____

____

3. Na fazenda, Mariana e Bruno encontraram alguns animais silvestres. Ordene as sílabas e escreva o nome desses animais.

a	su	
na	ra	çu

____

ra	a
nha	ri

____

á	ta	dei	-
man	du	ban	ra

____

A importância dos animais

Existem no mundo milhões de espécies animais, e nenhuma dessas espécies pode ser considerada "inútil" ou "prejudicial", pois cada uma delas cumpre um papel importante na natureza, contribuindo de alguma forma para manter o equilíbrio ambiental.

Muitos produtos de nossa alimentação, como carne, leite, mel e ovos, são obtidos de animais.

paulinux/Shutterstock/Glow Images

As vacas produzem leite. Muitos de nós comemos também a sua carne.

Lehrer/Shutterstock/Glow Images

As abelhas produzem mel.

thieury/Shutterstock/Glow Images

As galinhas produzem ovos. Muitos de nós comemos também a sua carne.

Alguns produtos para nosso vestuário, como o couro, a lã e o fio de seda, também são obtidos de animais.

Edson Sato/Pulsar Imagens

Do boi obtemos o couro.

Randy Rimland/Shutterstock/Glow Images

Da ovelha obtemos a lã.

fotohunter/Shutterstock/Glow Images

Do bicho-da-seda obtemos o fio de seda.

Muitos animais são usados como meio de transporte de pessoas e carga.

Lenkadan/Shutterstock/Glow Images

cavalo

Coprid/Shutterstock/Glow Images

burro

aleksandr hunta/Shutterstock/Glow Images

camelo

Alguns animais, como o escorpião, a aranha e a cobra, têm picada venenosa e, por isso, podem ser perigosos. Para evitar acidentes, é preciso manter-se longe deles.

Peter Waters/Shutterstock/Glow Images

viúva-negra (aranha)

Quando aumentam muito de número, por causa de algum desequilíbrio ambiental, as formigas e os gafanhotos podem causar sérios danos às plantações.

Tyler Fox/Shutterstock/Glow Images

gafanhoto

Andrey Pavlov/Shutterstock/Glow Images

formiga

Marevision Collection/Getty Images

sapo se alimentando de gafanhoto.

Os sapos e as rãs, por sua vez, comem insetos que podem prejudicar as plantações.

Vários animais, como o carrapato, o pernilongo, a mosca e o rato, podem transmitir doenças ao ser humano.

Para evitar o aparecimento desses animais em nossa casa, devemos mantê-la sempre limpa e colocar o lixo em sacos fechados e lixeiras tampadas.

Robert Pickett/Corbis/Latinstock

mosca

1. Leia as dicas e descubra o nome de cada animal.

a) fornece leite

b) pode prejudicar as plantações

c) come insetos prejudiciais às plantações

d) tem uma picada venenosa

2. Observe a figura e converse sobre ela com seus colegas e o professor. Escreva o que poderia acontecer se não houvesse mais galinhas para comer as lagartas.

José Rodrigues/Arquivo da editora

____

____

____

3. Complete as frases com as palavras do quadro.

lixo	limpa	inseticida	mosca	venenoso	doenças

a) Alguns animais, como o carrapato, o pernilongo, a __________ e o rato, podem transmitir __________ ao ser humano.

b) Para evitar que animais transmissores de doenças apareçam em nossa casa, devemos mantê-la __________ e colocar o __________ em sacos fechados e lixeiras tampadas.

c) O __________ é um produto __________. Por isso deve ser manipulado somente por adultos.

4. Veja as imagens a seguir e escreva um texto sobre cada uma delas. Depois, comente com os colegas o que você escreveu.

WimL/Shutterstock/Glow Images

Bolsa feita com couro de cobra.

Du Zuppani/Pulsar Imagens

Pombos em praça pública de Brasília (DF).

underworld/Shutterstock/Glow Images

Peixes em um aquário.

John Stanmeyer/Corbis/Latinstock

Porcos sendo encaminhados para o abate.

De olho na vivência

Jardim de vasos

Material necessário

- vasos de vários tamanhos (você pode usar embalagens vazias como vasos);
- solo de jardim;
- areia;
- etiquetas;
- pedrinhas;
- mudas ou sementes.

Como fazer

1. Prepare a terra misturando 2 partes de solo de jardim para 1 parte de areia. Então, coloque pequenas pedras no fundo dos vasos para ajudar a drenagem da água. Depois disso, coloque o solo que você preparou.

2. Abra um buraco no solo do vaso e coloque a muda dentro dele. Não enterre muito fundo, ou você a sufocará! Coloque mais solo para cobrir a raiz e aperte suavemente a terra ao redor da planta.
3. Molhe a planta com pouca água. Se o solo baixar muito dentro do vaso acrescente mais solo ou húmus.

4. Ponha o vaso em um lugar onde a água possa escorrer por baixo sem problemas.
5. Crie etiquetas coloridas para cada uma das plantas explicando o que são e como devem ser cuidadas.

Ilustrações: Ilustra Cartoon/Arquivo da editora

Dicas:

ervas e verduras	lavanda	manjerona	louro	pimentão	batata	tomate	rúcula
profundidade do vaso	20 cm	10 cm	30 cm	20 cm	30 cm	20 cm	10 cm

Criando habitats *na escola sustentável*, de Lucia Legan. Pirenópolis: Imprensa Oficial do Estado de São Paulo/Ecocentro Ipec, 2009.

Unidade 3

O ser humano

Hagaquezart/Arquivo da editora

O QUE VOU ESTUDAR?

- As fases do desenvolvimento
- A alimentação
- O corpo humano e seus sistemas
- Os sentidos

11

As fases do desenvolvimento

Você já se perguntou como nasceu? Durante quanto tempo vai crescer? Como as pessoas envelhecem?

Nós, seres humanos, pertencemos ao grupo dos animais. Somos animais vertebrados e mamíferos.

Ao longo do desenvolvimento, o ser humano passa por diversas fases. As principais são infância, adolescência, idade adulta e velhice.

A infância vai desde o nascimento até mais ou menos os 11 anos de idade.

Veja alguns momentos da infância:

Recém-nascido é o bebê que acaba de nascer.

Nos primeiros meses de vida, o melhor alimento para a criança é o leite materno.

KidStock/Blend Images/Getty Images

Aos 2 anos de idade, geralmente, a criança já come de tudo, anda sozinha e fala.

Por volta dos 6 anos, a criança já tem condições de aprender a ler e a escrever.

Madhourses/Shutterstock/Glow Images

A adolescência é a fase que vai dos 12 aos 20 anos de idade, aproximadamente. Nessa fase, as pessoas se modificam bastante. As diferenças entre meninos e meninas ficam mais acentuadas, pois o corpo começa a tomar forma adulta.

Mike Flippo/Shutterstock/Glow Images

matka_Wariatka/Shutterstock/Glow Images

A idade adulta começa mais ou menos aos 20 anos. Nessa idade, o ser humano já completou seu desenvolvimento físico e para de crescer.

Halfpoint/Shutterstock/Glow Images

Em geral, é a partir desse período que a pessoa está amadurecida para começar a ter filhos e a criá-los.

A velhice é a fase em que as pessoas já trabalharam bastante, já criaram seus filhos, já aprenderam muito com a vida.

Aletia/Shutterstock/Glow Images

As pessoas idosas devem ser tratadas com muito respeito e ter suas opiniões levadas em consideração, pois têm muito a ensinar aos mais jovens.

1. Pinte os quadrinhos conforme a legenda.

▢ verdadeiro ▢ falso

▢ O ser humano é um mamífero.

▢ Na idade adulta, os seres humanos crescem muito.

▢ O ser humano passa por diversas fases ao longo de seu desenvolvimento.

▢ O ser humano é um animal invertebrado.

2. Você já entrevistou alguém? Entrevistar é conversar com alguém para obter determinadas informações. Entreviste a pessoa mais idosa que você conhece fazendo as seguintes perguntas: Qual é sua idade? Você tem filhos? O que você faz em seu dia a dia? O que você acha da fase da vida em que está?

Ilustra Cartoon/Arquivo da editora

- Traga as respostas de sua entrevista para a classe. Troque ideias com seus colegas.

A alimentação

Por que precisamos nos alimentar?

Você costuma comer de tudo? Legumes, verduras, grãos, carnes, peixes...?

É necessário que toda criança tenha uma boa alimentação para que cresça e se desenvolva de modo adequado.

Os alimentos fornecem, ao nosso corpo, a energia e as substâncias de que precisamos para viver e nos desenvolver.

Sérgio Dotta Jr./Arquivo da editora

Um prato colorido geralmente é sinal de uma alimentação saudável.

Uma boa alimentação deve incluir alimentos:

de origem animal

de origem vegetal

Montagem das fotos: Fernanda Crevin/Fotos: Shutterstock/Glow Images

Deyan Georgiev/Shutterstock/Glow Images

de origem mineral

Para termos uma boa saúde, é importante, entre outras coisas:

- conservar os alimentos em lugares frescos e limpos;
- lavar muito bem os alimentos crus antes de comê-los;
- ingerir alimentos frescos, naturais e variados;
- mastigar bem os alimentos.

Saiba o que os nutricionistas e os pediatras recomendam que você coma em sua idade.

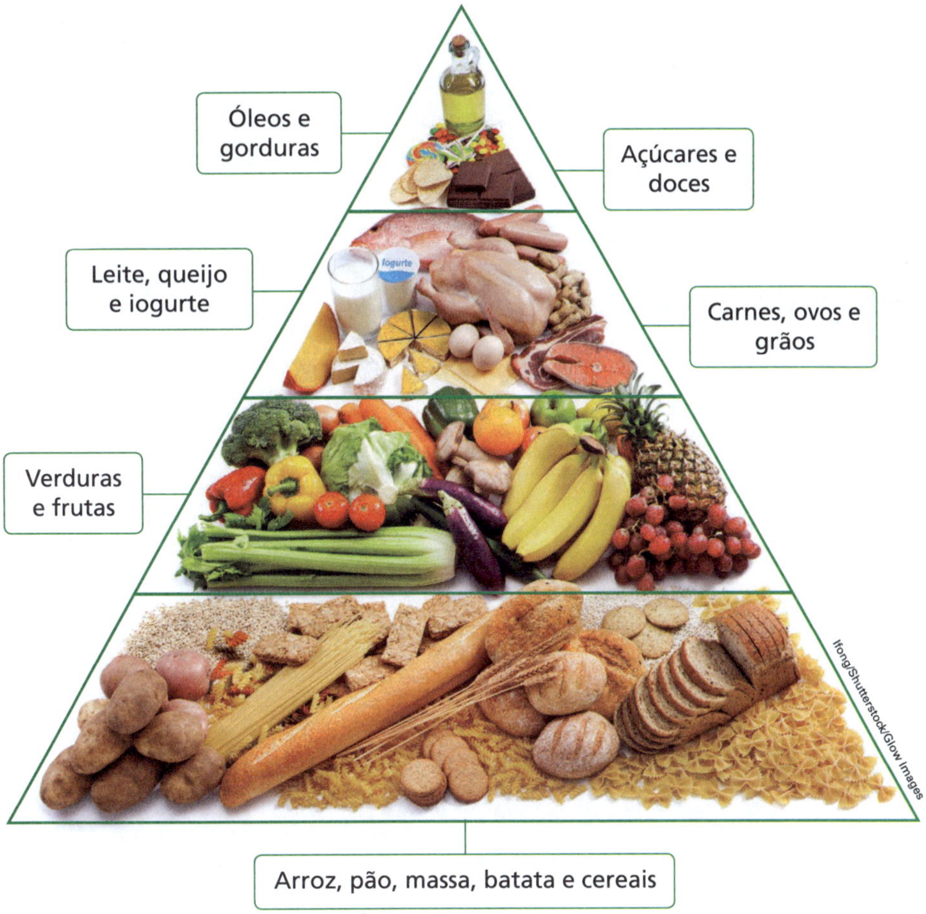

Pirâmide alimentar infantil

Para as crianças que estão em idade escolar (dos 6 anos até a adolescência), é necessário manter a seguinte alimentação:

- ✔ Cereais, pães, tubérculos e raízes: de 5 a 9 porções;
- ✔ Verduras e legumes: 4 porções;
- ✔ Frutas: 5 porções;
- ✔ Feijões (ou leguminosas): 1 porção;
- ✔ Carnes e ovos: 2 porções;
- ✔ Leites, queijos e iogurtes: 3 porções;
- ✔ Açúcar e doces: 2 porções;
- ✔ Óleos e gorduras: 1 porção.

Fonte: Sociedade Brasileira de Pediatria. Disponível em: <www.sbp.com.br/img/manuais/manual_alim_dc_nutrologia.pdf>. Acesso em: 15 abr. 2014.

1. Responda às questões e faça o que se pede.

a) Com quais alimentos você costuma se alimentar diariamente:

- no café da manhã?

___

___

- no lanche da escola?

___

___

- no almoço e no jantar?

___

___

b) Você acha que tem uma alimentação variada? Por quê?

___

___

___

2. Corrija o **único item errado** que completa a frase a seguir.

Para termos boa saúde, é importante:

a) comer a toda hora.

b) ingerir alimentos frescos, naturais e variados.

c) lavar muito bem os alimentos crus antes de comê-los.

d) conservar os alimentos em locais frescos e limpos.

e) mastigar bem os alimentos.

___

___

3. Observe as fotos e depois escreva o nome de cada alimento na coluna correspondente.

origem animal	origem vegetal	origem mineral

Batatas: Alex Studio/Shutterstock/Glow Images; *Leite:* Dmitrij Skorobogatov/Shutterstock/Glow Images; *Maçã:* Baibaz/Shutterstock/Glow Images; *Ovos:* Kim Nguyen/Shutterstock/Glow Images; *Peixe:* Elena Larina/Shutterstock/Glow Images; *Sal:* Picsfive/Shutterstock/Glow Images; *Tomates:* Nattika/Shutterstock/Glow Images

4. Marque com um **X** os alimentos de que você mais gosta.

☐ alface	☐ batata frita	☐ leite	☐ suco natural
☐ arroz	☐ banana	☐ feijão	☐ ovo frito
☐ peixe	☐ mel	☐ maçã	☐ frango frito

- Agora, agrupe esses alimentos de acordo com a origem.

origem animal	origem vegetal

13

O corpo humano

Você já notou que seu corpo é todo movimento?

Você consegue?

Como são as diferentes partes de seu corpo?

O que você consegue fazer?

Ossos

Como são seus ossos?

Há ossos em seus pés?

Você consegue sentir e desenhar os ossos das mãos?

E os ossos das costas de um amigo?

Músculos

Em que partes do corpo você tem músculos?

Juntas

Como seus cotovelos e joelhos se movem?

Você consegue dobrá-los e esticá-los? Onde mais o corpo dobra?

Até onde você consegue girar a cintura?

Ilustrações: Ilustra Cartoon/Arquivo da editora

Usando a língua
Você consegue tocar o nariz com a língua?

Dança da vassoura
Você consegue dançar agachado?

Unindo os dedos
Você consegue unir os dedos colocando as mãos para trás?

Imitando caranguejo
Você consegue imitar um caranguejo virando o corpo para trás?

Ilustrações: Ilustra Cartoon/Arquivo da editora

Eu e meu corpo, de David Evans e Claudette Williams. São Paulo: Ática, 1995.

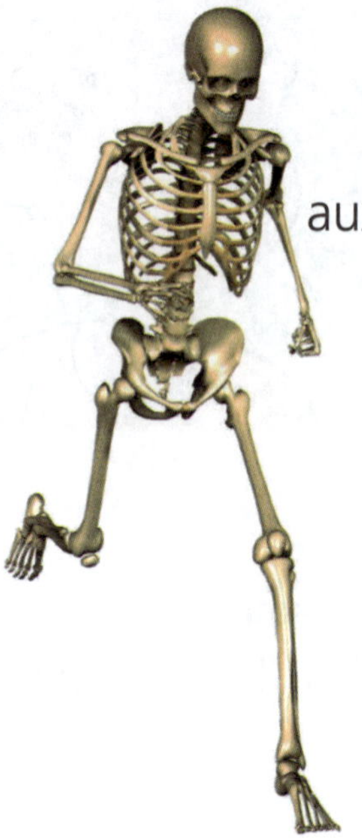

Veja nas imagens da página o que auxilia nosso corpo a se mexer.

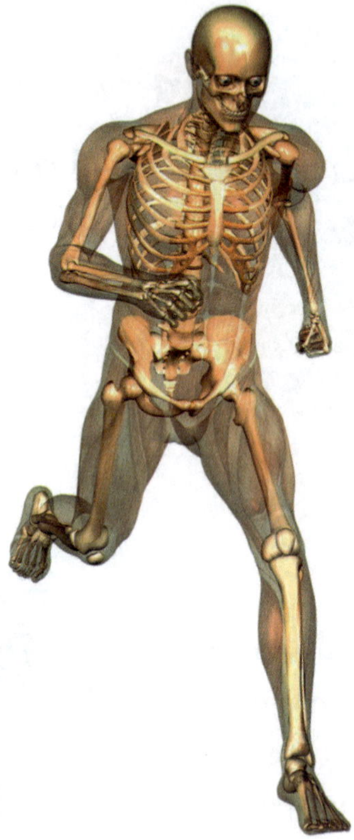

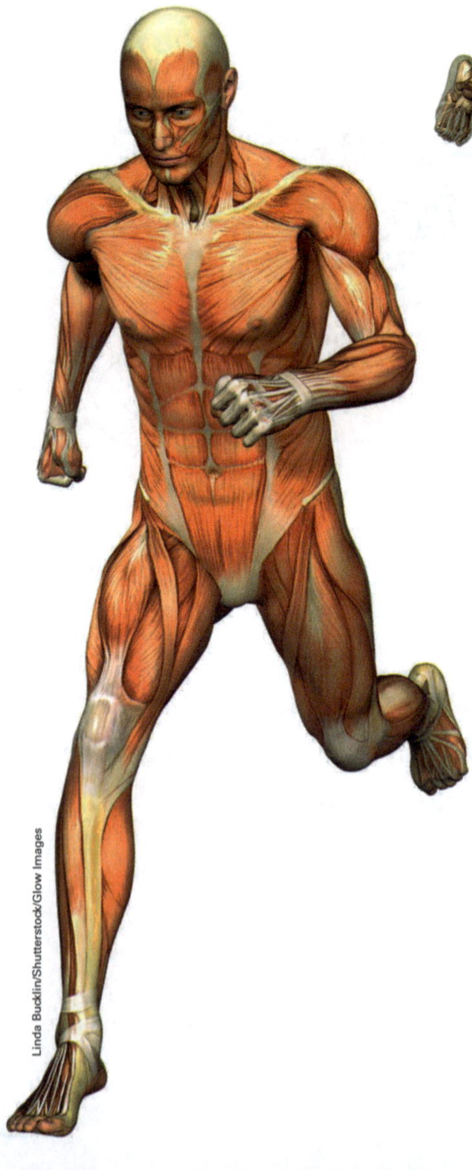

Linda Bucklin/Shutterstock/Glow Images

Nosso corpo possui ossos e músculos.

Os **ossos** dão firmeza ao corpo. O conjunto dos ossos forma o **esqueleto**.

O encontro entre os ossos forma uma junta, chamada **articulação**.

A maior parte dos **músculos** do nosso corpo fica presa aos ossos. Os músculos, com o esqueleto, são os responsáveis pelos movimentos do corpo.

Partes do corpo

Para facilitar o estudo do corpo, é comum dividi-lo em algumas partes: cabeça, pescoço, tronco e membros.

Observe:

bbevren/Shutterstock/Glow Images

A cabeça

Na cabeça temos a face e o crânio:

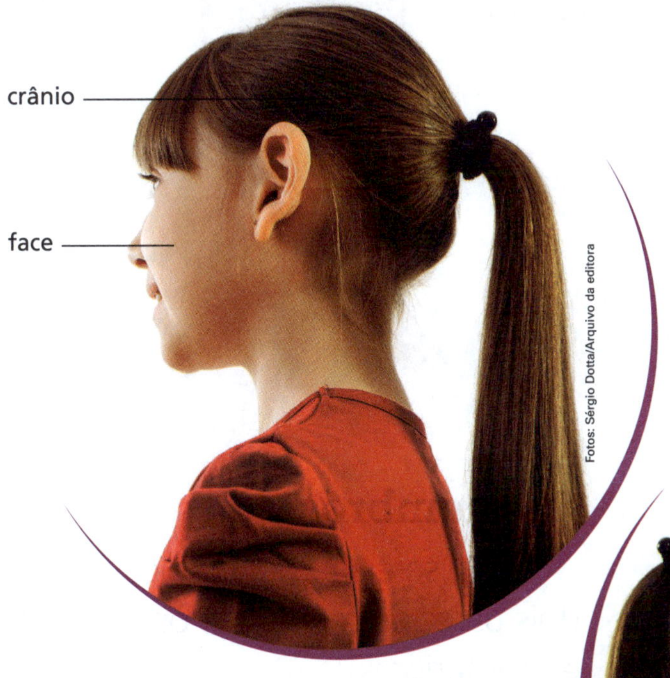

Fotos: Sérgio Dotta/Arquivo da editora

Na face estão os olhos, as orelhas, o nariz e a boca:

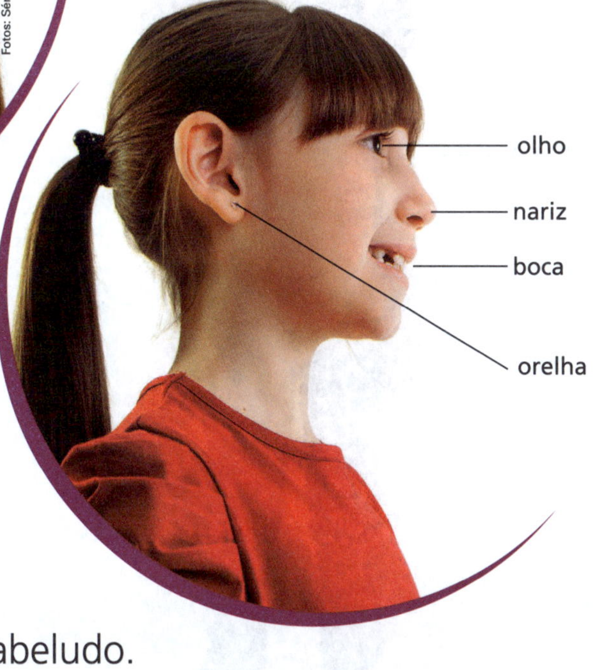

O crânio é coberto pelo couro cabeludo.

Dentro do crânio está o **encéfalo**, uma das partes mais importantes do organismo humano. É o encéfalo que controla todas as funções do nosso corpo.

O pescoço e o tronco

O pescoço sustenta a cabeça e a liga ao tronco.

O tronco é formado por tórax e abdome.

Dentro do tórax temos o coração e os pulmões.

No abdome ficam o estômago, os intestinos, o fígado, o pâncreas e outros órgãos.

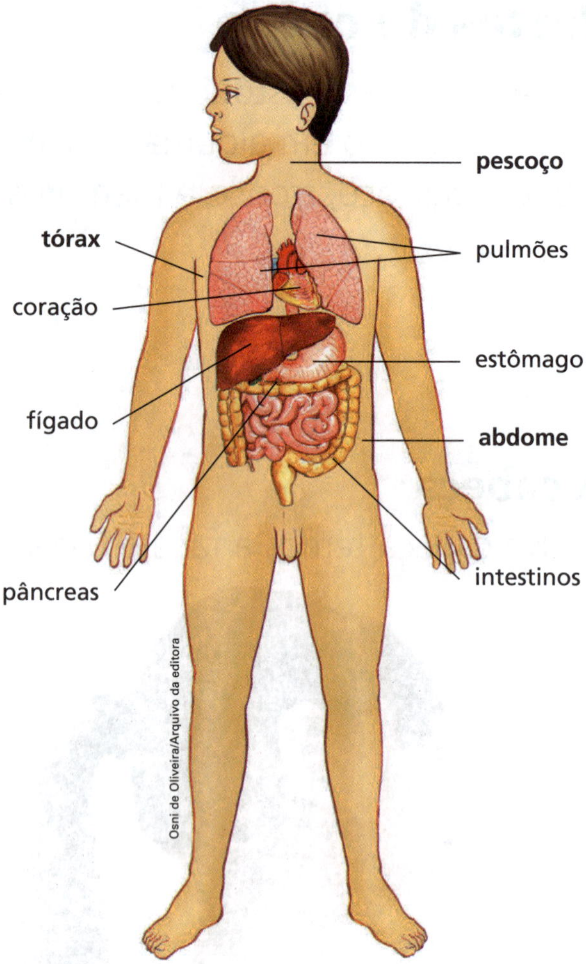

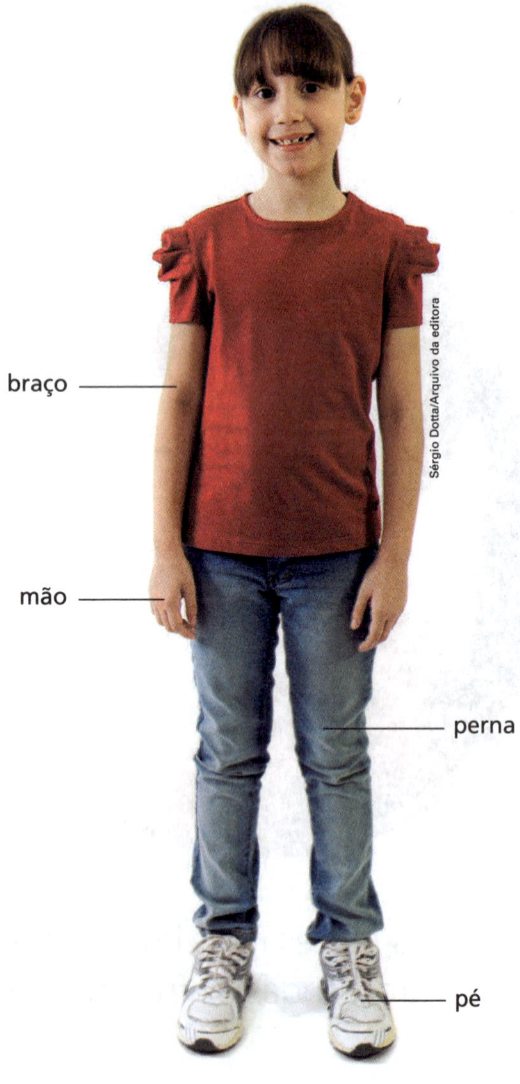

Os membros

Nós, seres humanos, possuímos dois pares de membros: os superiores e os inferiores.

Os membros superiores são compostos de braços e mãos.

Os membros inferiores são compostos de pernas e pés.

1. Complete a tabela com as palavras do quadro.

braço · mão · tórax · abdome · crânio · face · perna · pé

cabeça	______________________
tronco	______________________
membros	______________________

2. Assinale com um **X** as frases corretas.

- [ ] Nosso corpo tem um esqueleto formado por muitos ossos.
- [ ] O esqueleto serve para controlar todas as partes do corpo.
- [ ] Os músculos, com o esqueleto, são os responsáveis pelos movimentos do corpo.
- [ ] O encontro entre os ossos forma a junta. A junta móvel chama-se músculo.
- [ ] Cobrindo o esqueleto, temos os músculos. Sobre os músculos está a pele.

- Agora, reescreva corretamente as frases erradas.

____

____

____

____

3. Ligue cada parte do corpo à respectiva função.

Encéfalo	Liga a cabeça ao tórax.
Pescoço	Abriga os pulmões e o coração.
Tórax	Dão firmeza ao corpo.
Estômago	Órgão que fica no abdome.
Ossos	Controla as funções do nosso corpo.

4. Relacione as partes do corpo que utilizamos quando nos movimentamos para dançar, pular corda, correr ou fazer ginástica.

____

____

____

5. Para fazer caretas, sorrir ou chorar, precisamos do movimento dos músculos. Utilizando as palavras do quadro, escreva em cada figura o que a expressão nela representada demonstra. Veja o exemplo.

medo	alegria	tristeza	dor

Ilustrações: Ilustra Cartoon/Arquivo da editora

tristeza

____

____

____

6. Observe a ilustração abaixo e escreva as partes do corpo humano. Depois complete as frases.

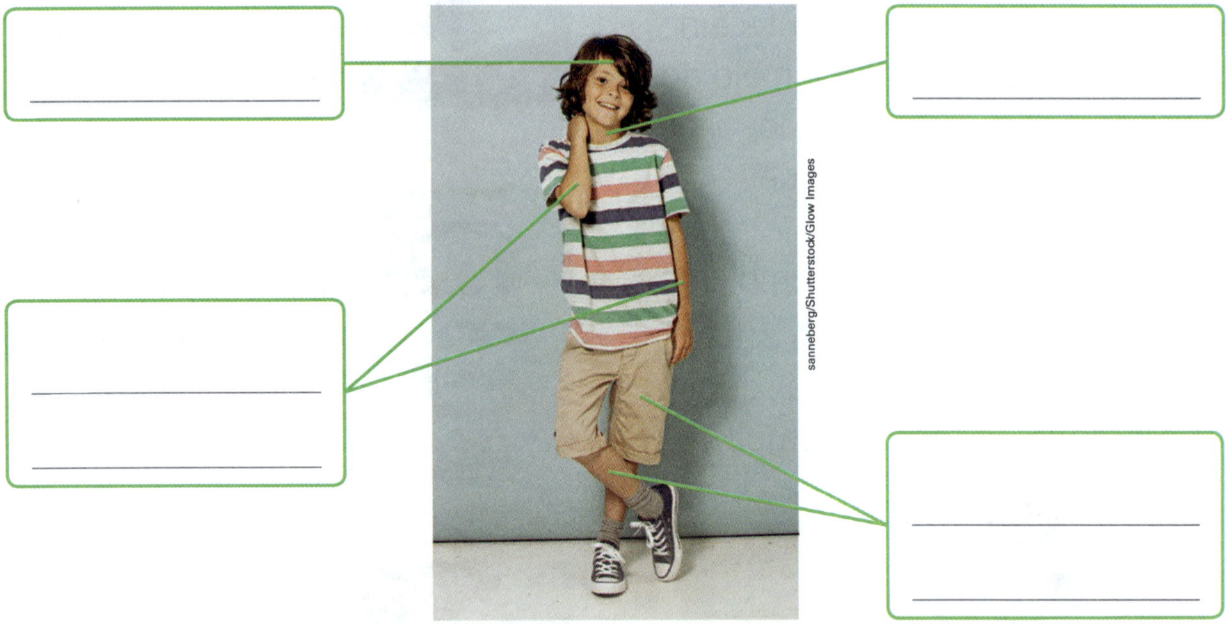

sanneberg/Shutterstock/Glow Images

a) Os ______________________ são os braços e as mãos.

b) O que liga a cabeça ao tórax é o ______________________.

c) Os ______________________ são as pernas e os pés.

d) Na ______________________ estão situados o crânio e a face.

7. Veja as imagens a seguir e discuta com os colegas que partes do corpo humano podem ser prejudicadas pelas situações representadas.

24Novembers/Shutterstock/Glow Images

Hung Chung Chih/Shutterstock/Glow Images

Andrey Burmakin/Shutterstock/Glow Images

Os sentidos

O ser humano percebe o mundo, ou seja, percebe o que acontece no ambiente ao seu redor por meio dos cinco sentidos: visão, audição, olfato, gustação e tato. São eles que transmitem ao cérebro as informações recebidas do ambiente.

Quantos sentidos você acha que a garota da imagem a seguir está usando ao mesmo tempo?

Ilustra Cartoon/Arquivo da editora

Ela está utilizando os cincos sentidos ao mesmo tempo: tato, ao segurar a xícara; gustação e olfato, ao saborear o chá e ao sentir seu aroma; audição, ao ouvir o som pelo fone de ouvido; e visão, ao olhar para a tela do computador.

Na falta ou deficiência de algum dos sentidos, as pessoas podem desenvolver maior sensibilidade em outro(s) sentido(s). Por exemplo: uma pessoa com deficiência visual pode adquirir mais sensibilidade na audição e no tato, ou seja, esses dois sentidos podem ficar mais apurados.

michaeljung/Shutterstock/Glow Images

Visão

Os olhos são os órgãos da visão. Utilizando a visão, o menino lê o livro.

bogumil/Shutterstock/Glow Images

Audição

As orelhas são os órgãos da audição. Utilizando a audição, o menino ouve a música.

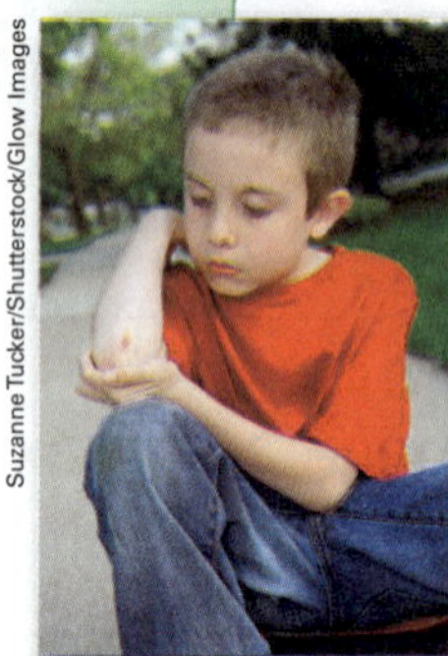

Suzanne Tucker/Shutterstock/Glow Images

Tato

A pele é o principal órgão do tato. Quando se machucou, o menino percebeu pela pele a sensação que isso lhe causou e sentiu dor.

Alan Bailey/Shutterstock/Glow Images

Olfato

O nariz é o órgão do olfato. Com o olfato, a menina sente o cheiro do alimento.

Tania Kolinko/Shutterstock/Glow Images

Gustação

A língua é o órgão da gustação. Com a gustação, a menina percebe o sabor do pirulito.

1. Quais são os sentidos que os seres humanos possuem? Escreva-os nas plaquinhas.

Ilustrações: Ilustra Cartoon/Arquivo da editora

2. Que órgão dos sentidos está sendo mais utilizado em cada situação abaixo? Escreva sua resposta na respectiva imagem.

De olho na experiência

Testando os sentidos

Você e seus colegas vão observar como alguns de seus sentidos funcionam em conjunto. Para isso, o professor vai disponibilizar para vocês alguns alimentos, alguns objetos e uma venda, que um aluno por vez vai utilizar. Faça o seguinte:

Simone Ziasch/Arquivo da editora

1. Primeiro, coloque uma venda nos olhos. Leve a mão esquerda ao nariz para tampá-lo e receba na boca um alimento para provar e tentar descobrir o que é.

2. Depois, destampe o nariz e receba outro pedaço do mesmo alimento que provou antes para comparar com o gosto que sentiu com o nariz tampado.

3. Sem tirar a venda, toque em alguns objetos que o professor vai separar. Manuseie-os com cuidado e diga o que você acha que é, e como você chegou à sua conclusão.

- Depois de passar pela experiência, converse com os colegas e professor: Vocês sentiram alguma diferença entre o sabor do alimento que ingeriram com o nariz tampado e destampado? E quanto aos objetos, sentiram alguma dificuldade em tentar identificá-los sem olhar?

Unidade

4

Higiene e saúde

Hagaquezart/Arquivo da editora

O QUE VOU ESTUDAR?

- Higiene e saúde
- Saneamento básico
- Prevenção e tratamento de verminoses e outras doenças
- Prevenção de acidentes

14

Higiene e saúde

Uma alimentação variada e de boa qualidade é muito importante para a saúde, porém não é tudo. Precisamos cuidar não só do nosso corpo, mas também da nossa mente. Ou seja, precisamos cuidar da nossa higiene física e mental.

Veja alguns dos cuidados que devemos ter com nossa saúde física e mental:

- Tomar banho todos os dias.
- Usar roupas limpas e confortáveis.
- Andar sempre calçado.
- Escovar os dentes ao levantar, depois das refeições e antes de dormir.
- Lavar as mãos antes das refeições, após usar o banheiro e sempre que estiverem sujas.
- Dormir pelo menos 8 horas por noite, em quarto limpo e arejado.
- Sentar-se com uma postura correta para não afetar a coluna vertebral.
- Manter os cabelos limpos e penteados.
- Manter as unhas limpas e cortadas.
- Praticar alguma atividade física, como esportes, dança, caminhadas, etc.
- Ler bons livros e revistas.
- Ouvir boa música.
- Passear ao ar livre.
- Assistir a bons programas de televisão.

Phoebe Dunn/Alamy/Latinstock

Donskaya Olga/Shutterstock/Glow Images

Monkey Business Images/Shutterstock/Glow Images

wckiw/Shutterstock/Glow Images

Vietrov Dmytro/Shutterstock/Glow Images

Stokkete/Shutterstock/Glow Images

1. Responda às questões a seguir.

a) Qual é a importância de manter um quarto arejado, limpo e organizado?

____

____

____

b) Que parte do corpo uma postura ruim pode prejudicar?

____

____

2. Boa alimentação e atividades de lazer são essenciais para a saúde do nosso corpo. Responda às questões abaixo e depois compare suas respostas com as de seus colegas.

a) Você pratica algum esporte ou atividade física? Qual?

____

b) Você gosta de ler? Qual é o nome do último livro que você leu?

____

c) Você costuma dormir pelo menos 8 horas por noite? Caso não, por quê? Você sabe a importância disso?

____

d) Você se lembra de outros cuidados que costuma ter com seu corpo? Quais?

____

____

____

____

____

15

Saneamento básico

Nem tudo o que é importante para nos manter saudáveis depende apenas de nós e da nossa família.

Existe um conjunto de cuidados que o governo deve tomar para que as pessoas tenham boa saúde e possam viver bem. Esse conjunto de cuidados é chamado **saneamento básico**.

Veja a seguir alguns deles.

Tratamento e distribuição de água

A água encontrada no meio ambiente nem sempre está limpa para ser utilizada diretamente pelos seres humanos. Ela pode conter impurezas e microrganismos que causam doenças. Esse tipo de água é denominado **água contaminada**.

Para retirar a sujeira e as impurezas da água foram criadas as **estações de tratamento**. Nelas, a água é filtrada e tratada com cloro.

A água já tratada fica guardada em reservatórios e, para chegar à nossa casa, passa por uma série de canos. Por esse motivo, ela ainda pode conter impurezas. Assim, antes de ser bebida, a água precisa ser fervida ou novamente filtrada.

Delfim Martins/Pulsar Imagens

Estação de tratamento de água em Caucaia, CE.

Tratamento e rede de esgotos

Por meio de canos, a rede de esgotos recolhe as águas poluídas que vêm das casas e dos estabelecimentos industriais e comerciais.

Em lugares onde há estações de tratamento de esgoto, essa água é levada para ser tratada, antes de ser devolvida aos mares e aos rios.

Não havendo tratamento de esgoto, a água suja e contaminada é lançada diretamente na natureza. Quando isso acontece, o solo, os rios e os mares vão ficando poluídos, contaminando as plantas e os animais que vivem no local e também as pessoas e outros seres vivos que entram em contato com essas águas.

Ainda há lugares onde não há tratamento de esgoto. Nesse caso, é preciso construir fossas ou privadas higiênicas bem longe de qualquer poço ou rio que forneça água para beber.

Gerson Gerloff/Pulsar Imagens

Estação de tratamento de esgoto em Blumenau, SC.

Coleta de lixo

O acúmulo de lixo atrai baratas, moscas e ratos, que podem transmitir muitas doenças.

Para evitar esses animais e o mau cheiro, é preciso tomar alguns cuidados com o lixo, guardando-o em latas tampadas ou em sacos plásticos fechados, até que seja retirado e levado para os depósitos.

Nas cidades, geralmente, há caminhões que recolhem o lixo. Isso se chama **coleta de lixo**.

Onde não existe coleta, o lixo deve ser enterrado em lugares adequados para não contaminar o ambiente.

Alexandre Tokitaka/Pulsar Imagens

Coleta de lixo em São Paulo, SP.

Reciclagem

Boa parte do que se joga no lixo não é, de fato, lixo. Muitos tipos de material, como latas, vidros e papéis, podem ser reciclados, ou seja, reaproveitados na confecção de produtos novos.

A **reciclagem** é muito importante para a preservação da natureza, pois contribui não somente para diminuir a quantidade de lixo no ambiente, mas também para reduzir o desperdício de recursos naturais.

Alf Ribeiro/Pulsar Imagens

Latões para coleta seletiva de lixo.

Saiba mais

Da garrafa de plástico ao pulôver de lã sintética

1 Na lixeira: a garrafa é jogada entre as embalagens que podem ser recicladas.

2 Triagem: separam-se as embalagens plásticas em diferentes recipientes.

3 Compressão: cerca de 5 mil garrafas são prensadas e formam uma bola.

4 Trituração: essa bola é reduzida a milhares de pedacinhos, dos quais se retira o que sobrou de etiquetas, colas e tampas.

5 Extrusão: os pedaços de plástico são secos e reduzidos a pequenas lâminas.

6 Fabricação do tecido: as pequenas lâminas são fundidas e depois esticadas em longos filamentos, que formam o tecido sintético.

7 Confecção do pulôver: o tecido é cortado e depois costurado para confeccionar um pulôver de lã sintética.

Ilustrações: Ilustra Cartoon/Arquivo da editora

Adaptado de: **Convivendo com a ecologia**, de Gwenaëlle Boulet, Nathalie Tordjman e Laure Saint-Marc. São Paulo: Ática, 2004. (Guia da Criança Cidadã).

1. O que é saneamento básico? Escreva com suas palavras.

____

____

2. Quais são os cuidados que devemos ter com o lixo não reciclado?

____

____

3. Que tipo de lixo é jogado fora em grande quantidade em sua casa? E em sua escola?

____

____

4. Como você reutilizaria os materiais a seguir? Troque ideias sobre isso com os colegas.

SeDmi/Shutterstock/Glow Images

Howard Deshong/Glow Images

Denis Vrublevski/Shutterstock/Glow Images

5. Onde não há coleta de lixo, que fim deve ser dado a ele?

____

____

6. Pesquise sobre o assunto tratado nas perguntas a seguir ou converse sobre isso com seus familiares. Depois responda às questões em uma folha avulsa.

a) Existe tratamento de água e esgoto na cidade em que você mora?

b) Onde você mora, o lixo é recolhido regularmente? Qual é o órgão público responsável por esse trabalho?

c) Você acha que seria possível reciclar parte do lixo de sua casa? Como?

16

As doenças

Certas doenças são contagiosas, isto é, podem passar de uma pessoa doente para uma pessoa sadia.

Esse contágio pode acontecer por contato direto — quando se adoece por ficar próximo a uma pessoa doente — ou por contato indireto — quando a doença é transmitida por meio de objetos contaminados por quem está doente.

contaminação direta

Ilustrações: Ilustra Cartoon/Arquivo da editora

contaminação indireta

As doenças contagiosas têm diferentes meios de transmissão. Há doenças que são transmitidas pelo ar ou por objetos contaminados, como a gripe; outras, como a cólera, são transmitidas pela água e por alimentos contaminados.

Podemos evitar que as doenças contagiosas se espalhem tomando alguns cuidados. Veja:

- Ter uma boa alimentação, pois uma pessoa saudável, bem alimentada, tem menos risco de contrair doenças.
- Tomar as vacinas recomendadas pelos médicos.
- Não usar os mesmos objetos que foram utilizados por pessoas doentes sem antes lavá-los muito bem, com água fervente (e em caso de objetos pessoais, evitar compartilhá-los).
- Evitar contato muito próximo com pessoas portadoras de doenças que podem ser transmitidas pelo ar e não ficar em ambiente fechado respirando o mesmo ar que essas pessoas.

1. Responda às questões a seguir.

a) Você já teve alguma doença contagiosa? Qual? O que foi feito para curá-la?

____

____

b) Por que não devemos ir à escola quando estamos com alguma doença contagiosa?

____

____

____

2. Observe a ilustração de um menino com sarampo. Assinale com um **X** as frases que podem explicar por que a menina também adoeceu.

Ilustrações: Ilustra Cartoon/Arquivo da editora

☐ A menina adoeceu após falar ao telefone com o menino.

☐ A menina adoeceu porque tomou água no mesmo copo que o menino.

☐ A menina adoeceu porque não tomou a vacina contra sarampo.

3. Pesquise sobre outros nomes de doenças contagiosas e apresente o resultado de sua pesquisa para os colegas e o professor.

____

____

Verminoses

Daniel Cymbalista/Pulsar Imagens

Alguns vermes vivem livremente nos mais variados ambientes. É o caso, por exemplo, das minhocas. Outros são parasitas humanos, pois se alojam em nosso corpo causando as chamadas **verminoses**.

Muitas pessoas são afetadas por verminoses e, quando não são tratadas de modo adequado, ficam fracas, sem disposição para trabalhar, estudar e passear, entre outras coisas.

As verminoses atingem com mais frequência as pessoas que moram em lugares sem saneamento básico e com pouca higiene.

Algumas verminoses são transmitidas quando alguém, acidentalmente, ingere os ovos dos vermes presentes em terra e águas contaminadas por fezes humanas. Esses ovos também podem estar em alimentos não lavados ou, então, mal-lavados.

Um exemplo de verme parasita que se adquire dessa maneira é a **lombriga**.

lombriga

Marcel Jancovic/Shutterstock/Glow Images

As lombrigas se instalam no intestino da pessoa, causando dores de barriga, falta de apetite e enfraquecimento. Se a doença não for tratada, pode até provocar a morte da pessoa afetada.

Há casos de vermes muito pequenos que penetram pela pele humana, em geral dos pés, provocando doenças como o **amarelão** e a **esquistossomose**.

Em nosso país, a esquistossomose é a verminose mais comum transmitida pela água. Ela é muito grave e precisa ser tratada com todo o cuidado.

Prevenção e tratamento

Podemos saber se estamos com alguma verminose por meio de um exame de fezes.

As verminoses são tratadas com remédios denominados **vermífugos**, que devem ser receitados por médicos. Existem vermífugos específicos para cada tipo de doença.

É possível evitar as verminoses tomando alguns cuidados:

- Só beber água filtrada ou fervida.
- Lavar bem as mãos antes das refeições e após usar o banheiro.
- Lavar bem as frutas e as verduras cruas antes de comê-las.
- Não tomar banho em rios ou lagos cujas águas tenham algum risco de estarem contaminadas.
- Não colocar as mãos nem objetos sujos na boca.
- Não comer carne de boi ou porco malcozidas, pois podem estar contaminadas por larvas.
- Manter as unhas bem aparadas e limpas.

Olga Miltsova/Shutterstock/Glow Images

vsl/Shutterstock/Glow Images

- Complete as frases com as palavras do quadro.

água	organismo	vermes

a) As doenças causadas por ________________ chamam-se verminoses.

b) Podemos ingerir ovos de lombriga bebendo ________________ contaminada ou comendo vegetais contaminados.

c) Os vermes parasitas se instalam em nosso ________________ e no de outros animais.

Outras doenças que podem ser evitadas

Cólera

A cólera é uma doença causada por uma bactéria (um microrganismo) conhecida como vibrião colérico. Ela ocorre geralmente em lugares onde não há saneamento básico. Trata-se de uma doença grave, que provoca muitas mortes.

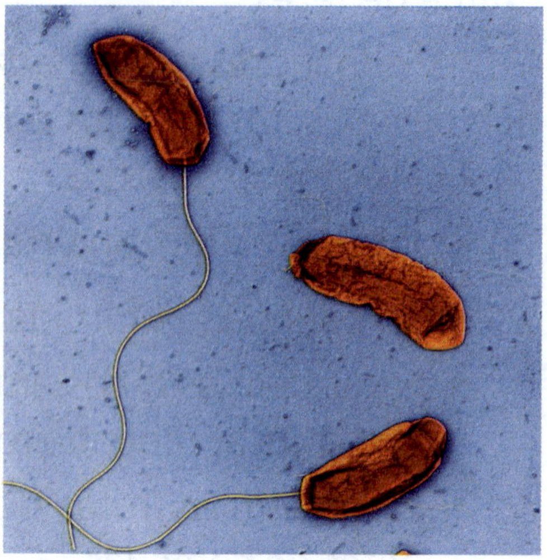

Eye of Science/SPL/Latinstock

Vibrião colérico visto ao microscópio (ampliado cerca de 40 mil vezes).

A transmissão da cólera se dá por meio de água ou alimentos contaminados. O doente tem diarreia muito forte. Seu organismo perde água em excesso e fica muito fraco, o que pode levar a pessoa à morte.

Dengue

A dengue é uma doença transmitida pela picada de um mosquito. Ele deixa no sangue da pessoa picada um pequeníssimo ser denominado vírus.

O mosquito adquire o vírus quando pica uma pessoa doente. Depois, transmite-o às pessoas que picar a seguir.

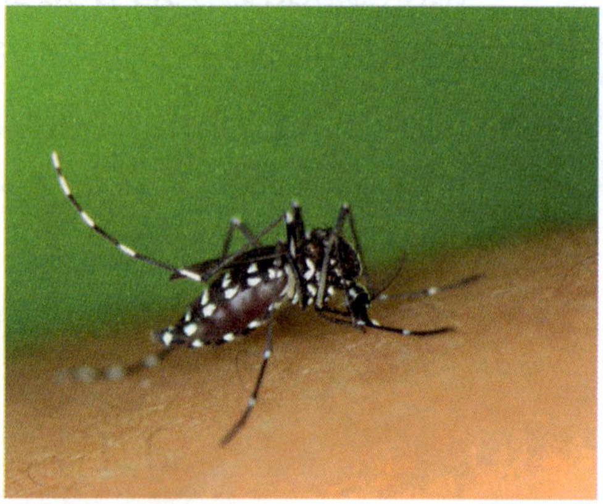

mrfiza/Shutterstock/Glow Images

Mosquito transmissor da dengue (ampliado).

Podemos prevenir a dengue combatendo o mosquito transmissor.

O mosquito transmissor da dengue costuma reproduzir-se em caixas-d'água destampadas, tanques, pneus cheios de água, garrafas abertas em que entra água de chuva e pratos que ficam sob vasos de plantas com água parada, etc. Ou seja, ele geralmente se reproduz em água limpa e parada. Por isso, não se deve deixar água acumulada em áreas descobertas.

Os sintomas da dengue são, entre outros: febre alta, manchas avermelhadas pelo corpo, vômito e dor nos olhos e nas articulações.

Raiva

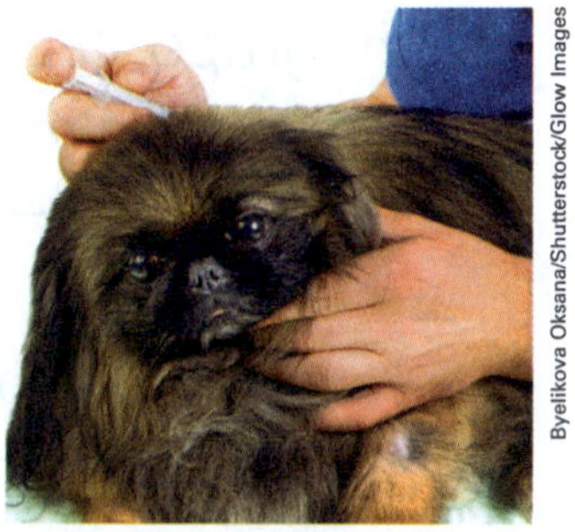
Byelikova Oksana/Shutterstock/Glow Images

Geralmente a raiva é transmitida ao ser humano pela mordida, lambida ou arranhadura de mamíferos contaminados: cães, gatos, morcegos, macacos, etc.

A pessoa que contrai raiva pode apresentar, entre outros, os seguintes sintomas: falta de apetite, insônia, dor de cabeça e mudança de comportamento. É uma doença que, se não for tratada a tempo, pode levar à morte.

Para evitar a raiva, é necessário vacinar os animais domesticados todos os anos e, em caso de mordida, procurar imediatamente um médico para tomar o soro antirrábico.

Doença de Chagas

Fabio Colombini/Acervo do fotógrafo

A doença de Chagas é causada por um parasita que vive no intestino de um inseto sugador de sangue denominado barbeiro.

Sempre que um barbeiro infectado pica uma pessoa, ele deixa suas fezes em volta da picada. A pessoa, ao se coçar, facilita a entrada do parasita em seu corpo. Dentro do organismo humano, o parasita vai para o sangue, provocando a doença.

A doença de Chagas provoca mal-estar geral, dor de cabeça e perda de apetite. Causa também danos ao coração e prejudica os órgãos encarregados da digestão.

Não existe vacina contra a doença de Chagas. A melhor maneira de enfrentá-la é a prevenção. Para combater o barbeiro e prevenir a doença de Chagas, é necessário:

- dedetizar muito bem as casas e mantê-las sempre limpas e livres de insetos;
- construir casas de tijolos, rebocadas e cobertas com telhas, pois o barbeiro costuma se abrigar em paredes e tetos feitos de barro e galhos de árvores.

Cesar Diniz/Pulsar Imagens

Casa de pau a pique (feita de barro e galhos de árvore) em Caxias, MA. O barbeiro costuma se abrigar nas falhas que existem nessas paredes.

1. Em grupo, faça um cartaz para ser colocado no mural de sua escola com o seguinte tema:

> Você também pode ajudar!
> Vamos todos colaborar para o mosquito da dengue não se multiplicar.

2. Marque um **X** nas frases corretas.

- [ ] A dengue é uma doença transmitida pela picada de um mosquito.
- [ ] A cólera e a dengue não podem provocar a morte do doente.
- [ ] A transmissão da cólera ocorre por meio da água ou de alimentos contaminados.
- [ ] O mosquito da dengue transmite um vírus ao sangue da pessoa por ele picada.
- [ ] O mosquito da dengue se reproduz em água suja e parada.

- Reescreva corretamente as frases erradas.

____

____

3. Responda às questões a seguir.

a) Você já teve ou conhece alguém que teve dengue?

____

b) Quais sintomas podem indicar que uma pessoa está com dengue?

____

____

____

____

4. Complete as frases com as palavras do quadro.

saliva	vírus	doença

a) A raiva é uma doença causada por um ____________________.

b) O animal contaminado transmite a raiva pela ____________________, mordendo, lambendo ou arranhando a pessoa ou o animal não infectado.

c) A raiva é uma ______________ que, se não for tratada a tempo, pode matar.

5. Escreva o nome de dois animais domesticados que podem transmitir a raiva.

____

____

6. O que uma pessoa que tenha sido mordida por um cão não vacinado deve fazer para proteger sua saúde?

____

____

7. No espaço abaixo, crie frases sobre a prevenção das doenças estudadas neste capítulo e faça um desenho para ilustrá-las. Depois, em sala, compare suas frases com as dos colegas.

____

____

____

____

____

____

Vacinas

Muitas doenças podem ser evitadas se as pessoas tomarem vacinas para preveni-las.

A vacina contém uma quantidade muito pequena de microrganismos que provocam a doença. Quando esses microrganismos em pequena quantidade entram no corpo da pessoa, produzem, automaticamente, os anticorpos que vão combatê-los. Assim, se um dia a pessoa for contaminada novamente pelo mesmo tipo de microrganismo, ela já terá anticorpos para se defender da doença.

É importante ficar atento às campanhas de vacinação promovidas pelo governo, pois, graças a elas, muitas doenças já foram erradicadas do Brasil.

Veja um exemplo do sucesso dessas campanhas: já faz tempo que não ocorre no Brasil nenhum caso de paralisia infantil. Isso porque as crianças de todo o país têm tomado regularmente a vacina Sabin, que protege contra essa terrível doença.

Observe, no quadro abaixo, as principais vacinas que devem ser tomadas na infância.

vacina	doença que previne	idade
VOP — Sabin (oral)	poliomielite (paralisia infantil)	2 meses, 4 meses, 6 meses e 15 meses
DTP — tríplice bacteriana	difteria, tétano e coqueluche	15 meses e entre 4 e 6 anos
SRC — tríplice viral	sarampo, rubéola e caxumba	12 meses e entre 4 e 6 anos
BCG	tuberculose	ao nascer

Fonte: BRASIL. Ministério da Saúde. *Calendário básico de vacinação da criança*. Disponível em: <http://portal.saude.gov.br>. Acesso em: 15 abr. 2014.

Campanha promovida pelo Ministério da Saúde para divulgar a vacinação contra a gripe em 2014.

anticorpos: minúsculas estruturas no sangue que ajudam a combater doenças.
erradicadas: eliminadas, exterminadas.

1. Crie uma frase e faça um desenho para a campanha de vacinação contra a paralisia infantil.

2. Verifique em sua carteirinha de vacinação as vacinas que você já tomou e anote-as abaixo.

nome da vacina	doença que previne

- Agora, responda:

  Você deixou de tomar alguma das vacinas necessárias? Em caso afirmativo, pergunte a seus pais ou responsáveis por que isso aconteceu.

17

Como prevenir acidentes

Os acidentes podem acontecer em casa, na rua, na escola, em qualquer lugar, e podem prejudicar muito nossa saúde.

Muitos acidentes acontecem por falta de atenção e cuidado.

Podemos prevenir diversos acidentes tomando certos cuidados, como:

Ilustrações: Ilustra Cartoon/Arquivo da editora

- não acender palitos de fósforo perto de álcool, gasolina, querosene e outros produtos inflamáveis; não brincar com fogo, fogueira, fogos de artifício, balões, etc. — assim, evitamos queimaduras e incêndios;
- consertar imediatamente qualquer vazamento de gás de cozinha — assim, evitamos intoxicação, queimaduras e incêndios;
- manusear facas, tesouras, agulhas e outros objetos cortantes ou pontudos com cuidado — assim, evitamos ferimentos;
- não colocar os dedos ou objetos de metal em tomadas ou fios elétricos e não empinar pipas perto da fiação elétrica — assim, evitamos choques elétricos;
- não deixar cascas de frutas ou objetos espalhados pelo chão — assim, evitamos que alguém escorregue, tropece, caia e se machuque;
- tomar cuidado com janelas de parapeito baixo e com escadas — assim, evitamos quedas;
- não mexer em remédios e produtos de limpeza — assim, evitamos envenenamentos;
- brincar em locais seguros, longe do trânsito de veículos; atravessar as ruas somente com o semáforo aberto para pedestres, na faixa de segurança e, ainda assim, verificando se não está vindo nenhum veículo — assim, evitamos atropelamentos.

inflamáveis: que pode pegar fogo facilmente.
intoxicação: envenenamento.

1. Você já sofreu algum acidente? Qual? Como ele foi causado?

____

2. Leia as frases a seguir e escreva qual acidente pode ocorrer em cada uma das situações.

a) Cortar papel com tesouras pontiagudas.

b) Colocar os dedos em uma tomada elétrica.

c) Correr com copos de vidro na mão.

d) Jogar bola em rua na qual passam automóveis.

3. Monte um grupo com alguns colegas e ande pela escola observando tudo o que poderia provocar acidentes. Anotem tudo em uma folha avulsa e, em sala de aula, comparem suas anotações com o que os outros grupos escreveram. Por fim, montem uma lista para a classe, indicando quais cuidados devem ser tomados para evitar esses acidentes.

O lixo e a saúde

Como você viu nesta unidade, o lixo deve ser jogado da forma correta para não causar problemas ao ambiente e à saúde.

Mas você sabia que, antes mesmo de as coisas virarem lixo ou até depois que o lixo vai embora da sua casa, ele ainda pode afetar a sua saúde?

Rogério Reis/Pulsar Imagens

No Brasil, o lixo geralmente vai para lixões, onde ele pode contaminar o solo e a água que fica embaixo do solo. Essa água pode ser usada por pessoas que moram na região.

As pilhas e baterias devem ser descartadas nos locais adequados para isso, como o coletor da foto ao lado. Do contrário, elas podem poluir muito o ambiente e prejudicar a vida de muitos animais, até mesmo a do ser humano.

Rogério Reis/Pulsar Imagens

Observe os alimentos que vêm cheios de embalagens: uma caixa de papel embrulhada em plástico e com vários saquinhos dentro... Já imaginou, por exemplo, o quanto o ar é poluído e quantas árvores são derrubadas para produzir tudo isso que, no fim das contas, vai virar apenas lixo?

Daniel Cymbalista/Pulsar Imagens

- Com seus colegas de classe, faça um cartaz para ser colocado no mural da escola com um dos títulos: "Diminuindo o lixo, aumentamos a saúde" ou "Cuidando do lixo, cuidamos da saúde".

MARIA TERESA • MARIA ELISABETE • ARMANDO COELHO

MARCHA CRIANÇA 3º ANO

INTEGRADO

LÍNGUA PORTUGUESA • MATEMÁTICA • HISTÓRIA
GEOGRAFIA • CIÊNCIAS • INGLÊS • ARTE

Caderno de atividades

editora scipione

MARIA TERESA • MARIA ELISABETE • ARMANDO COELHO

MARCHA CRIANÇA 3º ANO

INTEGRADO

LÍNGUA PORTUGUESA • MATEMÁTICA • HISTÓRIA
GEOGRAFIA • CIÊNCIAS • INGLÊS • ARTE

Caderno de atividades

editora scipione

MARCHA CRIANÇA
INTEGRADO

Caderno de atividades

Sumário

Língua Portuguesa

1. Siga a ordem alfabética e complete o quadro abaixo com as letras que estão faltando.

a A a A	___ ___ ___ ___	___ ___ ___ ___	___ ___ ___ ___	___ ___ ___ ___	___ ___ ___ ___
___ ___ ___ ___	___ ___ ___ ___	i I i I	___ ___ ___ ___	___ ___ ___ ___	___ ___ ___ ___
___ ___ ___ ___	n N n N	___ ___ ___ ___	___ ___ ___ ___	___ ___ ___ ___	r R r R
___ ___ ___ ___	___ ___ ___ ___	___ ___ ___ ___	___ ___ ___ ___	w W w W	___ ___ ___ ___
		___ ___ ___ ___	z Z z Z		

a) Qual é o nome da sequência de letras que você completou?

____

b) Pinte de as vogais e de as consoantes.

2. Siga o exemplo e separe as sílabas dos nomes dos animais abaixo.

Andreas Weiss/Shutterstock/Glowimages

macaco

Jason Patrick Ross/Shutterstock/Glow Images

rã

Karel Gallas/Shutterstock/Glowimages

rinoceronte

Peter Betts/Shutterstock/Glowimages

elefante

ma-ca-co ______ ______ ______

Fabio Colombini/Acervo do fotógrafo

paca

Johan Swanepoel/Shutterstock/Glowimages

leão

Eduardo Rivero/Shutterstock/Glowimages

arara

AnetaPics/Shutterstock/Glow Images

cão

______ ______ ______ ______

- Agora, complete o quadro abaixo.

classificação das palavras de acordo com o número de sílabas	
monossílabas	dissílabas
______ ______	______ ______
trissílabas	polissílabas
______ ______	______ ______

3. Observe as letras impressas e separe as sílabas das palavras abaixo.

Palavra		Separação silábica		Sílaba tônica	
cinema	→	i - e - a	→	______	☐
televisão	→	- - - ão	→	______	☐
teatro	→	- a - tr	→	______	☐
bicicleta	→	- - cl -	→	______	☐
piscina	→	s - -	→	______	☐
boliche	→	- - ch	→	______	☐
futebol	→	- - l	→	______	☐
festa	→	s - t	→	______	☐
pescaria	→	s - c - -	→	______	☐
música	→	- -	→	______	☐
tênis	→	-	→	______	☐
vôlei	→	-	→	______	☐
cerâmica	→	- - -	→	______	☐

a) Agora, escreva ao lado das palavras a sílaba tônica de cada uma.

b) Observe a legenda de cores a seguir. Depois, pinte os quadrinhos para indicar a classificação de cada palavra.

palavra proparoxítona (laranja) — palavra paroxítona (verde) — palavra oxítona (azul)

4. Leia o poema e observe as palavras destacadas.

A flor e o vento

Num **vai e vem**
ritmado,
a **flor** realiza
o movimento
de um **bailado**
orquestrado
pelo vento.
Parece a cada
compasso
que a flor vive
indecisa.
Não sabe se **abraça**
a **terra**,
não sabe se **voa**
com a **brisa**.

O bailado, de Hardy Guedes Alcoforado Filho. São Paulo: Scipione, 2008

Roberto Higa/Arquivo da editora

- Copie as palavras destacadas na coluna correspondente.

encontro vocálico	encontro consonantal	dígrafo
______	______	______
______	______	______
______	______	______
______	______	______
______	______	______

5. Complete as palavras com dígrafos e, depois, leia-as.

pinta______ilgo andori______a abe______a

mi______oca ______upim es______ilo

á______ia ______epardo ma______eco

6. Observe as ilustrações e escreva um substantivo comum correspondente a cada uma.

Ilustrações: Roberto Higa/Arquivo da editora

7. Escreva seis substantivos próprios em cada coluna.

nomes de pessoas	nomes de cidades	nomes de países

8. Leia o texto abaixo.

Por que proteger a natureza?

Um dia, nossa classe **fez** uma excursão.

Fomos para uma praia e **observamos** as piscinas nas pedras. Foi lindo!

Na volta, **fizemos** um piquenique em um bosque.

Começamos a fazer bagunça.

Carlos e Mariana **arrancaram** uns galhos, eu **joguei** longe a lata de refrigerante, João **colheu** flores e Sara tentou matar uma abelha.

A professora **deu** a maior bronca. Falou que devemos proteger a natureza, e não machucá-la.

[Carlos disse:]

— Por que tenho de proteger a natureza?

Não podemos nem subir nas árvores?

Aí ela disse:

— Já pensou se todo mundo resolvesse arrancar os galhos das árvores? As árvores ficariam sem folhas e não poderiam crescer. Os pássaros não teriam onde fazer seus ninhos.

[...]

"Por que proteger a natureza?": aprendendo sobre meio ambiente, de Jen Green e Mike Gordon. São Paulo: Scipione, 2005.

a) As palavras em destaque no texto indicam:

☐ seres e coisas que existem no mundo.

☐ ações.

b) Leia a informação e, depois, complete.

As palavras que indicam ação são classificadas como ________.

9. Observe a relação entre estes verbos:

observamos → **observar**	começamos → **começar**
arrancaram → **arrancar**	joguei → **jogar**

a) Faça o mesmo com estes verbos do texto:

falou → ______________ pensou → ______________

resolvesse → ______________ colheu → ______________

b) Sublinhe no texto os verbos que terminam com **r**.

10. Complete o quadro com pronomes e verbos.

proteger		
presente	**pretérito**	**futuro**
Eu ______	______ protegi	Eu ______
______	______	Tu ______
Ele ______	Ele ______	______
Nós ______	Nós ______	______ protegeremos
Vós ______	______	______ protegereis
______	______ protegeram	Eles ______

11. Leia estas palavras e coloque **S** para **substantivo** e **V** para **verbo**.

☐ excursão ☐ excursionar ☐ proteção

☐ bagunçar ☐ bagunça ☐ viver

☐ bronca ☐ bronquear ☐ crescimento

Matemática

1. Escreva o número correspondente:

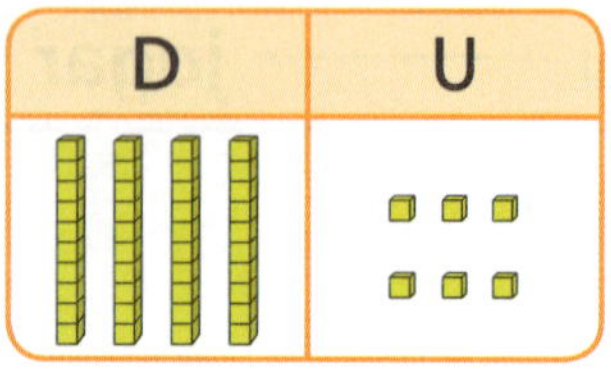

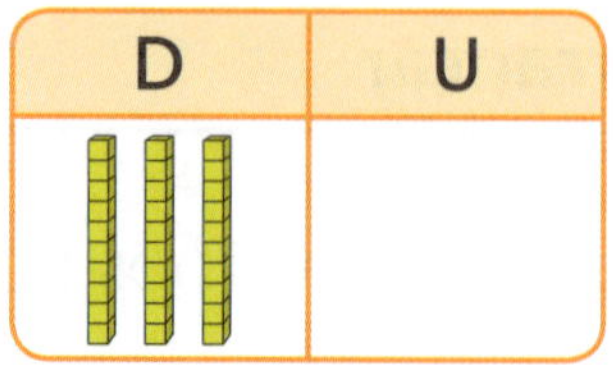

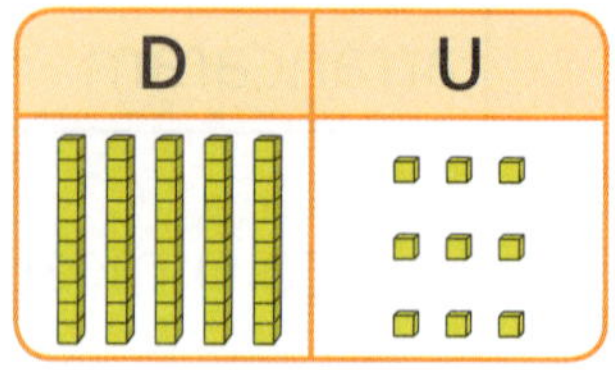

2. Que números estão representados nos ábacos? Escreva-os em algarismos e também por extenso:

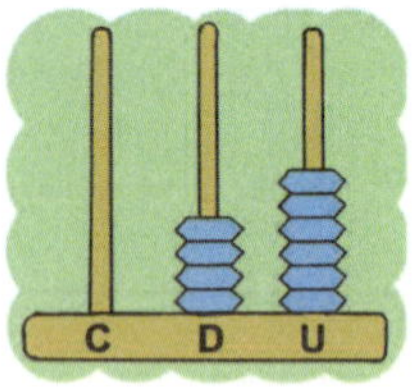

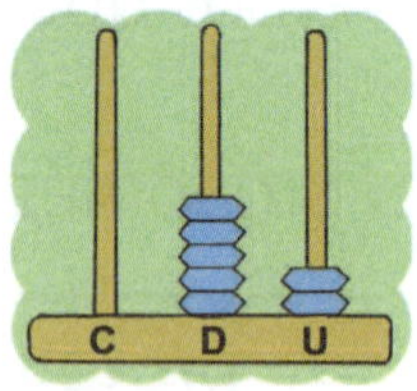

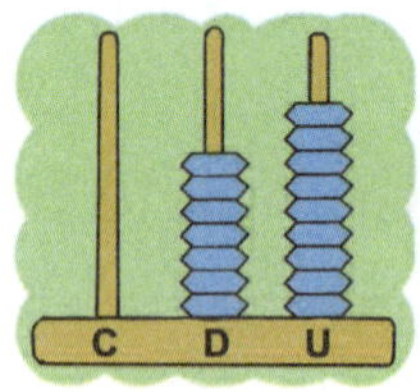

Ilustrações: MW Editora Ilustrações Ltda./ Arquivo da editora

______________________ ______________________ ______________________

______________________ ______________________ ______________________

3. Observe a quantidade representada e complete:

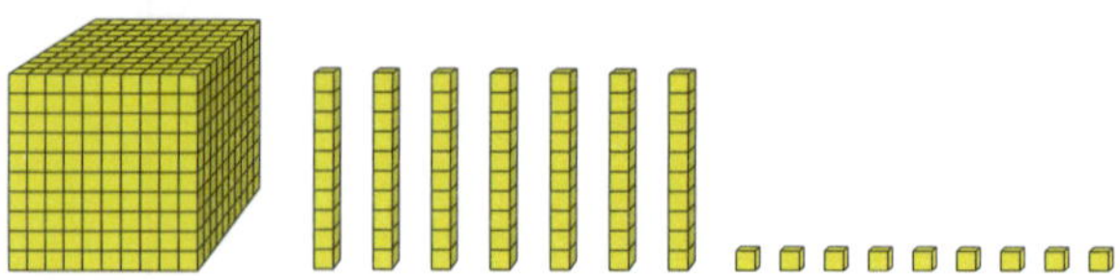

_____ milhar + _____ centena + _____ dezenas + _____ unidades

________ + ________ + ________ + ________ = ____________

Lê-se: ____

4. Qual é o **valor absoluto** (VA) e o **valor relativo** (VR) dos algarismos destacados?

723 829 257

VA: _____ VR: _____ VA: _____ VR: _____ VA: _____ VR: _____

5. Some as quantidades das faces dos dados. Depois, escreva o total de cada soma e verifique se esse total é par ou ímpar.

a)  ____________________

b)  ____________________

c) 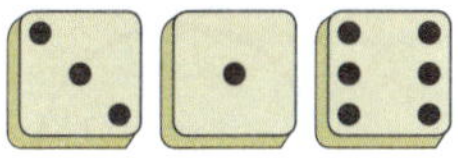 ____________________

6. Complete o quadro com alguns números ordinais até o 50º:

1º	primeiro	26º	
4º	quarto	38º	
13º		45º	
19º		47º	
22º		50º	quinquagésimo

7. Faça um **X** para indicar a característica de cada sólido geométrico.

sólido	rola	não rola	tem superfície plana	tem superfície não plana
cubo				
pirâmide				
esfera				
paralelepípedo				

8. O ingresso para um parque recreativo custa R$ 40,00. Débora está guardando dinheiro para a entrada. Veja quanto ela tem até agora.

Notas: Banco Central/ABr; Moedas: Arquivo da Editora

a) Quantos reais Débora tem? ____________

b) Quanto falta para ela poder comprar o ingresso do parque? ____________

9. Quais números estão apagados? Uma dica: a soma em linha reta é sempre 15.

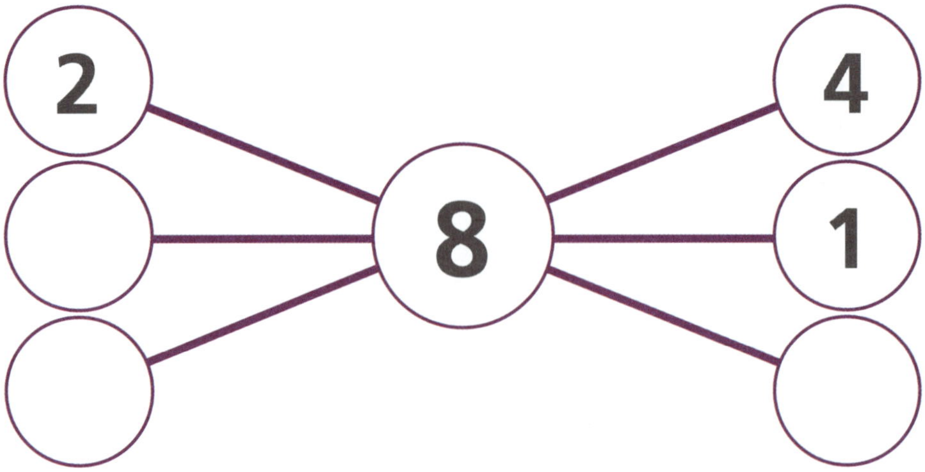

10. Ricardo é jornaleiro. Ele anota numa tabela a quantidade de revistas vendidas por semana. Observe a venda de revistas do último mês.

revista	1ª semana	2ª semana	3ª semana	4ª semana
A	20	13	18	16
B	12	18	16	5
C	4	8	17	10

- Quantas revistas de cada tipo foram vendidas durante o mês?

A → ________ B → ________ C → ________

11. Arme e efetue as subtrações.

$80 - 6 =$ ______ $350 - 120 =$ ______ $851 - 368 =$ ______

$$\begin{array}{r} 8\ 0 \\ -\quad 6 \\ \hline \end{array} \qquad \begin{array}{r} 3\ 5\ 0 \\ -\ 1\ 2\ 0 \\ \hline \end{array} \qquad \begin{array}{r} 8\ 5\ 1 \\ -\ 3\ 6\ 8 \\ \hline \end{array}$$

12. Observe o eixo de simetria das figuras abaixo. Desenhe a outra metade de cada uma e depois pinte-as:

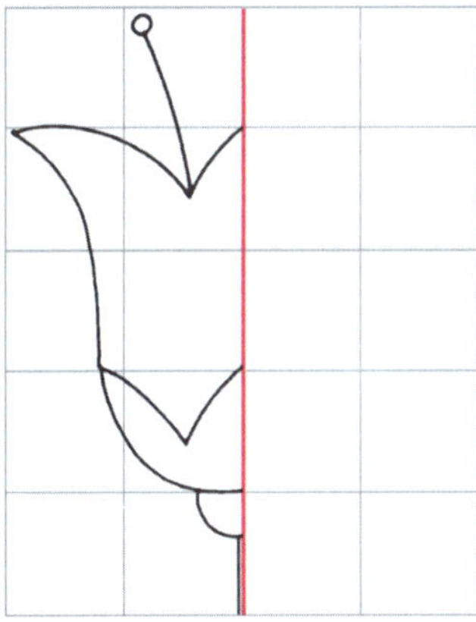

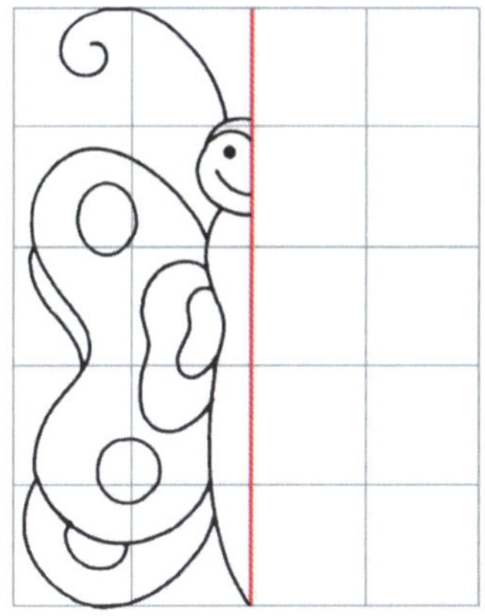

13. Complete a tabela com todas as combinações possíveis de se fazer com estas peças de roupa.

peças	**blusa verde**	**blusa amarela**	**blusa rosa**	**blusa azul**
saia	blusa verde e saia			
bermuda	blusa verde e bermuda			

14. Resolva algumas multiplicações.

$$\begin{array}{r} D\ U \\ 4\ 4 \\ \times\quad 2 \\ \hline \end{array} \qquad \begin{array}{r} C\ D\ U \\ 2\ 2\ 0 \\ \times\quad\quad 4 \\ \hline \end{array} \qquad \begin{array}{r} C\ D\ U \\ 3\ 0\ 9 \\ \times\quad\quad 3 \\ \hline \end{array}$$

15. Efetue e tire a prova real:

3 2 5 | 5 ____ prova real

1 5 9 | 6 ____ prova real

16. Descubra os números que completam o quadro:

dividendo	divisor	quociente	resto
124	2		0
	3	25	1
246	4		2
	5	85	4

17. Pinte a terça parte do número de elementos de cada conjunto e complete:

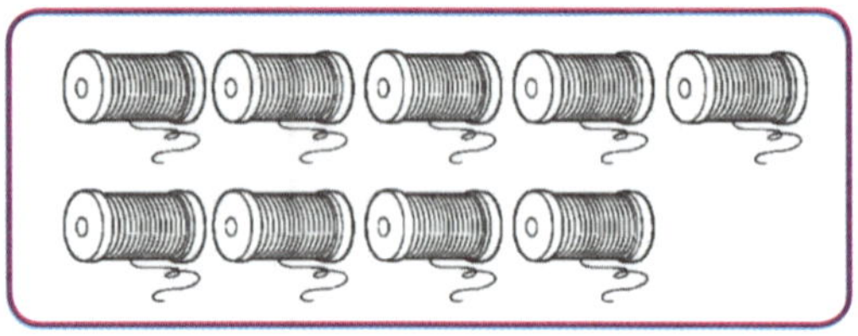

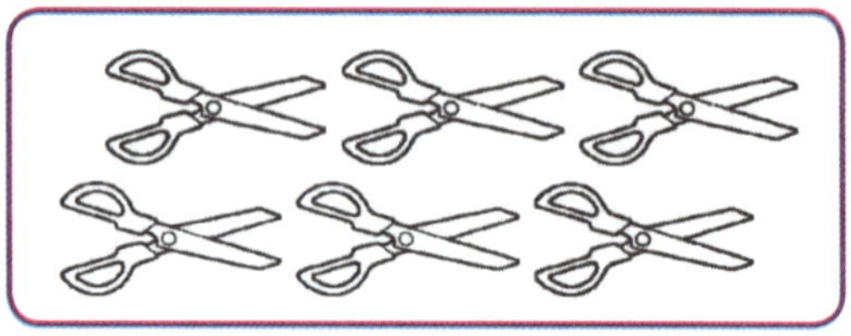

Ilustrações: Avalone/ Arquivo da editora

$\frac{1}{3}$ de 9 é ________

$\frac{1}{3}$ de 6 é ________

18. Calcule mentalmente e complete:

a) A metade de 30 doces é igual a ________ doces.

b) A quarta parte de 1 dúzia de maçãs é igual a ________ maçãs.

c) A terça parte de meia dúzia de balas é igual a ________ balas.

d) A terça parte de 15 bombons é igual a ________ bombons.

19. Coloque os ponteiros nos relógios para indicar a mesma hora.

Ilustrações: MW Editora Ilustrações Ltda./Arquivo da editora

20. Observe:

média de altura da seleção brasileira masculina de vôlei em diferentes Olimpíadas			
1964	1980	1988	2004
1,83 metro	1,90 metro	1,92 metro	1,94 metro

Informações extraídas da revista **Veja**. São Paulo: Abril, ano 37, n. 33, p. 34, ago. 2004 (edição especial – Veja 1866).

Em 1964, a média de altura da seleção brasileira masculina de vôlei era de ____________ centímetros. Quarenta anos depois, em quantos centímetros aumentou a altura média dos jogadores?

____

21. Qual o peso aproximado? Assinale com um **X** a melhor opção para cada caso:

gato	☐ 5 kg	☐ 50 kg	☐ 500 kg
cavalo	☐ 4 kg	☐ 40 kg	☐ 400 kg
beija-flor	☐ 15 g	☐ 1 500 g	☐ 15 kg

22. Com 1 litro de suco, é possível encher 5 copos de 200 mL. Se tivermos 4 litros de suco, quantos copos iguais a esses podemos encher?

____

História

1. Encontre no caça-palavras nomes de cinco objetos que podem contar um pouco da história de sua família.

F	O	T	O	G	R	A	F	I	A	S
Á	V	I	E	S	C	R	V	E	D	O
F	V	S	U	É	H	O	M	Á	S	X
D	Í	X	R	O	U	P	A	S	B	Y
T	D	U	W	G	Õ	H	Ç	Z	C	U
D	E	C	U	M	E	N	T	O	A	Í
R	O	Ç	Ú	T	D	I	N	O	R	M
E	S	A	O	L	H	Ã	K	L	T	A
F	H	I	E	R	S	G	S	W	A	L
D	O	C	U	M	E	N	T	O	S	P

- Agora, escreva os nomes dos objetos no espaço abaixo:

____

____

2. Escolha um objeto que é importante para você e responda:

a) Que objeto você escolheu? ______________________________

b) Do que ele é feito? ______________________________

c) Para que ele é utilizado? ______________________________

d) Por que ele é importante para você? ______________________________

____

- Na sua opinião, o objeto escolhido pode ser considerado uma fonte histórica? Por quê? Responda no caderno.

3. Vamos conhecer um pouco mais sobre as escolas indígenas? Leia o texto a seguir.

Muitas crianças indígenas estudam em escolas que valorizam sua cultura. Nessas escolas, há professores indígenas, além de livros e outros materiais feitos especialmente para que as crianças aprendam a importância de sua cultura e de sua história. Em muitos casos, os alunos aprendem também a ler e a escrever em português e em sua própria língua.

Fabio Colombini/Acervo do fotógrafo

Aula de artesanato no município de São Paulo (SP). Foto de 2012.

a) Sobre a educação indígena, marque **V** para as afirmações verdadeiras e **F** para as afirmações falsas.

- [ ] Muitas crianças indígenas têm aulas de português e de sua própria língua.
- [ ] Os professores são indígenas e muitos materiais são feitos especialmente para que as crianças aprendam a importância de sua cultura.
- [ ] Nas escolas indígenas não há preocupação com a cultura da população local.

b) Reescreva a afirmativa falsa, corrigindo-a.

____

____

4. De acordo com a **Declaração dos Direitos da Criança**, toda criança do mundo deve ter os mesmos direitos. Contudo, os direitos das crianças nem sempre são respeitados. Observe:

Delfim Martins/Pulsar Imagens

São Paulo (SP), 2008.

Renato Soares/Pulsar Imagens

Gaúcha do Norte (MT), 2013.

Juca Varella/Folhapress

São Paulo (SP), 2013.

Fernando Favoretto/Criar Imagem

São Paulo (SP), 2011.

- Agora responda:

a) Quais dessas fotos mostram desrespeito aos direitos das crianças?

b) Nas cenas em que há desrespeito, quais direitos estão sendo desrespeitados?

c) Na sua opinião, o que poderia ser feito para evitar tais desrespeitos?

5. Faça uma pesquisa em livros e na internet e responda:

a) Qual é o nome da lei que proibiu a escravidão no Brasil? Em que ano ela foi criada?

____

____

b) O que é comemorado no dia 20 de novembro?

____

____

c) Qual é a importância dessa comemoração?

____

____

____

____

6. Forme dupla com um colega e pesquise se há, no seu município ou estado, pessoas que vieram de outros países para viver no Brasil. Registre suas descobertas e responda, no caderno, às perguntas a seguir:

a) De onde elas vieram?

b) Que língua elas falavam?

c) Por que saíram de seu país?

d) Por que decidiram viver no Brasil?

e) Pretendem voltar ao país de origem? Por quê?

Geografia

1. As duas representações a seguir mostram a maquete e a planta de uma sala de aula. Observe:

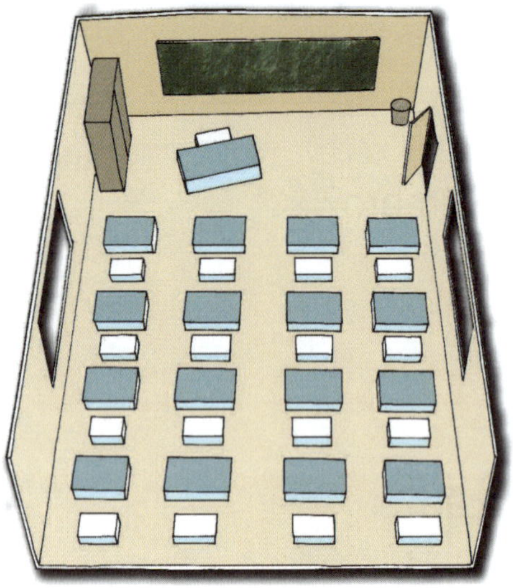

Ilustrações: Cicero Soares/Arquivo da editora

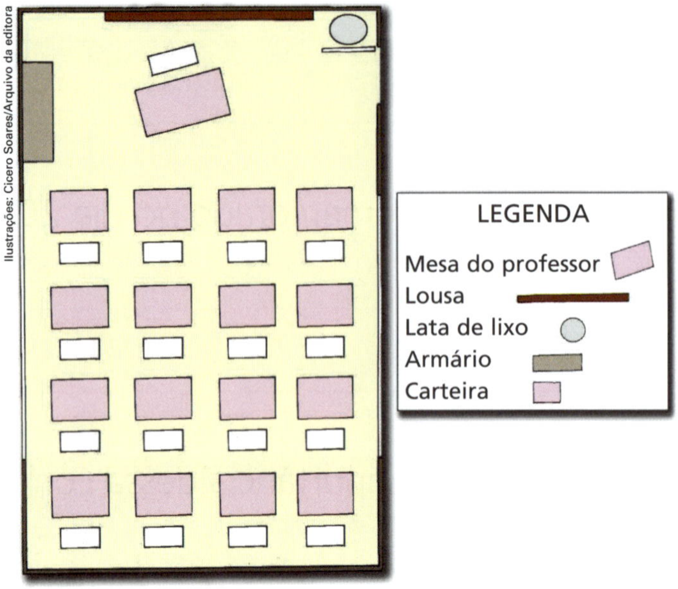

a) Com seus colegas de classe, faça a maquete da sua sala de aula.

b) Com base na maquete que vocês fizeram, desenhe, em uma folha à parte, a planta da sua sala de aula.

c) Agora responda: A planta que você desenhou é parecida com a planta acima? Por quê?

____

____

____

2. Na planta da sala de aula que você fez na atividade anterior, circule:

a) Onde você se senta.

b) O aluno que está mais próximo da mesa do professor.

c) O aluno que está mais próximo da porta.

3. Procure, em um jornal, uma notícia sobre o prefeito de seu município e cole-a no caderno.

a) Leia a notícia para o professor e os colegas de classe e conversem sobre o assunto de que ela trata.

b) Na sua opinião, a notícia é boa para a população? Por quê?

____

____

____

4. Veja a foto a seguir:

Jacek/kino.com.br

Telêmaco Borba (PR).

- Dos elementos da imagem, quais apresentam modificações feitas pelo ser humano na paisagem? Quais não apresentam?

____

____

5. O que devemos fazer no caso de a água usada não ser potável? Pesquise em bibliotecas, na prefeitura, em postos de saúde ou visite alguns lugares onde é feito o tratamento da água. Escreva, no caderno, o que você descobriu e apresente seu trabalho aos colegas.

6. Vamos fazer uma campanha na escola para estimular a economia de água? Reúna-se com alguns colegas e mãos à obra!

a) Façam, em uma folha à parte, uma lista dos maus hábitos que podem aumentar o consumo de água, em casa ou na escola.

b) Criem cartazes ilustrados criticando hábitos errados e sugerindo atitudes corretas.

c) Afixe, com os colegas, seus cartazes em pontos bastante movimentados da escola.

7. Use uma folha de sulfite para retratar uma paisagem com lago, rio ou mar que você já viu e de que tenha gostado. Pode ser de qualquer lugar do Brasil ou do mundo.

a) Mostre seu trabalho aos colegas e observe as paisagens retratadas por eles.

b) Qual dos desenhos mais te agradou? Por quê?

8. Recorte de jornais e revistas figuras que mostrem: dia de sol, dia nublado e dia de chuva. Depois, cole as figuras numa folha de sulfite.

9. Ligue a matéria-prima ao produto industrializado a que ela deu origem.

milho	álcool
cana-de-açúcar	suco
trigo	macarrão
frutas	tecido
algodão	gasolina
petróleo	fubá

10. Em que área do município são produzidas a maioria das matérias-primas?

____

____

____

11. Escreva o nome de alguns estabelecimentos comerciais de seu bairro e o nome de alguns produtos neles encontrados.

____

____

____

____

____

____

____

Ciências

1. Complete a cruzada espacial.

1. Rodeado de anéis, é o segundo maior planeta do Sistema Solar.
2. Segundo planeta mais próximo do Sol, e o mais brilhante.
3. Quarto planeta mais próximo do Sol. Tem cor avermelhada.
4. Oitavo planeta mais distante do Sol.
5. Maior planeta do Sistema Solar.
6. Planeta mais próximo do Sol.
7. Sétimo planeta mais distante do Sol; recebe pouca iluminação e calor solar.
8. Satélite da Terra.
9. Planeta onde vivemos.
10. Estrela em torno da qual giram a Terra e os outros planetas do Sistema Solar.

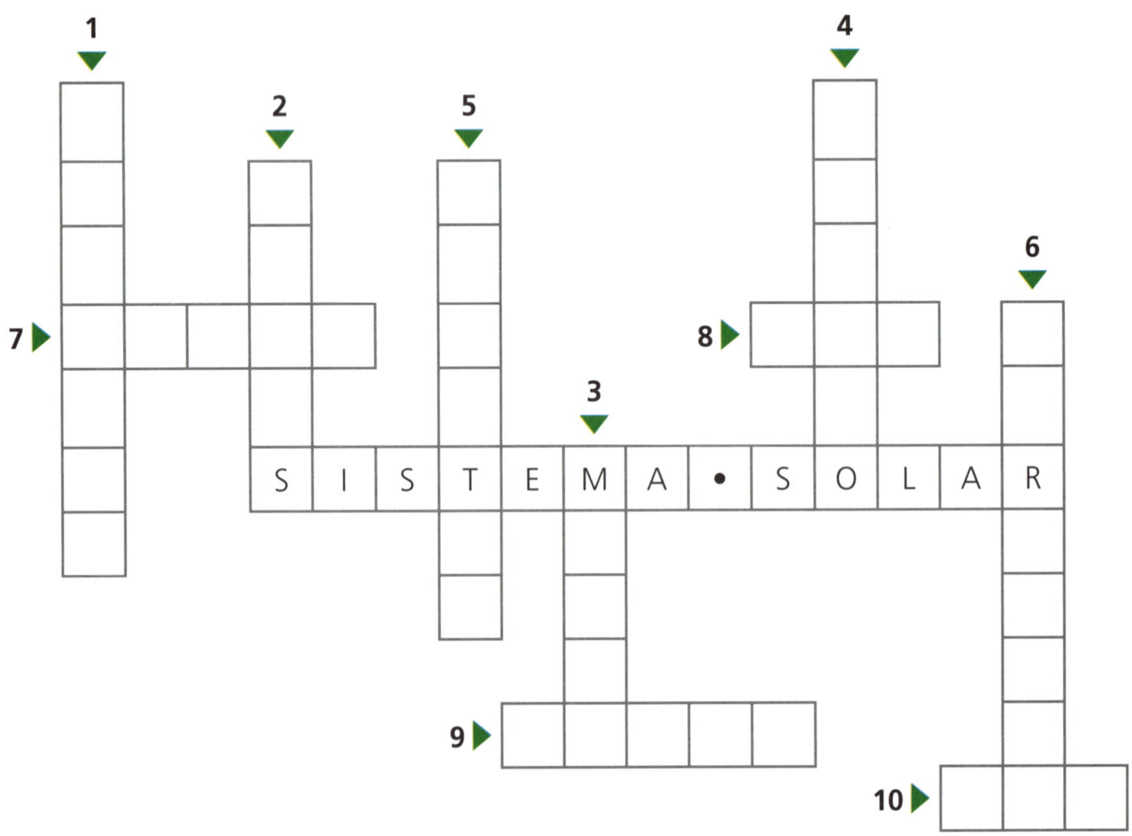

2. Você já viu que existem diferentes tipos de solo, já imaginou como seria fabricar tintas de cores diversas a partir de amostras dos solos?

Pintando com solo

Material necessário

- papel para desenhar;
- pincel;
- amostras de solo;
- água;
- copinhos plásticos (de café, iogurte, entre outros);
- colher.

Como fazer

1. Coloque uma colher bem cheia de cada uma das amostras de solo em copinhos e depois acrescente água. Misture bem.

2. Agora é só ver a cor de cada amostra. Usando o pincel, teste suas novas tintas em uma folha. Assim você saberá qual é a cor e a textura da tinta que cada amostra de solo produziu.

Ilustrações: Ilustra Cartoon/ Arquivo da editora

3. Misture algumas tintas para conseguir cores e texturas diferentes.
4. Por fim, faça um desenho usando suas tintas.

Disponível em: <www.cienciamao.usp.br/tudo/exibir.php?midia=sol&cod=_pintandocomamostrasdesolo58645>. Acesso em: 2 maio 2014.

3. Você aprendeu que durante o processo de fotossíntese ocorre a produção de oxigênio, que é liberado para o ar. Em grupos e com o auxílio do professor, façam a experiência abaixo, para provar que as plantas produzem oxigênio.

Fotossíntese

Ilustrações: Ilustra Cartoon/Arquivo da editora

Material necessário

- um pirex;
- um pote de vidro grande e transparente;
- algumas plantas aquáticas (pinheirinho-d´água, jiboia);
- um pedaço de cartolina maior que a boca do pote;
- água.

Como fazer

1. Coloquem água no pirex. Ponham as plantas no pote, tampem-no com a cartolina e, virando-o de cabeça para baixo, coloquem-no sobre o pirex.
2. Deixem essa "montagem" num lugar ensolarado por algumas horas e observem-na de vez em quando.

- O que vocês observaram? O que significa isso? Troquem ideias no grupo e, depois, cada um faz o seu registro individualmente.

4. Monte um álbum ilustrado com informações sobre o seu nascimento. Peça ajuda de seus pais ou responsáveis. Faça-lhes perguntas e, se possível, peça que mostrem fotos suas de quando era pequeno. Procure saber, entre outras coisas:

- Como e onde foi o seu nascimento?
- Do que você se alimentava quando era bebê?
- O seu corpo era muito diferente de como ele é hoje?

Ilustra Cartoon/Arquivo da editora

5. Ligue as partes do corpo à descrição correta:

1 Tórax

2 Abdome

3 Pescoço

4 Cabeça

5 Membros superiores

6 Membros inferiores

A Contém os órgãos usados na digestão (estômago, intestino e outros).

B São usados para andar.

C São usados para pegar coisas, escrever e preparar alimentos.

D Contém os pulmões, responsáveis pela respiração.

E Liga cabeça ao tronco.

F Nela está o encéfalo, que controla todas as funções do corpo.

Inglês

1. Circle.

pen

eraser

pencil

board

notebook

book

eraser

book

backpack

backpack

pencil sharpener

pencil

pen

book

notebook

pen

board

eraser

2. Do the crosswords.

Pinkkoala/Shutterstock/Glow Images

Pinkkoala/Shutterstock/Glow Images

Abeadev/Shutterstock/Glow Images

Pinkkoala/Shutterstock/Glow Images

Pinkkoala/Shutterstock/Glow Images

Kett/Shutterstock/Glow Images

3. Write the names of animals.

a		n	
b		o	
c		p	
d		q	
e		r	
f		s	
g		t	
h		u	
i		v	
j		w	
k		x	
l		y	
m		z	

4. Is it big or small?

big	small

Arte

1. Os astecas e os maias já conheciam o chocolate. Com a ajuda do professor, leia a lenda sobre o surgimento do chocolate. Depois, faça um desenho para representar essa história.

A lenda do chocolate

Diz a lenda que o deus asteca Quetzcoalt, senhor da Lua prateada e dos ventos gelados, ofereceu aos homens um presente roubado do país dos deuses, que lhes encheu de energia e prazer.

Esse presente era a semente de cacau. Assim, as sementes da árvore sagrada, o *tchocolatl*, foram plantadas nas terras astecas, dando origem ao cacaueiro.

O chocolate tinha tanta importância para esse povo que a bebida só era consumida por reis, nobres e guerreiros.

Os maias usavam recipientes como este (cerca de 500 a.C.). Eles trituravam as sementes do cacau e derramavam sobre elas água quente.

2. O estilo barroco é marcado pela expressão de movimento e sentimentos, pelo drapeado dos tecidos, pela oposição de tons claros e escuros e pelo uso de dourado.

Visite igrejas e museus do seu município e veja se encontra esculturas, pinturas ou outras obras que tenham essas características. No espaço abaixo, cole fotografias ou faça desenhos para mostrar o que você encontrou.

MARCHA CRIANÇA

INTEGRADO

**LÍNGUA PORTUGUESA • MATEMÁTICA • HISTÓRIA
GEOGRAFIA • CIÊNCIAS • INGLÊS • ARTE**

A coleção **Marcha Criança Integrado** vem acompanhada de cinco cadernos. Um para cada volume da coleção. Em cada caderno há atividades complementares para todas as disciplinas. Elas contribuem para o aprimoramento da aprendizagem dos alunos.

editora scipione

ISBN 978-852629380-9
9 788526 293809

SUGESTÕES PARA O ALUNO

Livros

Reprodução/Editora Brink-Book

É assim que eu sou,
de Pierre Winters. São Paulo: Brinque-Book, 2011.

Você quer saber tudo sobre o corpo humano? Este livro, repleto de ilustrações e informações interessantes, responde às dúvidas das crianças de forma lúdica e sutil.

Reprodução/Editora Casa da Prosa

O monstro do Tietê,
de Almir Mota. Fortaleza: Casa da Prosa, 2009.

O livro conta a história de Marli, uma cobra sucuri que estava cansada de tanto verde e não suportava mais o Pantanal. Ela resolveu trocar a harmonia com a natureza por uma região bem mais estranha e perigosa.

Reprodução/Editora Peirópolis

Árvores do Brasil – Cada poema no seu galho,
de Lalau e Laurabeatriz. São Paulo: Peirópolis, 2011.

O livro apresenta e homenageia algumas das árvores mais importantes do nosso país.

É um grande e colorido desfile de quinze espécies de árvores e, no final, o livro traz nomes científicos e textos sobre a altura que podem atingir, principais características e usos das madeiras, como os frutos são consumidos pelo homem, problemas que enfrentam na natureza e outras informações.

Reprodução/Editora Panda Books

Céu Noturno – Uma introdução para crianças,
de Michael Driscoll. São Paulo: Panda Books, 2010.

Neste volume, os mistérios do Universo são revelados em linguagem acessível à criança e com ricas ilustrações. Conheça como funciona o nascimento e a morte das estrelas, o deslocamento dos planetas, a composição da Via Láctea, as fases da Lua, as constelações, as missões espaciais e os grandes cientistas da História.

Filme

BlueCrab/Disney-Pixar

Wall-e,

de Andrew Stanton. Estados Unidos, 2008. 97 min.

Este filme conta a linda história de um robô chamado Wall-e que foi criado para limpar nosso planeta que, em um futuro distante, aparece coberto de lixo. Ele se apaixona por outro robô chamado Eva, e a segue para o espaço em uma aventura que vai mudar o destino dele e da humanidade.

Sites

Reprodução/<http://marianacaltabiano.com.br/canalnatureza/>

<http://iguinho.ig.com.br/canalnatureza>

Nesta seção do *site* iG, você poderá encontrar muitas informações sobre os animais, além de vídeos e dezenas de jogos divertidos. Há também uma interessante seção sobre plantas e flores.

Reprodução/<http://www.on.br/brincando_ciencia/site_brincando/>

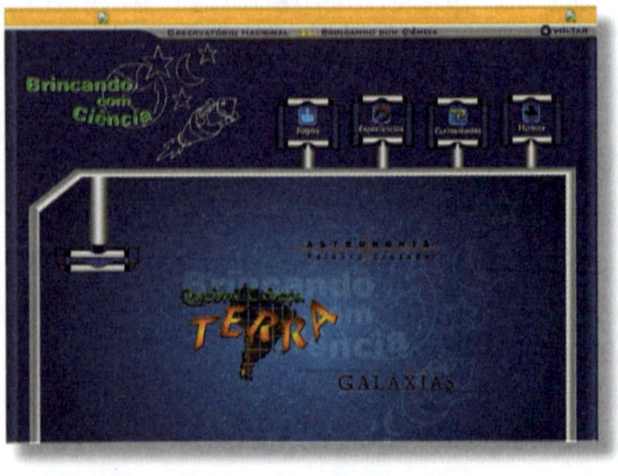

<www.on.br/site_brincando>

Nesta seção do *site* do Observatório Nacional, você vai reconhecer, de forma interativa, alguns tópicos estudados este ano, como o Sistema Solar e os planetas que o formam. O *site* abriga também jogos e experiências científicas que vão ajudar você a entender melhor como o Universo funciona.

Inglês

Autores
César de Oliveira Nyaradi e
Luiza Auxiliadora Pavon de Oliveira

SUMÁRIO

1

Greetings

Ilustrações: Vicente Mendonça/Arquivo da editora

Ilustrações: Vicente Mendonça/Arquivo da editora

- Stick pictures of people greeting each other in your notebook.

The alphabet

A	B	C	D	E	F	G	H	I	J	K	L	M
N	O	P	Q	R	S	T	U	V	W	X	Y	Z

Hello!

Ilustrações: Vicente Mendonça/Arquivo da editora

2

In the classroom

Vicente Mendonça/Arquivo da editora

1. Word search.

desk	backpack	student	notebook

D	E	S	K	A	I	B	C	D	S
C	F	G	H	K	Z	X	Y	U	T
D	E	S	P	T	X	A	B	C	U
N	O	T	E	B	O	O	K	I	D
S	T	M	I	N	D	W	K	G	E
L	R	O	A	E	D	J	Q	C	N
R	B	A	C	K	P	A	C	K	T

2. What is it?

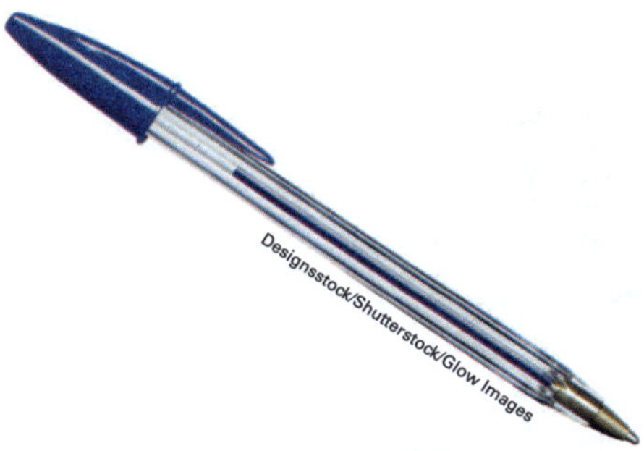

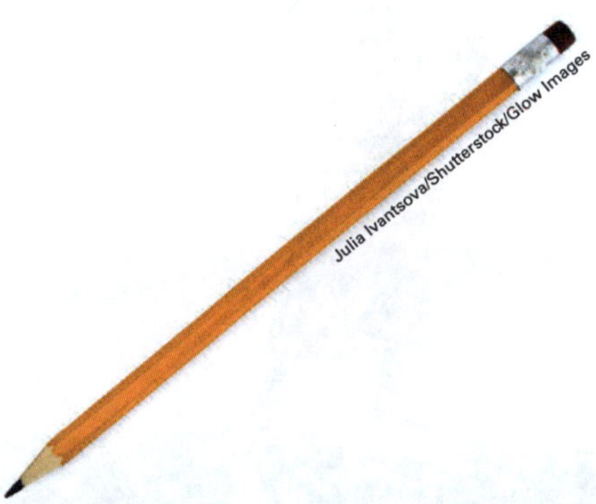

3

Colors

What color is it?

Vicente Mendonça/Arquivo da editora

- Find the color codes.

1	2	3	4	5	6	7	8	9	10	11	12	13
A	B	C	D	E	F	G	H	I	J	K	L	M

14	15	16	17	18	19	20	21	22	23	24	25	26
N	O	P	Q	R	S	T	U	V	W	X	Y	Z

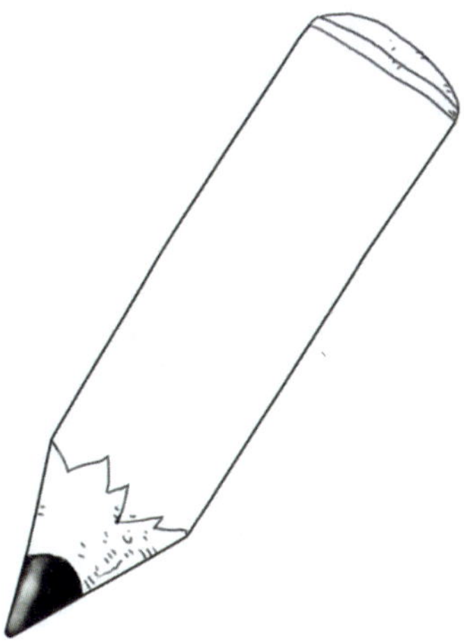

15 + 18 + 1 + 14 + 7 + 5

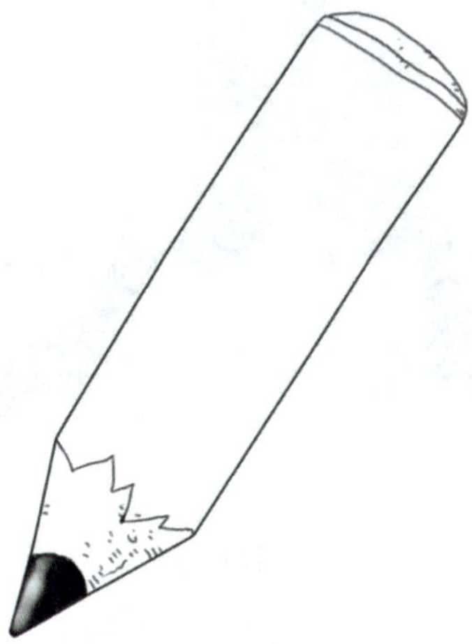

23 + 8 + 9 + 20 + 5

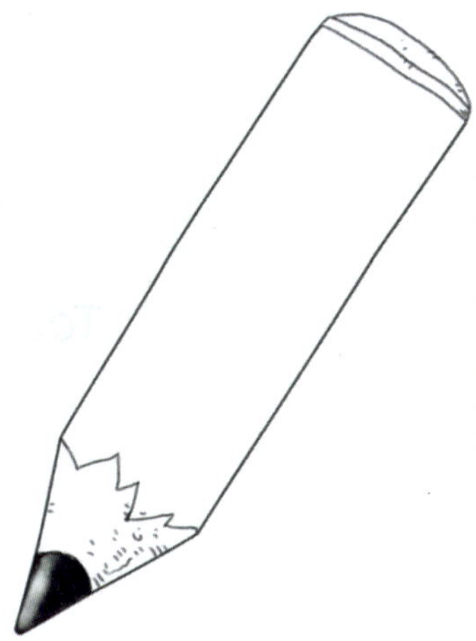

2 + 18 + 15 + 23 + 14

Vicente Mendonça/Arquivo da editora

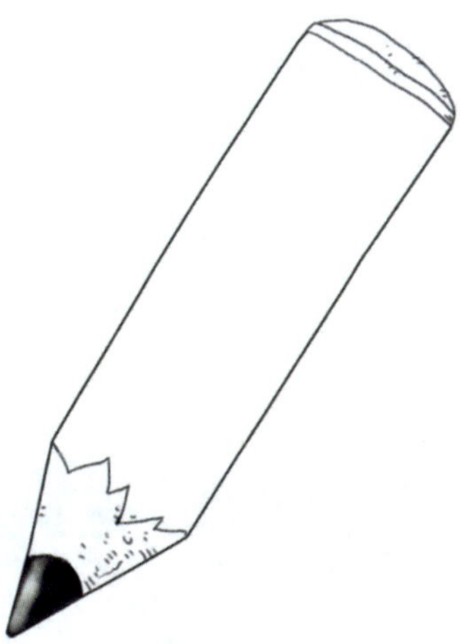

25 + 5 + 12 + 12 + 15 + 23

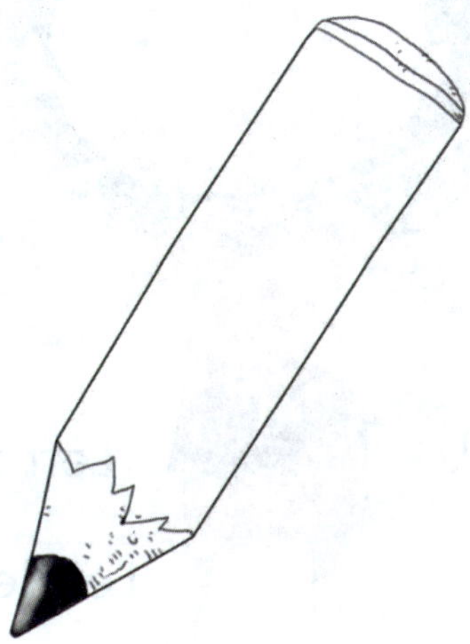

16 + 9 + 14 + 11

2 + 12 + 1 + 3 + 11

4

My body

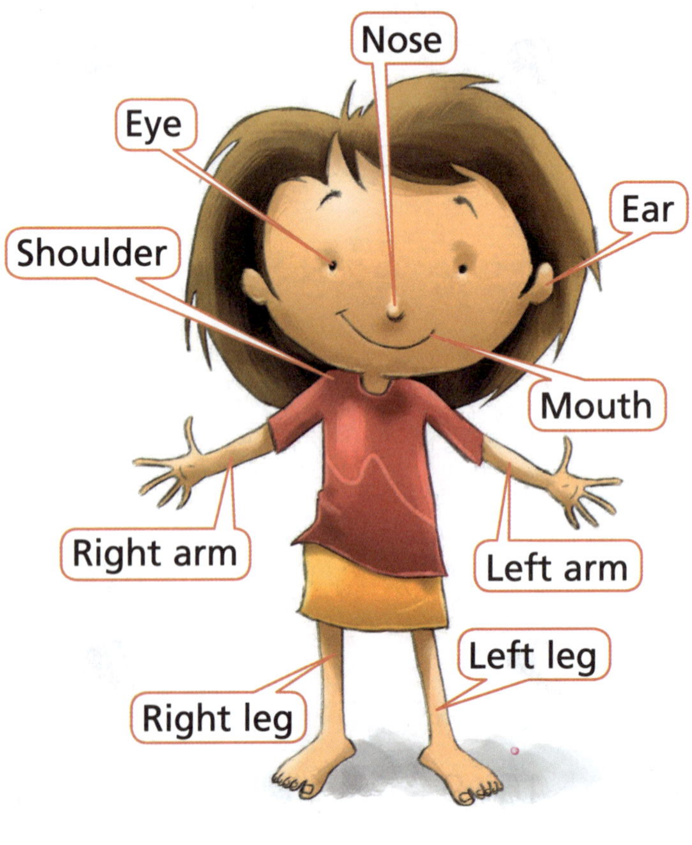

Ilustrações: Vicente Mendonça/Arquivo da editora

Let's sing

Head, shoulders, knees and toes

Head, shoulders, knees and toes, knees and toes
Head, shoulders, knees and toes, knees and toes
Eyes and ears and mouth and nose
Head, shoulders, knees and toes, knees and toes
} chorus

[repeat chorus]

Touch your eyes
Touch your nose
Touch your mouth
Touch your ears
Great job!

[repeat chorus]

Vicente Mendonça/Arquivo da editora

5

Family members

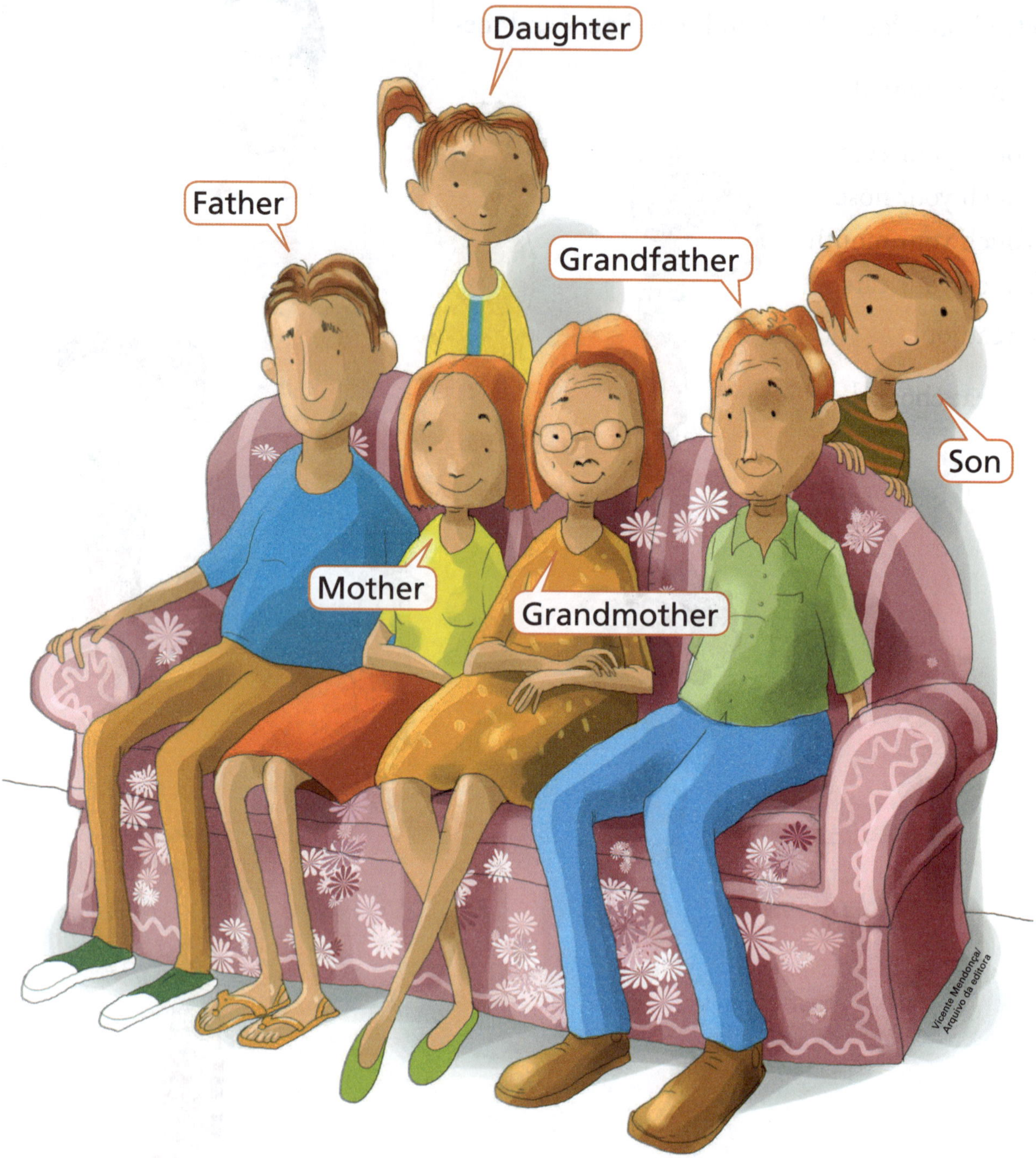

Ilustrações: Vicente Mendonça/Arquivo da editora

1. Write the names of your family members.

My father: ______________________________

My mother: ______________________________

My grandmothers: ______________________________

____

My grandfathers: ______________________________

____

My sister(s): ______________________________

____

My brother(s): ______________________________

____

2. Draw your family.

3. Complete with **THIS** or **THAT.**

__________ is my father.

Vicente Mendonça/Arquivo da editora

__________ is my sister Lucy.

__________ is my mother.

__________ is my grandfather.

6

Occupations

brezell/Shutterstock/Glow Images

Waiter

Vadim Ratnikov/Shutterstock/Glow Images

Builder

michaeljung/Shutterstock/Glow Images

Cook

branislavpudar/Shutterstock/Glow Images

Painter

Monkey Business Images/Shutterstock/Glow Images

Doctor

mangostock/Shutterstock/Glow Images

Taxi driver

1. Complete.

cooks	painters	taxi drivers	builders

a) ______________________ drive taxis.

b) ______________________ prepare food.

c) ______________________ build things.

d) ______________________ paint walls.

2. Who is this?

a)

____

b)

____

Ilustrações: Vicente Mendonça/Arquivo da editora

c)

____

d)

____

7

Animals

Vicente Mendonça/Arquivo da editora

- Look at the picture above. Do you have one of them?

Wild animals

Vicente Mendonça/Arquivo da editora

- Draw in your notebook the wild animal that you prefer.

1. Look and find.

a It eats meat.

b It has a long neck.

c It lay eggs.

d It sings all day.

Ilustrações: Vicente Mendonça/Arquivo da editora

2. Write the names of the animals.

a)

____

b)

____

c)

____

d)

____

e)

____

8

Nature

Ilustrações: Vicente Mendonça/Arquivo da editora

Day and night

Ilustrações: Vicente Mendonça/Arquivo da editora

- Match.

☐ rain

☐ rainbow

☐ sun

☐ cloud

☐ star

☐ moon

Fruits and vegetables

Valentina Razumova/Shutterstock/Glow Images

Carrot

Tim UR/Shutterstock/Glow Images

Tomato

Valentyn Volkov/Shutterstock/Glow Images

Lime

DenisNata/Shutterstock/Glow Images

Onion

JIANG HONGYAN/Shutterstock/Glow Images

Strawberry

JIANG HONGYAN/Shutterstock/Glow Images

Potato

Nattika/Shutterstock/Glow Images

Watermelon

Alex Staroseltsev/Shutterstock/Glow Images

Pineapple

Numbers

5	6	7	8
Five	Six	Seven	Eight
9	10	11	12
Nine	Ten	Eleven	Twelve

- How many fruits can you see?

Mihai Simonia/Shutterstock/Glow Images

____

Valentyn Volkov/Shutterstock/Glow Images

____

Nattika/Shutterstock/Glow Images

____

Alex Staroseltsev/Shutterstock/Glow Images

____

Here and there

Ilustrações: Vicente Mendonça/Arquivo da editora

THE FLOWER IS HERE.

THE TREE IS THERE.

Big and small

THE WATERMELON IS BIG.

THE STRAWBERRY IS SMALL.

1. Read and circle the picture.

a) This is a small flower.

b) That is a big tree.

c) The watermelon is there.

d) I can see four green limes.

SUGESTÕES PARA O ALUNO

Livros

Reprodução/Editora MacMillan

Baby Bear, Baby Bear, What Do You See?, de Bill Martin Jr. e Eric Carlie, Macmillan.

Baby Bear está procurando sua mãe. Nessa busca, o leitor encontrará vários animais da fauna norte-americana. É uma oportunidade para rever animais apresentados neste livro e aprender muito mais!

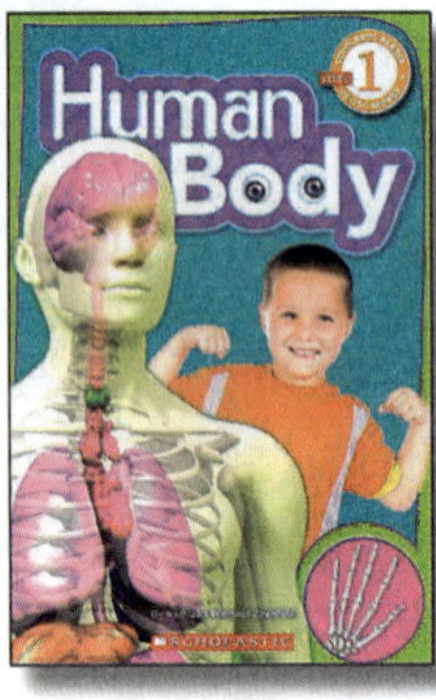

Reprodução/Editora Scholastic

Human Body, de Kathleen Weidner Zoehfeld, Scholastic.

O livro explica o funcionamento do corpo humano por dentro e por fora. O texto é composto de frases simples e acompanhado por fotos de crianças em movimento.

Sites

Reprodução/<http://pbskids.org/curiousgeorge/>

Curious George

<http://pbskids.org/curiousgeorge/> (acesso em: 8 jan. 2014)

Neste *site* há vários jogos que podem ser usados como material de apoio ao conteúdo do livro.

Reprodução/<http://kids.nationalgeographic.com/kids/animals/>

National Geographic Kids

<http://kids.nationalgeographic.com/kids/animals/> (acesso em: 8 jan. 2014)

Este *site* tem, entre vários assuntos, informações sobre animais, suas características e *habitat*. É uma fonte para pesquisa.

Reprodução/<www.multimedia-english.com/videos/section/kids-5/channel/songs-4>

Multimedia – English

<www.multimedia-english.com/videos/section/kids-5/channel/songs-4> (acesso em: 6 jan. 2014)

Este *site* tem diversas atividades, brincadeiras e músicas (com áudio e vídeo), que podem ser um apoio ao conteúdo do livro.

Arte

Autoras

Lígia Maria da Silva Rego e
Lígia da Costa Santos

SUMÁRIO

1

Arte pré-colombiana

Os maias, os incas e os astecas viviam no continente americano antes da chegada dos espanhóis. Os maias e os astecas ocupavam as áreas que hoje pertencem ao sul do México e os incas habitavam a região entre o norte do Equador e a parte central do Chile.

A arte dessas civilizações é conhecida como pré-colombiana porque foi produzida antes da chegada de Cristóvão Colombo à América.

Observe a beleza das esculturas desses três povos:

Chefe maia sentado, escultura em terracota, cerca de 600-900. A arte maia era muito elaborada. Esta escultura tem 12 cm de altura.

Modelo de construção em terracota, século 15-16. Esta escultura inca é o modelo de uma casa e tem 20,2 cm de altura.

Serpente enrolada, escultura em granito verde, cerca de 1324-1521. Para os astecas, a serpente era um animal sagrado. Esta escultura tem 75 cm de altura e 100 cm de largura.

Os maias

O povo maia é a civilização pré-colombiana mais antiga que existiu. As paredes de seus templos e palácios eram cobertas de inscrições em hieróglifos, que contam a história de seus governantes, das guerras e das festas que faziam para seus deuses.

Os maias gostavam de construir pirâmides muito altas com grandes degraus. Eles representavam suas festas em pinturas murais e também faziam máscaras para retratar pessoas importantes.

hieróglifos: sinais que compõem a escrita de antigas civilizações.

Marvin del Cid/Flickr/Getty Images

Templo maia El Gran Jaguar, cerca de 682-721. Parque Nacional de Tikal, Guatemala.

Museu Nacional de Antropologia, Cidade do México, México/The Bridgeman Art Library/Keystone

Pintura maia em mural, cerca de 800. A imagem representa uma festa de comemoração após uma vitória militar.

José Enrique Molina Gomez/Album/Latinstock

Máscara maia feita de pedras preciosas, conchas e madrepérola, cerca de 600-900. Esta máscara tem 18,5 cm de altura.

Os astecas

Os astecas também construíam pirâmides. Eles eram especialistas em fazer esculturas e pinturas murais bem coloridas.

Serpente de duas cabeças em mosaico turquesa, uma pedra muito utilizada pelos astecas. Século 15. Esta obra tem 20,5 cm de altura e 43,3 cm de largura.

Bettmann/Corbis/LatinStock

Ken Welsh/Alamy/Other Images

Pirâmide do Sol em Teotihuacán, México.

Saiba mais

Os astecas usavam figuras de animais, seres humanos e outros elementos da natureza para escrever. Algumas figuras simbolizavam ideias; outras representavam sons de sílabas.

Os hieróglifos astecas foram encontrados esculpidos em uma grande pedra redonda, conhecida como Calendário Asteca ou Pedra do Sol.

Museu Nacional de Antropologia, Cidade do México, México

Pedra do Sol (ou **Calendário Asteca**), escultura em pedra, cerca de 1324-1521.

Os incas

Os incas viveram em uma das regiões mais altas da América do Sul, denominada cordilheira dos Andes.

Eles faziam belos potes de cerâmica que eram decorados com representações de animais ou cenas da vida cotidiana. Usavam muito as cores branca, preta e vermelha para pintar seus vasos.

Também dominavam a técnica da tecelagem e produziam roupas de lã com estampas coloridas e geométricas. As cores eram bem fortes, como vermelho, amarelo, verde e preto.

tecelagem: técnica que consiste em entrelaçar fios para formar tecidos.

Larco Herrera Museum, Lima, Peru.

Vaso inca usado em cerimônias decorado com figuras geométricas e insetos, com aplicação de escultura de cabeça de felino. Cerca de 1300-1532. Este vaso tem 23,8 cm de altura e 14,3 cm de largura.

Museu Nacional de Arqueologia, Antropologia e História do Peru, Lima, Peru.

Tapeçaria inca.

- Faça de conta que você é um estampador. Crie carimbos de formas geométricas usando uma placa de E.V.A. Com um pincel, espalhe a tinta sobre o carimbo. Depois, faça desenhos sobre um tecido liso com os carimbos que você criou.

Material

- Retalho de tecido liso e grosso, como lona ou *jeans*
- Tesoura sem ponta
- Pote com água
- Pincel
- Tinta guache
- Placa de E.V.A.
- Pano para limpeza

2

A arte dos povos indígenas

Antes da chegada dos portugueses às terras que hoje formam o Brasil, os povos indígenas já moravam aqui e faziam produções artísticas.

Até hoje a arte é muito importante para os diferentes povos indígenas.

Cerâmica

Muito antes da chegada de Pedro Álvares Cabral às terras que hoje constituem o Brasil, os indígenas que habitavam a ilha de Marajó, no Pará, já faziam cerâmica.

Algumas peças tinham formas de animais; outras, de gente. Todas eram decoradas com padrões geométricos e muitas tinham grande utilidade para as atividades do dia a dia.

Banco de cerâmica marajoara. Este banco tem 3,5 cm de altura e 12 cm de largura.

Vaso de cerâmica marajoara em forma de animal. Este vaso tem 9,5 cm de altura e 9,9 cm de largura.

Fotos: Museu Paraense Emílio Goeldi, Belém do Pará, Brasil.

Arte plumária

Os indígenas confeccionavam peças com penas para enfeitar o corpo e a cabeça. É o que chamamos **arte plumária**. Veja alguns enfeites a seguir.

Colar usado por mulheres do povo Ka'apor, feito de penas de vários pássaros. Este colar tem 34 cm de comprimento.

Braceletes usados por crianças Xikrins, feitos com penas, cascas de árvore, cipó, bambu e sementes. Estes braceletes têm 34 cm de comprimento.

Fotos: Museu Paraense Emílio Goeldi, Belém do Pará, Brasil.

Máscaras e cestaria

Indígenas de diferentes povos criavam máscaras com formas de animais para contar lendas e histórias e faziam peças de uso diário, como cestos para carregar e guardar alimentos.

Eles usavam cipós, palmeiras, madeiras, fibras, tintas vegetais ou minerais, conchas, ossos e plumas para expressar sua arte.

Museu Paraense Emílio Goeldi, Belém do Pará, Brasil.

Máscara feita de palha de buriti pelos Canela. Esta máscara tem 181 cm de altura e 118 cm de largura.

Rosa Gauditano/Studio R

Cesto de palha de casca de bambu feito pelos Guarani. Este cesto tem 23 cm de altura e 33 cm de largura.

A pintura corporal

Os indígenas costumam pintar o corpo para festas e rituais. Eles acreditam que a cor vermelha tem o poder de afastar os maus espíritos.

Para fazer as tintas, eles usam elementos da natureza. O vermelho é obtido do urucum; o amarelo, de argila ou flores; um fruto chamado jenipapo fornece tinta azul; misturando carvão com jenipapo, eles obtêm a cor preta.

Observe a pintura do rosto desta indígena. O desenho é igual dos dois lados, ou seja, é um desenho simétrico.

Fabio Colombini/Acervo do fotógrafo

Indígena Pira-tapuya (AM), 2009.

- Vamos fazer uma pintura corporal? Você pintará o rosto de um colega e ele pintará o seu. Antes de fazer a pintura no colega, desenhe em uma folha à parte como você quer que ela seja.

Material

- Papel sulfite
- Lápis HB
- Tinta para pintar o rosto (nas cores vermelha e preta)
- Espelho
- Pano para limpeza das mãos

3

Retratos do Brasil pelos estrangeiros

Logo depois da chegada dos portugueses, muitas pessoas vieram para cá em busca de riquezas. Alguns desses viajantes escreveram o que viram nas novas terras ou contaram suas histórias para desenhistas quando voltaram para seus países.

Esses desenhos são registros de como era a vida dos indígenas e também como eram as plantas e os animais que eles aqui encontraram.

- Veja esta xilogravura de André Thevet. Você acha que as pessoas que ele viu eram realmente assim? Como você imagina que eram os indígenas nessa época? Converse com os colegas sobre isso.

Biblioteca Municipal Mário de Andrade, São Paulo.

Xilogravura feita por André Thevet, cerca de 1575.

O frei André Thevet era francês e chegou ao Brasil na expedição de Villegaignon, entre 1555 e 1556. Ele veio como cronista oficial, ou seja, para registrar por escrito tudo o que acontecia durante a viagem.

- Que tal fazer uma xilogravura como a de André Thevet? Desenhe com lápis sobre a superfície plana de um isopor e depois espalhe tinta preta sobre essa superfície com um rolo de espuma. Antes que a tinta seque, coloque sobre o isopor uma folha de papel sulfite, passando a mão no verso. Então tire a folha com cuidado e veja como ficou sua gravura.

Material

- Placa de isopor
- Lápis
- Tinta guache preta
- Rolo pequeno de espuma
- Pincel
- Folha de papel sulfite

Um Brasil para a Europa conhecer

Em meados de 1630, os holandeses invadiram o Brasil.

Maurício de Nassau foi governador-geral do Brasil holandês por sete anos, fundando a Cidade Maurícia no atual estado de Pernambuco.

Deslumbrado com a fauna e a flora tropicais, encarregou artistas de catalogar, pintar e estudar plantas e animais do Brasil.

Vista da cidade Maurícia e do Recife, óleo sobre madeira de Frans Post, 1653. Esta obra tem 48,2 cm de altura e 83,6 cm de largura.

Os artistas contratados por Nassau retrataram tudo de uma maneira realista.

A obra ao lado foi feita por um pintor chamado Albert Eckhout.

- Que frutas você identifica nessa obra? De qual você gosta mais?

____

____

____

____

Abacaxi, melancia e outras frutas tropicais, óleo sobre tela de Albert Eckhout, cerca de 1641. Esta obra tem 103 cm de altura e 103 cm de largura.

Saiba mais

A quantidade de animais e plantas nas florestas brasileiras era tão grande que, em 1648, foi publicada na Holanda uma coleção de doze livros com mais de quatrocentas ilustrações da nossa fauna e flora.

4

Barroco

Na Itália, entre o fim do século 16 e o início do século 18, surgiu um estilo artístico conhecido como **Barroco**.

Os artistas dessa época faziam suas pinturas com muitos detalhes e usavam tons escuros em contraste com tons claros para dar ideia de volume às figuras e transmitir mais emoção.

As pinturas do Barroco retratavam nobres, religiosos e pessoas do povo. Peter Paul Rubens criou quadros com cenas religiosas para que as pessoas fossem mais à igreja.

Alte Pinakothek, Munique, Alemanha.

Madona em uma coroa de flores, óleo sobre madeira de Peter Paul Rubens, cerca de 1620. Esta obra tem 185 cm de altura e 210 cm de largura.

- Analise o quadro acima e responda oralmente: o que mais chama sua atenção nessa obra? Que cores o artista usou para pintar as flores da coroa?

Tons claros e escuros

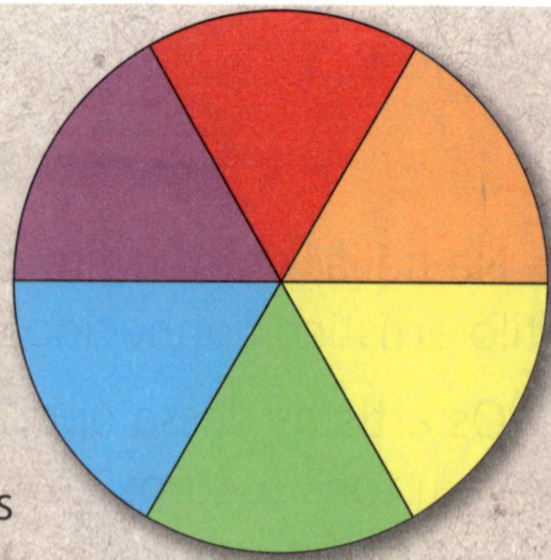

As cores primárias são: vermelho, azul e amarelo. Ao misturarmos duas cores primárias, temos as cores secundárias: violeta, verde e laranja. Veja o círculo ao lado.

Quando temos uma única cor e a ela acrescentamos a cor branca ou preta, conseguiremos vários **tons** dessa cor. Por exemplo, se colocarmos umas gotinhas de branco em um pouco de tinta vermelha e misturarmos com o pincel, o vermelho ficará mais claro. Se adicionarmos mais tinta branca nessa mistura, podemos obter a cor rosa.

Mas se acrescentarmos preto na tinta vermelha ela vai se tornando um marrom avermelhado.

Nos dois casos, temos vários tons de uma mesma cor, ou seja, uma **monocromia**.

- Você viu que os pintores do Barroco usavam tons claros e escuros em suas obras com o objetivo de emocionar o espectador. Agora é a sua vez de criar um painel com vários tons de diferentes cores.

  Siga o passo a passo:

  1. Corte seis tiras de papel canson.
  2. Coloque um pouco de tinta vermelha em um potinho descartável.
  3. Acrescente, aos poucos, a cor branca para fazer os tons claros. Você pode usar um conta-gotas para isso.
  4. Pinte cada pedacinho da tira de papel com um tom diferente.
  5. Coloque novamente a mesma cor em outro potinho, mas agora acrescente tinta preta aos poucos. Pinte uma tira de papel com vários tons dessa mistura.
  6. Faça o mesmo com as cores azul e amarela. Espere as tiras de papel secarem e cole-as lado a lado em uma folha de papel canson.

Material

- Papel canson
- Tintas guache branca, preta, azul, vermelha e amarela
- Potinhos descartáveis
- Conta-gotas
- Pincel
- Tesoura sem ponta
- Pote com água
- Pano para limpeza

Arte do retrato

Na época do Barroco, os reis costumavam contratar pintores para fazer retratos deles e das pessoas de sua família.

Diego Velázquez era o pintor preferido de Felipe IV, rei da Espanha. Ele fez vários quadros de Margarida, a filha do rei. Observe as pinturas a seguir.

Retrato da princesa Margarida, óleo sobre tela de Velázquez, 1653. Esta obra tem 128,5 cm de altura e 100 cm de largura.

Retrato da princesa Margarida, óleo sobre tela de Velázquez, 1659. Esta obra tem 127 cm de altura e 107 cm de largura.

Fotos: Museum Kunsthistorisches, Viena, Áustria.

Herzog Anton-Ulrich Museum, Brunswick, Alemanha.

Outro pintor do Barroco que ficou famoso por pintar retratos e autorretratos foi **Rembrandt**. Suas pinturas se destacam pelo efeito de luz por meio do contraste claro e escuro.

Retrato de família, óleo sobre tela de Rembrandt, 1668. Esta obra tem 126 cm de altura e 167 cm de largura.

Material

- Papel canson
- Tinta guache
- Pincéis
- Potinhos descartáveis
- Espelho

- Pinte um autorretrato. Lembrando a atividade de monocromia, escolha uma cor e prepare tons mais claros e tons mais escuros a partir dela. Repare que, nas pinturas barrocas, o fundo é sempre escuro.

Música barroca

As composições musicais do Barroco eram grandiosas e repletas de sons de vários instrumentos, como flauta, trompete e violino.

A música tocada nos palácios em suas festas e nas igrejas durante as missas e cultos foi ganhando um tom mais dramático, até surgir a ópera, que era muito admirada durante esse período.

Compositores como Cláudio Monteverdi, na Itália, George Handel e Johann Sebastian Bach, na Alemanha, destacaram-se nessa época.

Instituto das Artes de Detroit, Estados Unidos/Bridgeman/Keystone

Jovem moça com um violino, óleo sobre tela de Orazio Gentileschi, cerca de 1612. Esta obra tem 83,2 cm de altura e 97,8 cm de largura.

Escultura barroca

Os escultores do Barroco faziam imagens com muitos detalhes para que elas parecessem reais.

Olhe o drapeado do manto de Santa Teresa na escultura ao lado. Não parece tecido de verdade?

> **drapeado:** conjunto de dobras de uma roupa ou de um tecido.

Bildarchiv Monheim/Album/akg-images/Latinstock

O êxtase de Santa Teresa, escultura em mármore de Giovanni Lorenzo Bernini, 1644-1647. Esta escultura tem 150 cm de altura.

O Barroco no Brasil

Antônio Francisco Lisboa

Antônio Francisco Lisboa, o Aleijadinho, nasceu por volta de 1738, em Vila Rica, atual cidade de Ouro Preto, em Minas Gerais. Filho de uma negra escravizada com um arquiteto português, aprendeu arquitetura e desenvolveu o gosto pelas artes, demonstrando desde cedo grande talento.

Vítima de uma doença degenerativa, foi obrigado a andar de joelhos e a amarrar as ferramentas nos braços para esculpir suas obras de arte. É considerado o maior artista do Barroco brasileiro e também o mais completo, pois era arquiteto, escultor e entalhador.

Reprodução/ Coleção particular

São Miguel Arcanjo, escultura em madeira de Aleijadinho, século 18. Esta escultura tem 78 cm de altura.

Mestre Ataíde

Manuel da Costa Ataíde, conhecido como Mestre Ataíde, foi um importante artista plástico do Barroco brasileiro.

Veja as figuras que ele pintou na obra ao lado.

Nessas figuras, ele empregou tons que se aproximavam da cor da pele de seus modelos brasileiros e, nas vestes, utilizou cores bem fortes, como o marrom, o vermelho e o dourado.

Eugenio Savio/Arquivo da editora

Detalhes do teto da Igreja São Francisco de Assis de Ouro Preto, pintado por Mestre Ataíde, século 19.

5
Neoclassicismo

No início do século 19 foram descobertas as ruínas de Pompeia e Herculano, importantes cidades do Império Romano soterradas no ano 79 por causa da erupção do Vesúvio, vulcão localizado no sul da Itália.

Vários artistas criaram suas obras de estilo clássico greco-romano baseadas nessas descobertas, e esse período ficou conhecido como **Neoclassicismo**.

Museu do Louvre, Paris, França.

A consagração do imperador Napoleão e a coroação da imperatriz Josephine, óleo sobre tela de Jacques-Louis David, 1806-1807. Esta obra tem 6,21 m de altura e 9,79 m de largura.

Observe este outro quadro de Jacques-Louis David. Veja que ele representa a madame Juliette como se ela fosse uma figura da Grécia antiga.

Giraudon/The Bridgeman Art Library, Londres, Inglaterra/Keystone

Madame Juliette Recámier, óleo sobre tela de Jacques-Louis David, 1800. Esta obra tem 173 cm de altura e 243 cm de largura.

Artistas europeus no Brasil

Em março de 1808, dom João VI, rei de Portugal, transferiu a capital de seu reino para o Rio de Janeiro, e muitos nobres vieram com ele. Assim, o Brasil recebeu grande influência da cultura europeia.

Em 1816 a Missão Artística Francesa chegou ao Brasil trazendo vários artistas, entre eles Jean-Baptiste Debret, que retratou a natureza e os costumes brasileiros.

Negociante de tabaco, litografia sobre papel de Jean-Baptiste Debret, 1835. Esta obra tem 32 cm de altura e 32 cm de largura.

Outro artista europeu que registrou as belezas do Brasil foi Johann Moritz Rugendas. Ele retratou pessoas, costumes, paisagens, plantas e animais brasileiros.

Lagoa das Tretas, aquarela de Johann Moritz Rugendas. Esta obra tem 35,5 cm de altura e 51,3 cm de largura.

- A lagoa das Tretas, pintada por Rugendas, é a atual lagoa Rodrigo de Freitas, no Rio de Janeiro. Procure uma imagem atual da lagoa e veja o que permaneceu e o que mudou nesse local. Compartilhe com os colegas de classe suas descobertas.

SUGESTÕES PARA O ALUNO

Livros

Reprodução/Editora Moderna

Arte indígena,
de Hildegard Feist. São Paulo: Moderna.

Conheça as expressões artísticas tradicionais de vários povos indígenas que já viveram no Brasil por meio de exemplos da arte plumária, da pintura corporal, da cerâmica e de outras manifestações artísticas.

Reprodução/Editora Scipione

Como seria sua vida no Império Asteca?,
de Fiona MacDonald. São Paulo: Scipione.

A cultura asteca pode nos parecer bastante estranha em alguns aspectos. Um exemplo disso são os bebês: acolhidos com poesia ao nascerem, eram sacrificados quando havia necessidade de chuva. A obra fala dessa e de outras manifestações do cotidiano asteca e esclarece como adquirimos tais conhecimentos acerca da civilização que, no século 15, fundou um império no México.

Reprodução/Editora do Brasil

Um fotógrafo diferente chamado Debret,
de Mércia M. Leitão e Neide Duarte. São Paulo: Editora do Brasil.

Filho de fotógrafo, o menino deste livro descobre no clique da máquina a beleza de capturar um momento. Através de um quadro na sala, ele conhece as gravuras de Debret e percebe como era o cotidiano no tempo em que o pintor viveu no Brasil.

Site

Reprodução/Professor Sassá/
<http://www.professorsassa.net/>

Professor Sassá

<www.professorsassa.net/>

Neste *site* você encontrará várias ideias para criar arte utilizando vários tipos de material, como caixa de fósforos, papelão ou macarrão. Verá também vídeos com o passo a passo de criações e sugestões do que fazer em várias datas comemorativas do Brasil.

Material de apoio

SUMÁRIO

LÍNGUA PORTUGUESA

Jogo da memória dos coletivos

Destaque as cartas e brinque com o jogo da memória dos substantivos coletivos.

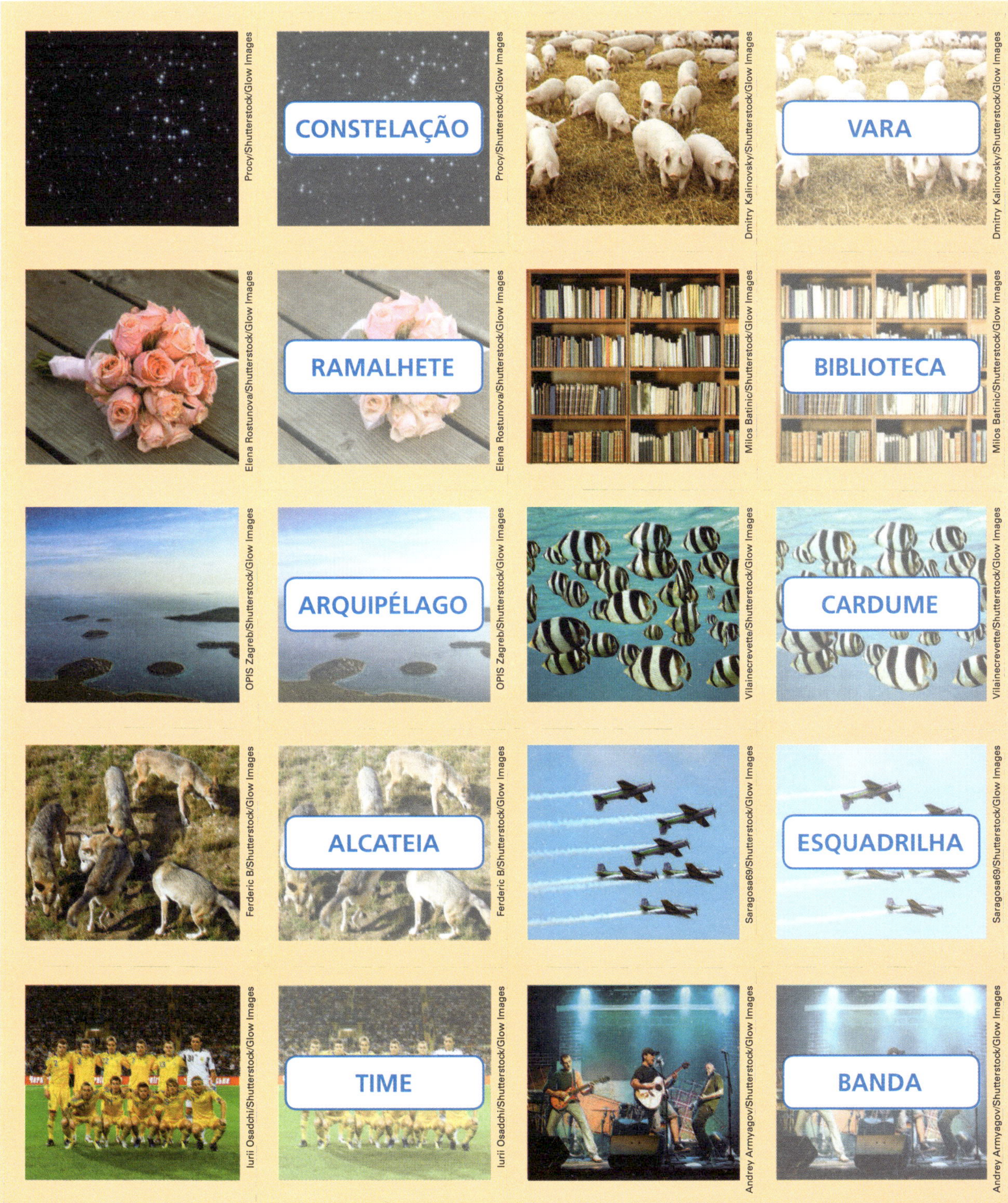

MATEMÁTICA

Material dourado

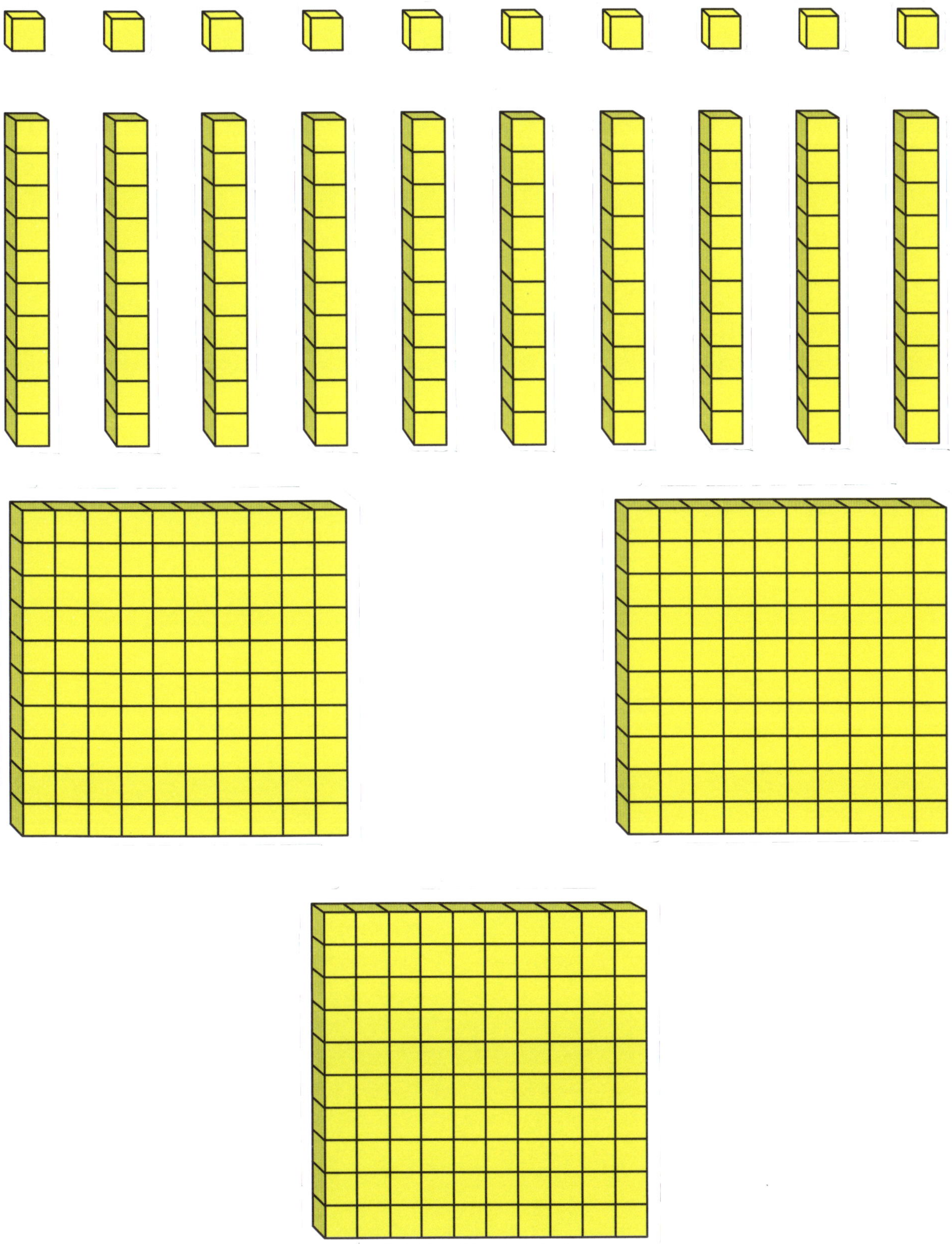

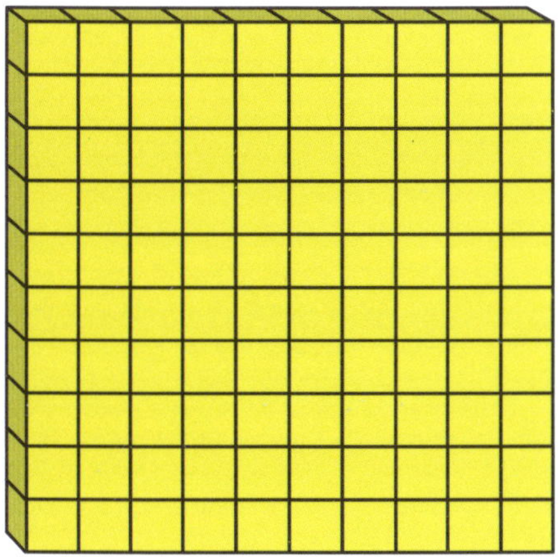
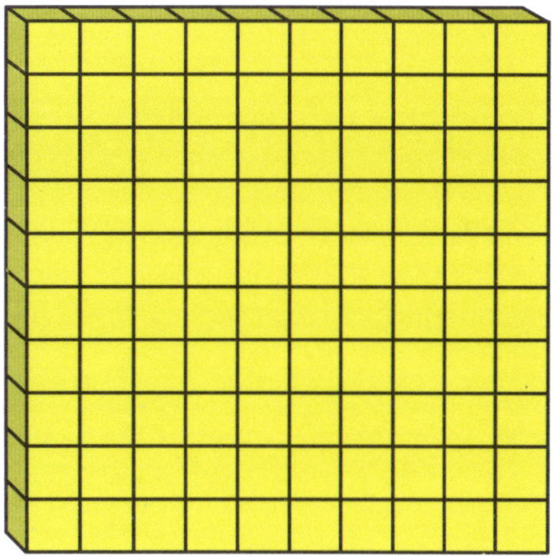
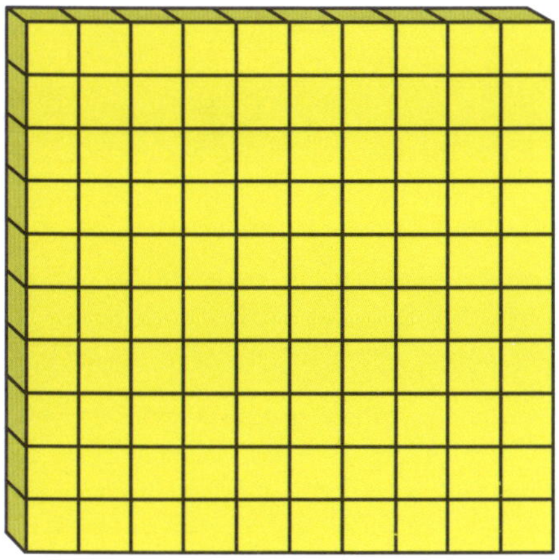
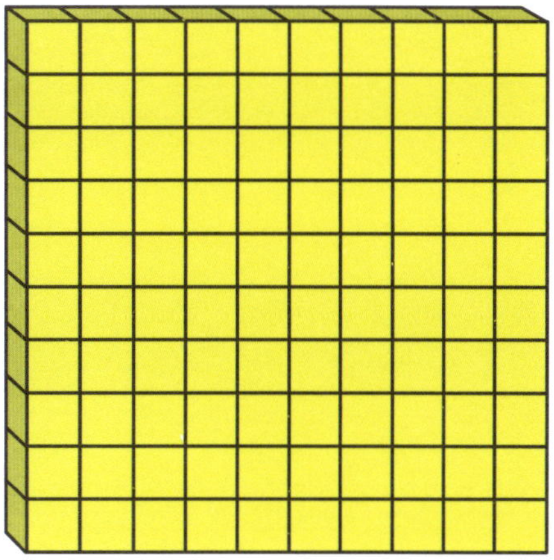
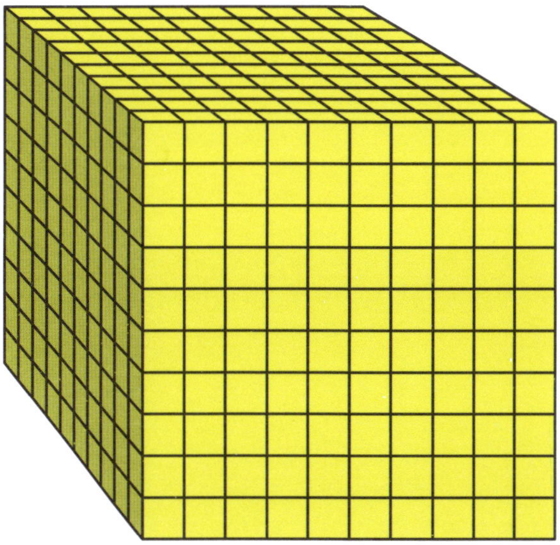

Combinações

De quantas maneiras diferentes o menino pode se vestir? Destaque as peças e faça todas as combinações possíveis.

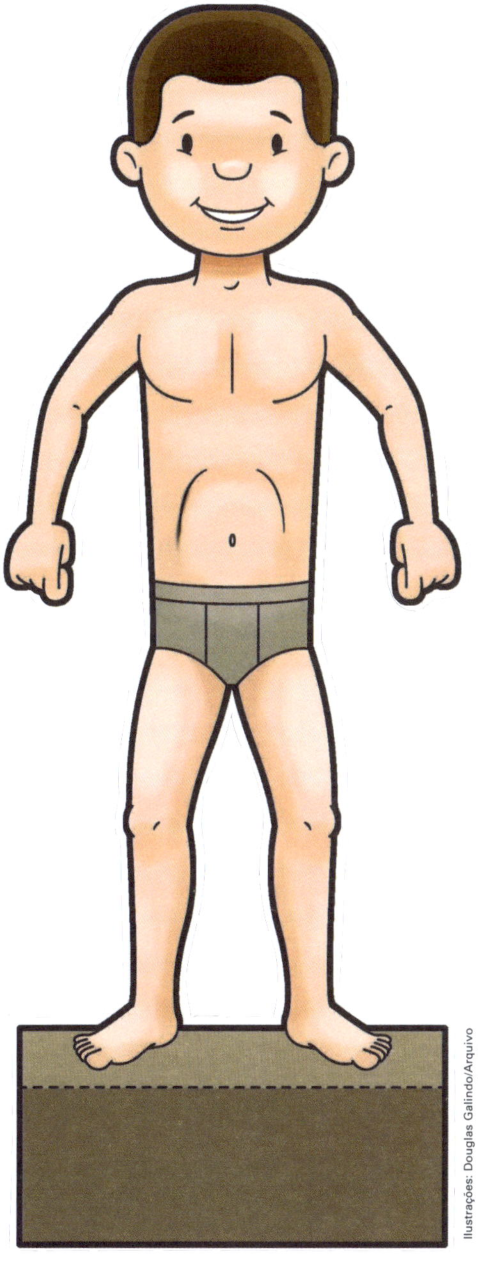

Ilustrações: Douglas Galindo/Arquivo da editora

Régua geométrica

HISTÓRIA

Árvore genealógica

Reúna fotos dos membros da sua família e cole na figura para montar sua árvore genealógica. Se não tiver fotos, você pode fazer desenhos!

Depois, destaque a figura abaixo e cole o suporte no verso do tronco da árvore.

Anderson de Oliveira/Arquivo da editora

GEOGRAFIA

Quebra-cabeça de um município

Destaque as peças abaixo e monte o seu quebra-cabeça. Você verá que o município possui muitos espaços.

Otávio Santos/Tyago Bonifácio/Shutterstock - Maraga

CIÊNCIAS

Jogo da memória dos animais vertebrados

Destaque as peças para brincar de jogo da memória.

Com as figuras voltadas para baixo, embaralhe as peças. Procure formar pares encontrando o esqueleto de cada animal.

Ilustrações: Osni de Oliveira/Arquivo da editora

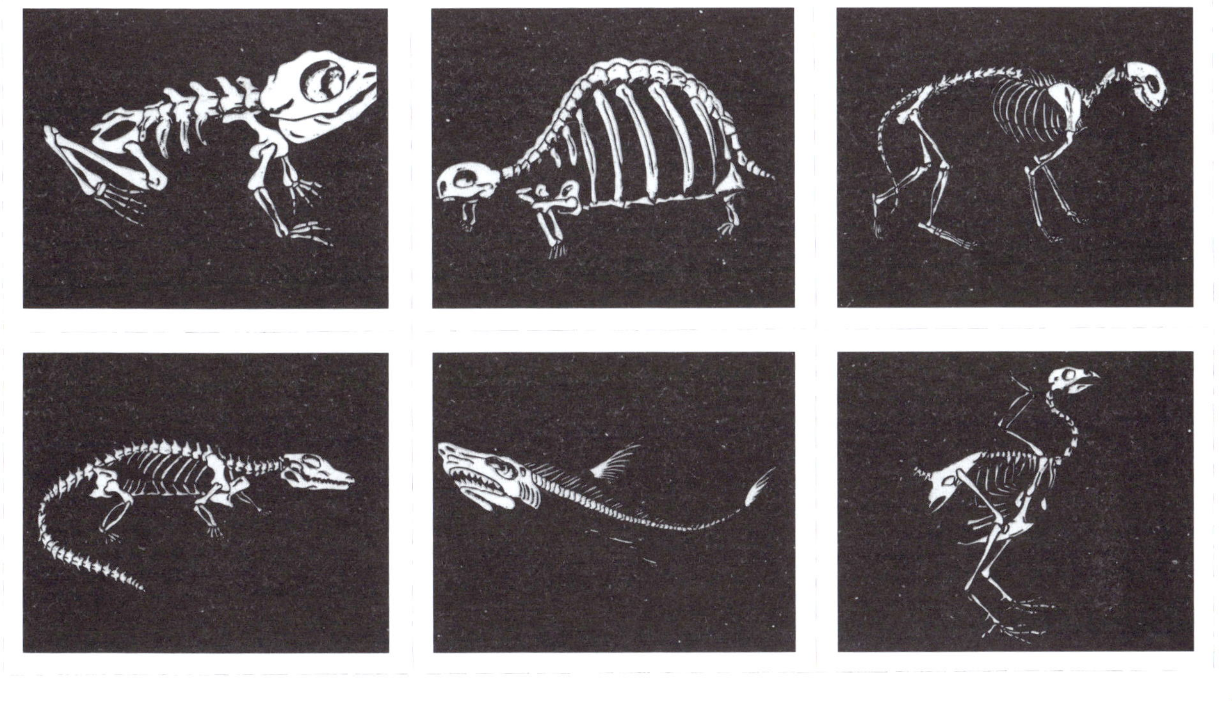

INGLÊS

Memory game

Valentina Razumova/Shutterstock/Glow Images

CARROT

JIANG HONGYAN/Shutterstock/Glow Images

STRAWBERRY

foodonwhite/Shutterstock/Glow Images

CUCUMBER

DenisNata/Shutterstock/Glow Images

ONION

JIANG HONGYAN/Shutterstock/Glow Images

POTATO

Valentyn Volkov/Shutterstock/Glow Images

LIME

Tim UR/Shutterstock/Glow Images

TOMATO

Nattika/Shutterstock/Glow Images

WATERMELON

Alex Staroseltsev/Shutterstock/Glow Images

PINEAPPLE

Maks Narodenko/Shutterstock/Glow Images

ORANGE

ARTE

Bracelete indígena

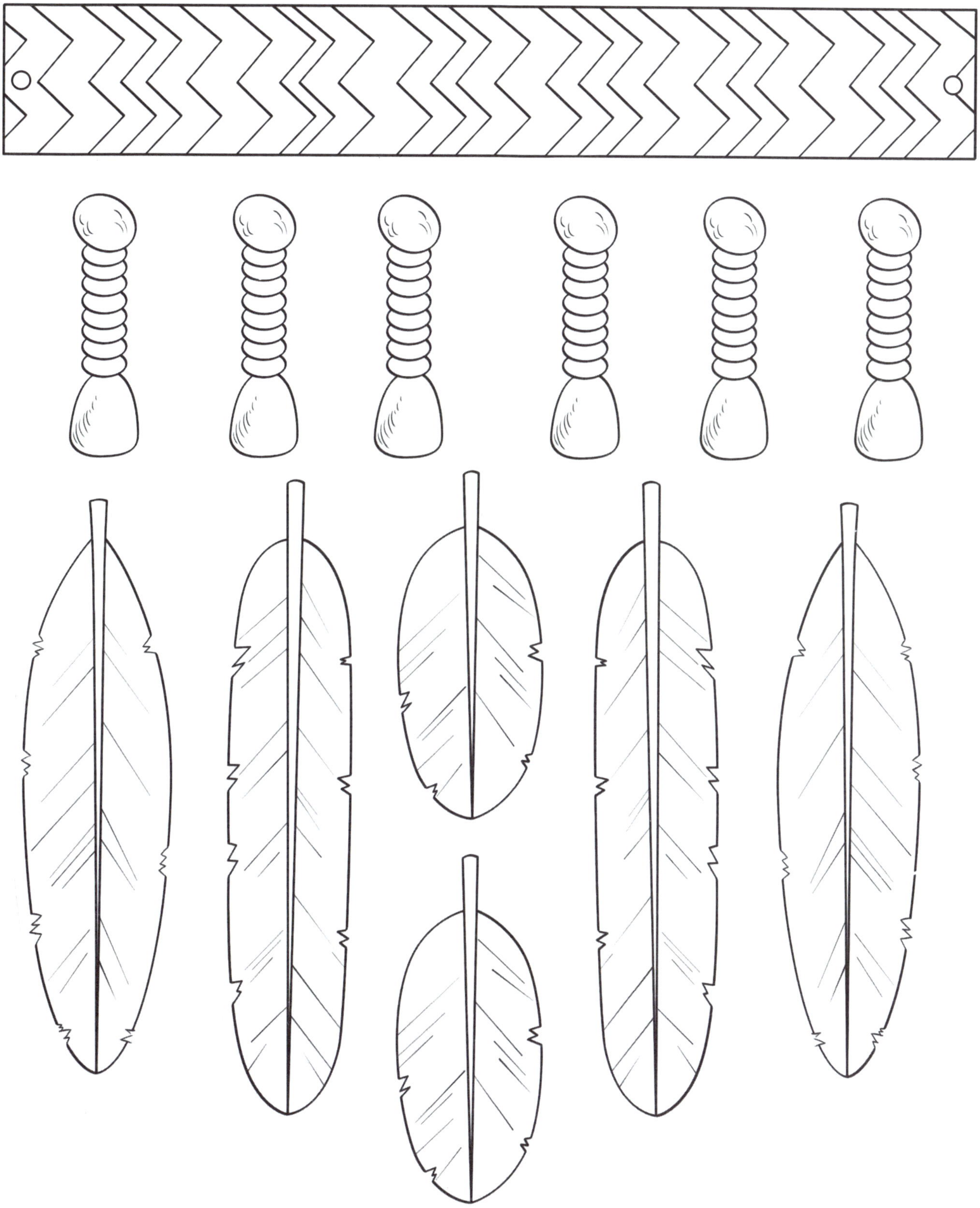

Ilustra Cartoon/Arquivo da editora

Dominó de arte pré-colombiana

Andrea Baguzzi/Album/akg-images/Latinstock

Museu Nacional de Antropologia, Cidade do México, México

Museu do Louvre, Paris, França

Andrea Baguzzi/Album/akg-images/Latinstock

Museu Nacional de Antropologia, Cidade do México, México

Museu do Louvre, Paris, França

Andrea Baguzzi/Album/akg-images/Latinstock

Andrea Baguzzi/Album/akg-images/Latinstock

Andrea Baguzzi/Album/akg-images/Latinstock

Museu Nacional de Antropologia, Cidade do México, México

Museu do Louvre, Paris, França

Museo Inca de La Universidad San Antonio Abad, Cuzco, Peru

Museu Nacional de Antropologia, Cidade do México, México

Museu do Louvre, Paris, França

Museo Inca de La Universidad San Antonio Abad, Cuzco, Peru

Museo Inca de La Universidad San Antonio Abad, Cuzco, Peru

Museo Inca de La Universidad San Antonio Abad, Cuzco, Peru

Museu Nacional de Antropologia, Cidade do México, México

Museo Inca de La Universidad San Antonio Abad, Cuzco, Peru

Museu do Louvre, Paris, França

Andrea Baguzzi/Album/akg-images/Latinstock

Máscara maia feita de pedras preciosas, conchas e madrepérolas.

Museu Nacional de Antropologia, Cidade do México, México

Calendário asteca (ou Pedra do Sol), escultura em pedra, cerca de 1324-1521.

Museu do Louvre, Paris, França

Pote maia usado no preparo de chocolate, cerca de 500 a.C.

Museo Inca de La Universidad San Antonio Abad, Cuzco, Peru

Vaso inca usado em cerimônias decorado com figuras de mulheres e pássaros.